BONIFATIUS

Joachim Fuhrländer ist Unternehmer und gilt als Pionier der Nutzung von Windenergie. Die Fuhrländer AG war Vorreiter der Windenergie in Ländern wie z. B. Japan, China, Vietnam, Bulgarien, Polen und Südafrika. Seit seinem Ausscheiden im Mai 2012 arbeitet er nach einer Auszeit mit seinem neuen Unternehmen AFREECA in verschiedenen Ländern Afrikas in den Bereichen Solar- und Windenergie für Krankenhäuser, Schulen, die Landwirtschaft und Wasserversorgung. Unter anderem erhielt er den Europäischen Solarpreis und für seine viel beachtete Ausbildungsarbeit mit Jugendlichen das Bundesverdienstkreuz am Bande. In zweiter Ehe ist er verheiratet mit Anna Fuhrländer, Violinistin und Kapellmeisterin des Kurorchesters in Bad Füssing. Sie leben als Familie mit insgesamt fünf Kindern. Mehr unter: *https://afreeca.eu/*

Joachim Fuhrländer

ERNEUERBAR

Wenn Energie Zukunft gestaltet
Mein Leben als Windkraftpionier

BONIFATIUS

Bibliografische Information der Deutschen Nationalbibliothek:
Die Deutsche Nationalbibliothek verzeichnet diese Publikation in der Deutschen Nationalbibliografie; detaillierte bibliografische Daten sind im Internet über http://dnb.d-nb.de abrufbar.

Klimaneutrale Produktion.
Gedruckt auf umweltfreundlichem, chlorfrei gebleichtem Papier.

Aus Gründen der besseren Lesbarkeit wird in diesem Buch teilweise bei Personenbezeichnungen und personenbezogenen Hauptwörtern die männliche Form verwendet. Entsprechende Begriffe gelten im Sinne der Gleichbehandlung grundsätzlich für alle Geschlechter. Die verkürzte Sprachform hat nur redaktionelle Gründe und beinhaltet keine Wertung.

Es gibt Personen, die ausdrücklich darauf bestanden haben, anonym zu bleiben. Und einige meiner Leser mögen sich fragen, warum ich bestimmte Personen ausgelassen habe, die zweifellos eine Rolle in meiner Lebensgeschichte und im Unternehmen gespielt haben. Dabei handelt es sich um Menschen, denen ich auch gerne geholfen habe. Leider haben sie aber später ihre Unterstützung zurückgezogen, als meine persönliche und finanzielle Situation schwieriger wurden oder auch einige Missinterpretationen dazu kamen.

Umschlaggestaltung: Weiss Werkstatt München, *werkstattmuenchen.com*
Titelfoto: © Anne Moldenhauer, *annemoldenhauer.com*
Satz: Bonifatius GmbH, Paderborn
Druck und Bindung: CPI books GmbH, Leck
Printed in Germany

ISBN 978-3-98790-023-5

Weitere Informationen zum Verlag:
www.bonifatius-verlag.de

Inhalt

Dieses Buch ist meine Botschaft für junge Menschen.
Damit sie eine Zukunft und Hoffnung haben.

Sarah Elisabeth, David Jonathan, Anna Emese,
Jona Benjamin, Lili Enikö.

Die Schöpfung macht es uns vor

„Erneuerbar“ lautet der Titel dieses Buches. Er spiegelt nicht nur meine eigenen Erfahrungen mit Erneuerungen wider, sondern auch meine Überzeugung, dass sowohl ich selbst als auch andere die Chance zur persönlichen Erneuerung haben und nutzen dürfen. Meine unternehmerischen Aktivitäten und Gedanken sind stets auf Erneuerung ausgerichtet gewesen und bleiben es auch weiterhin.

Heute sind weltweit ein Umdenken und eine Neuausrichtung dringend erforderlich. Denn obwohl es die Globalisierung gibt, sind wir nicht näher zusammengerückt. Die Distanz zwischen ganzen Völkern und Menschen hat sich sogar eher vergrößert. Themen wie Homeoffice und Künstliche Intelligenz sind präsenter und aktueller denn je. Wir schreiben uns Kurzmitteilungen, statt einander in die Augen zu sehen und miteinander zu sprechen. Stärken werden in sozialen Netzwerken und anderswo gepriesen, während vermeintliche Schwächen erst gar nicht gepostet und verachtet werden. Viele streben nach immer mehr, während sie sich gleichzeitig dabei vormachen lassen, ihre eigene Arbeit sei belanglos. Nur Freizeit scheint für viele ein wahrhaftiges Leben zu sein. Hierbei vergessen wir oft diejenigen Berufe, die Menschen als ihre Berufung verstehen und sich darin mit großem Engagement einbringen. Doch wenn wir selbst in Not geraten, erwarten wir prompte Hilfe – vom Pflegepersonal und von Ärzten wie auch vom Heizungsbauer oder Automechaniker. Und vielleicht sollte man sich angesichts dessen einmal selbst eingestehen, dass letztlich die wenigsten von uns sich selbst aus eigener Hand ernähren könnten, auch wenn sie es selbst noch so sehr von sich behaupten.

Die Lebensweisen in Europa und anderen Teilen der Welt haben in den letzten knapp zweihundert Jahren aufgrund der Industrialisierung drastische Spuren hinterlassen. Der hohe Wohlstand ging mit einer Ausbeutung der Erde einher, was spürbar negative Veränderungen herbeigeführt hat: Das globale Klima leidet, ebenso wie das zwischenmenschliche. Und die kommenden Generationen werden lernen müssen, mit diesen Veränderungen umzugehen, sich anzupassen und mit ihnen zu leben.

Jedoch sind unsere Lebensräume, die selbstgemachten Verwaltungssysteme, alle politischen Strukturen und Parteien, die komplette Energieerzeugung, das weltweite Miteinander, unser eingeschränktes Gerechtigkeitsverständnis, unsere Einstellung zum Teilen, Egoismus, Weltpolitik, Umgang mit anderen Kulturen und unser Glaube allesamt erneuerbar. Nichts muss bleiben, wie es ist. Nichts ist in Stein gemeißelt. Überall darf etwas Neues entstehen.

Die Schöpfung macht es uns vor. Sie ist und bleibt stets erneuerbar. Jeder neue Tag, jedes neue Jahr, das Wachsen, Gedeihen und Ernten von Pflanzen, die Geburt von Menschen – all das verdeutlicht dies. Auch wir Menschen sind aufgerufen dazu, diesen Weg der Erneuerung zu beschreiten. Wir sollen und dürfen uns immer wieder erneuern. Die Einladung ergeht an uns an dem Morgen eines jeden neuen Tages.

Als meine Welt zusammenstürzte, die ich als Unternehmer mit dem Namen „Fuhrländer" über Jahre aufgebaut hatte, verlor ich jeglichen Halt. Krank und am Boden liegend blieb von all meinen Träumen, Idealen und Wahrheiten – sei es die Bedeutung und Notwendigkeit erneuerbarer Energien oder die Ausbildung junger Menschen – nichts übrig. Es begann ein langer Weg in die Tiefen des Lebens.

Letztendlich durfte ich jedoch eine besondere Form der Erneuerung erleben – durch Menschen, die in dieser Zeit an meiner Seite waren und es teils bis heute sind. Ein Ashanti-Häuptling, eine Krankenschwester, mein Sohn, mein Bruder, ein guter Freund und vor allem meine zweite Frau Anna trugen maßgeblich dazu bei.

Unsere Welt steht niemals still, auch wenn es in manchen Lebensphasen so scheinen mag. Sommer und Winter, Hitze und Kälte, Tag und Nacht – all das ist und bleibt Realität. Es liegt an uns, unsere Denkweisen anzupassen, Prozesse zu überdenken – all das zu erneuern – und die Erde als lebenswerten Ort zu erhalten. Die Möglichkeit zu Erneuerung liegt in unseren Händen. Jetzt ist die Zeit gekommen, die Energie, die in etwas Neuem steckt, für die Zukunft nutzbar zu machen.

Einleitung

Die Schöpfung ist und bleibt erneuerbar. Es ist immer nur eine Frage der Zeit und wer sie erlebt

Betrachten wir unsere Erde aus dem Weltall, so offenbart sich ein atemberaubender Anblick: ein wunderschöner blauer Planet. Die Existenz von acht Milliarden Menschen bleibt im Verborgenen, ebenso Kriege, Hunger und Zerstörung. Stattdessen sieht man nur eine einzigartige Kreation, friedlich durchs Weltall ziehend, endlos und weit.

Nähern wir uns Mitteleuropa, so treten Fruchtbarkeit, Wohlstand, Nahrungsversorgung an Leib und Seele hervor – eine Fülle, wie es sie seit Menschengedenken noch nie gegeben hat. All-inclusive! Hier und heute geht es den Menschen auf unserem Kontinent so gut wie nie zuvor. Arbeitszeiten waren noch nie so kurz, Freizeit noch nie so reichlich vorhanden. Wünsche werden wahr und vollkommene Zufriedenheit scheint zum Greifen nah.

Lenken wir den Blick auf Amerika, sowohl in den Norden als auch in den Süden, so werden unter den verschiedenen Regierungen neue und alte Slogans propagiert, die die Welt eher entzweien, als sie zu vereinen. „We first!“ wird weltweit immer lauter. Selbst in Europa rücken sich einige Staaten selbst vermehrt in den Mittelpunkt und beginnen, sich erneut von anderen abzugrenzen. Dabei waren wir eigentlich schon viel weiter, zu unserem eigenen Vorteil.

Doch unsere Energie muss auf eine globale Gemeinschaft hin ausgerichtet sein – dafür braucht es Weltfrieden und globale Toleranz. Ich meine keine Toleranz um jeden Preis, denn moralische und ethische Grundsätze müssen bewahrt werden, ebenso wie Ehrlichkeit, Fairness, Respekt, Fürsorge und Verantwortungsbewusstsein. Die Globalisierung lässt sich nicht mehr umkehren, genauso wenig wie die Kernspaltung.

Über die sogenannten sozialen Medien können Menschen weltweit sehen, wie andere leben und welchen Luxus sie genießen. Sie sehen das in den brasilianischen Favelas, den südafrikanischen Townships und den indischen Slums. Das weckt Begehrlichkeiten. Selbst in den ärmsten Gegenden sind mir schon Smartphones begegnet. Jedoch benötigen diese, um aufgeladen zu werden: Energie.

Und dann ist da Afrika – ein Kontinent mit 55 Staaten, vielfältigen Kulturen und Sprachen sowie guten Menschen. Gute Menschen? – Ja, sie sind überall auf der Welt anzutreffen. Auch in China, wo die Ein-Kind-Politik jetzt in den Managements und im Alltagsleben Einzug hält und man vielen verwöhnten jungen Männern begegnet. Ich treffe dort immer wieder gute Menschen mit hohen Idealen und internationalem Unternehmergeist.

Aber Afrika verlangt unsere besondere Aufmerksamkeit. Denn dort wird wirtschaftliche Zukunft entschieden. Dort wird die Entwicklung der Weltbevölkerung gelenkt. Dort nehmen Entwicklungen Einfluss auf das Klima. Dort wird Völkerwanderung entschieden.

Während man in Europa über Früherkennungssysteme gegen Flüchtlingsströme politisch diskutiert und Grenzschließungen erwägt, statt politisch aufmerksam das Weltgeschehen zu betrachten, wird allzu oft übersehen, dass wir in einem übersättigten Land leben, in dem mit wenig körperlichem Einsatz viel Geld verdient werden kann. Wir brauchen zukünftig jährlich eine viertel Million Zuwanderer, die bei uns einfache Arbeiten erledigen. Es ist höchste Zeit, die Ursachen endlich anzupacken. Afrika wird maßgeblich unsere Zukunft bestimmen, wie wir leben werden.

Grundsätzlich geht es doch um Möglichkeiten des friedlichen Zusammenlebens und der Chancengleichheit. Einen akzeptablen Lebensstandard in Bezug auf Nahrung, medizinische Versorgung, Bildung und Arbeit zu haben – das ist der Anspruch, den jeder auf dieser Welt stellen darf. Unternehmerisch will ich mich dafür einsetzen. Meine Aufgabe als erfahrener Unternehmer sehe ich darin, die Infrastruktur zu verbessern, besonders in Afrika. Aber nicht nur dort, ähnliche Lebensbedingungen der Menschen finden sich auch in Südostasien und in Südamerika.

Der Kontinent Afrika brachte in mein Leben neue Ideen und Perspektiven. Ich gründete ein Start-up und fing noch einmal ganz von vorne an. Und ich möchte weiter an einer stark überfälligen Stabilisierung des Klimas mitwirken und dem längst utopischen Klimaziel mitarbeiten. Ich werde weiter gegen die Leugner und Lügner Stellung beziehen und mich immer wieder den Erneuerbaren widmen – wie in den letzten 35 Jahren auch.

Die Ereignisse der 1970-er Jahre in Deutschland mit saurem Regen über Waldsterben bis hin zu Fahrverbot und einer damals schon nicht wegzudiskutierenden Klimaveränderung haben mich sensibilisiert. Dazu die wachsende Ignoranz und Intoleranz und ein zunehmend politisch geschürter Egoismus. Konkret sehe ich zwei Handlungsebenen: schulische und berufliche Bildung und eine flächendeckende Investition in erneuerbare Energie. Energy and Education! Doch das alles kann nur funktionieren, wenn die Entwicklung von demokratisch-politischer, wirtschaftlicher und kultureller Unabhängigkeit das oberste Ziel bleibt.

Heranwachsende junge Menschen auf der ganzen Welt stehen konsequent auf – mit großer Begeisterung erlebe und begleite ich das. Sie haben konkrete Forderungen und ein klares Ziel: Umdenken und Veränderung auf allen Ebenen, um das Leben auf diesem Planeten zu erhalten. Denn mit einem einfachen „Weiter so" ist es nicht getan.

Wenn Egoismus weiter siegt, wird vieles schnell enden. In drei Generationen werden dann weder Unternehmen noch Banken, geschweige denn Regierungen so aussehen und geführt werden wie heute. Das Gesicht der Welt wird sich zwangsläufig verändern. Und deshalb ist es so wichtig, junge Menschen mit auf den Weg zu nehmen. Junge engagierte Menschen, die Mut, Ziele und Ideale haben. Ihnen gehört die Zukunft. Sie sind überall auf der Welt zu finden.

Das Alte ist vergangen. Eine neue Geschichte beginnt, von der ich hier erzähle. Aber auch Kritik an der aktuellen europäischen und weltpolitischen Situation wird geäußert, begleitet von Gedanken zu Erneuerungen. Denn die heutige Generation braucht dringend Zukunft und Hoffnung, auch wenn diese anders aussehen werden als gedacht.

Ich beanspruche nicht, alle Lösungen zu kennen. Aber ich habe eine Meinung, eine Haltung, die manchmal konservativ klingt, weil ich Werte und Bewährtes schätze. Dennoch bin auch ich bereit, wieder neue Wege zu gehen und zu lernen. Meine Erfahrungen haben mich geprägt und Visionen treiben mich voran.

In diesem Sinne wünsche ich viel Freude beim Lesen und beim Mitmachen von Erneuerungen.

Euer Joachim Fuhrländer

1. Auf dem Rückweg

Es ist ein angenehm warmer Frühlingsabend und ich bin auf dem Rückweg. Meine Gespräche mit „GreenScan" über Magnetresonanztomografie-Geräte (MRT), die von Solarenergie betrieben werden, sind gut verlaufen. Durch unsere intelligenten Energiesysteme tut sich damit eine ganz neue Welt für Krankenhäuser in Afrika auf. Es geht weiter in meinem Leben als Unternehmer, und ich freue mich sehr auf die kommenden Herausforderungen.

Auf Bayern 1 singt Willy Nelson ein Lied von Kris Kristofferson, den ich vor Jahren zu einem Kulturwochenende in den Westerwald eingeladen habe. Schöne Erinnerungen werden auf einmal wach. – Meine Autobahnfahrt führt mich vom Westerwald nach Pocking in Niederbayern, wo ich seit fünf Jahren zu Hause bin. Plötzlich sehe ich sie wieder, nach langer Zeit, gleich neben der A3 auf den Parkplätzen zwischen Nürnberg und Regensburg und weiter Richtung Deggendorf stehen: Schwertransporter mit großen Stahlrohrtürmen und den riesigen Rotorblättern, die siebzig Meter lang sind und auf drei speziellen Sattelaufliegern ruhen. Alles für neue Windkraftanlagen in Deutschland – ein Hoffnungsschimmer. Wo doch in den letzten Jahren der Bau von neuen Windkraftanlagen stark zurückgegangen war.

Die gelben Rundumleuchten an den Schwertransportern blinken bereits. Aber die Fahrer warten noch, bis alle Begleitfahrzeuge an Ort und Stelle sind und die Polizei die Fahrerlaubnis für die heutige Nacht erteilt. Ich erinnere mich: Diese Genehmigung muss lange im Voraus beantragt werden, da der Streckenverlauf für Schwertransporte exakt festgelegt und behördlich genehmigt werden muss.

Ich denke an die ehemaligen Mitarbeiter zurück, sehe ihre Gesichter vor mir. Diese Erlaubnis einzuholen, das war immer die Aufgabe und Leidenschaft unseres Logistikspezialisten Markus Velte und seines Teams. Egal, ob zu einer Baustelle in Deutschland, Frankreich oder Spanien, zu einem deutschen Hafen und dann per Schiff nach Portugal, Vietnam, Kanada und USA oder über einen nur für wenige Monate eisfreien Fluss durch Russland nach Kasachstan – dies alles erforderte immense Vorbereitung und Organisation. Manchmal mussten an Grenzübergängen wie nach Polen zusätzliche Achsen unter die Tieflader montiert werden, weil für bestimmte Strecken andere Achslasten gelten. Wir hatten damals eine eigene Firma für Markus gegründet, und er hatte alles im Griff, war hoch konzentriert, mit seinen Checklisten und seiner Erfahrung wie kein anderer. Die Planung des Transports und für die Errichtung der Windkraftanlage lief bereits lange vor der Fertigstellung. Es war ein gewaltiger Aufwand.

Die Stahlrohrtürme, in fünf bis sieben Einzeltransporten geliefert, sowie die drei Rotorblätter auf speziellen Sattelaufliegern kamen von verschiedenen Spezialherstellern. Die Maschinengondeln wurden von Herstellern wie uns geliefert. Wir haben sie damals in unseren Werken in Waigandshain und Liebenscheid am Siegerland-Flughafen gefertigt.

Jedes Mal erfüllte mich solch ein Transport mit Dankbarkeit und Stolz. Stolz darauf, was meine Mitarbeiter da wieder einmal erreicht hatten. Und dankbar war ich dafür, dass wir Menschen so etwas erfinden und bauen können. Saubere und günstigste Energie erzeugen, zahlreiche Arbeitsplätze schaffen und ein weltweites Potenzial nutzen. „Friendly Energy for a Friendly World" – so hatten wir es formuliert, und es wurde auf großen Messen gelesen und verstanden.

All das schießt mir jetzt wieder durch den Kopf. All das, was ich aus der Vergangenheit loslassen wollte, um nicht frustriert zu sein. Ich schlucke, wische mir über die Augen und drehe das Radio leiser. Wie oft hatten wir solche Transporte organisiert, dann die Windkraftanlagen errichtet und wochenlang auf einer Baustelle gearbeitet – in über 30 Ländern. All das erforderte starke Teams – motiviert, zuverlässig und wettererprobt.

Unsere Firma lief damals gut, und es gab Zeiten des starken Wachstums. Wir haben Hallen gebaut, Arbeitsplätze geschaffen und viele Auszubildende im Unternehmen eingestellt. Doch dann kamen Zeiten von Wirtschaftskrisen, Projektstillständen und Zahlungsverzögerungen. Alles kam ins Stocken.

Meine Zeit als Windkraftanlagenbauer war seitdem vorbei. Sie gehört zu meiner Vergangenheit, zu meiner Geschichte. Meine Firma existiert nicht mehr. Verloren. Zweifel und Schuldgefühle tauchen nun erneut auf. Meine damaligen Mitarbeiter sind alle längst in anderen Unternehmen untergekommen.

Vielleicht waren meine guten Absichten und Ziele ihrer Zeit voraus. Vielleicht waren weder die Menschen noch die Politik bereit, umzudenken. Oder sie waren an ihre politischen Entscheidungen gebunden, unflexibel, und konnten nicht zurück. Die Gesetzgebung jedenfalls schien eher rückläufig zu sein. Heute sehen wir die gnadenlosen Auswirkungen davon, abhängig von fossilen Brennstoffen und ihren internationalen Anbietern zu sein. Und plötzlich wird vielen klar: Wir brauchen Alternativen.

Beginnt endlich eine Wiederbelebung der erneuerbaren Energien? Denkt man endlich um? Blickt man voraus und denkt man an kommende Generationen, unsere Kinder und Enkel? Denkt man auch über Grenzen hinaus und erkennt, dass herkömmliche Energieerzeugung und deren fatale Auswirkungen nicht lokal, sondern global und auf viele Jahre zu berücksichtigen sind? Warum ist das nicht schon früher passiert? Warum wurden unsere Arbeit, unsere Argumentation und unsere Motivation damals so rücksichtslos zertreten? Sind es wirklich nur politische Entscheidungen, die heute die erneuerbaren Energien vorantreiben und morgen wieder bremsen? Wann kommen die nachhaltigen Einsichten, wann eine klare Haltung zur Zukunft unseres Planeten?

Meine Gefühle spielen verrückt. Ärger, Enttäuschung und Hoffnung vermischen sich. Ich drehe die Musik lauter. Noch lauter. Erst die Nachrichten und die Information über das endgültige Abschalten der Atomkraftwerke holen mich zurück.

Meine Gedanken kommen nicht zur Ruhe. Dabei ist es eigentlich ganz einfach: Alles ist erneuerbar. Jeder Tag zeigt es. Jeder Frühling zeigt es. Jedes neue Leben zeigt es. Mein Leben zeigt es.

Auch politische Entscheidungen können erneuerbar sein. Selbst wenn sie durch falsche Zwänge und Abhängigkeiten zustande kommen und später erst zu Erkenntnissen führen. Hauptsache, sie führen endlich zum Umdenken! Denn seit jeher ist die Welt voller Ressourcen, die nicht abhängig machen und um die keine Kriege geführt werden müssen. Niemals. Denn täglich scheint die Sonne – und es kommt mehr Energie auf die Erde, als wir verbrauchen können.

Die Kraft der Sonne

Die Erde ist ein friedlicher Planet, der in einem konstanten Abstand zur Sonne seine Umlaufbahn entlang zieht. Nur ein winziger Schritt näher dran, und das Leben auf der Erde wäre unmöglich. Ein kleines Stück weiter weg, und alles würde erfrieren. Diese Balance ist wunderbar in der Schöpfung geregelt. Dadurch entstehen immense Energiepotenziale. Die Sonne strahlt mehr Energie auf die Erde, als wir jemals verbrauchen können. Alle wichtigen Daten dazu findet man heutzutage unkompliziert im Internet.

Die Sonne erzeugt eine Thermik sowie Winde und Wetterformationen, die so viel Energie freisetzen, dass wir die verfügbare Windenergie niemals aufbrauchen könnten. Sie ist unerschöpflich und kraftvoll – das ist nichts Neues. Denn der Wind wurde schon lange vor unseren modernen Technologien genutzt – sei es als Antrieb für Mühlen, zur Wasserförderung, zur Fortbewegung oder zur Unterstützung von Arbeit.

Es gibt noch andere Energiequellen, die bereitstehen und auf uns warten: Die Erde ist im Inneren glühend heiß. Schon knapp unter der Oberfläche gibt es Wärme und dadurch ein riesiges Energiepotenzial.

Wasserkraft ist in vielen Regionen bereits gut ausgebaut. Auch Biomasse kann verstromt werden. Biologische Abfälle, Altholz und andere Stoffe stehen zur Verfügung. In zahlreichen Ländern der Erde gibt es ein unerschöpfliches Potenzial, das mit aktuellem Wissen sehr verträglich und nachhaltig genutzt werden könnte.

Es ist an der Zeit zu entdecken: Die erneuerbaren Energien – regional erzeugt und genutzt – machen unabhängig von jeglichen politischen Machenschaften und Erpressungen. Sie sind unabhängig gegenüber künstlicher Verknappung, selbsternannten Gutachtern und Bankenbewertungen. Erneuerbare Energien stehen für eine globale Versorgungsstabilität.

Was heute technologisch machbar ist, zeigt die Entwicklung der Batteriespeicherung, die durch Smartphones und die gewollte Elektromobilität große Entwicklungsschritte macht. Da haben Ingenieure noch viel Neues in der Pipeline. Auch durch erneuerbare Energie erzeugter Wasserstoff ist nach wie vor eine vielversprechende Speichermöglichkeit, auch wenn dabei eine mehrfache Energieumwandlung in Kauf genommen werden muss.

Wir sollten keine dieser Entwicklungen von vornherein ausschließen oder abwerten. Ich kann mich noch gut daran erinnern, wie die großen Energieversorger in den frühen 1990er-Jahren gesagt haben: „Wir halten höchstens 3 bis 5 % erneuerbaren Strom für machbar …" Heute sind es – auch aufgrund technologischer Fortschritte – schon über 50 %. Und es werden noch mehr, und zwar bis zu 100 % – spätestens dann, wenn die endlichen Ressourcen aufgebraucht sind.

Im Zerreden sind wir in Deutschland allerdings leider große Meister. Kaum taucht eine neue, sinnvolle, ja zukunftsträchtige Entwicklung auf, schon steht sie auf dem Prüfstand von selbsternannten Experten. Man sucht sofort nach Fehlern und Nachteilen. Und man diskutiert darüber an den Stammtischen des Lebens und in den Medien – lautstark, hitzig und besserwisserisch.

Meine Familie, unser Team – wir waren in den 1990ern voller Energie und glaubten an die „Erneuerbaren". Wir haben die kleine Schmiede meines Vaters zu einer florierenden Firma entwickelt, die weltweit tätig war.

Deutschland war einst das Land der Dichter und Denker. Jetzt sind wir das Land der Bedenkenträger und Besserwisser. Die deutsche Ingenieurskunst stand weltweit einmal ganz hoch im Kurs und „Made in Germany" galt als Qualitätssiegel. Leider ist das in großen Teilen vorbei. Wir lassen uns einfach vieles aus der Hand nehmen oder zerreden es bereits im Voraus, bevor wir überhaupt etwas aufbauen und erreichen. Unzufriedenheit durchzieht, ja bestimmt unseren Alltag.

Dabei ist technisch vieles möglich. Wir sind nach wie vor in der Lage, Lösungen zu finden und umzusetzen. Gerade im Bereich der erneuerbaren Energien könnten wir leicht zurückkehren zu alter Größe in Sachen „Made in Germany".

Was uns hindert? Nun, wir haben alles jederzeit zur Verfügung. Wir müssen uns nicht mehr sorgen oder vorbeugen oder großartig nachdenken. Die beiden Generationen vor mir, die ich erlebte, und die davor natürlich auch, mussten hart arbeiten, um den Winter zu überstehen. Wir hingegen heute bekommen im Winter Erdbeeren und Ananas, sogar frei nach Hause geliefert, wenn wir das wollen. Das macht träge. Und Trägheit macht schwach und faul. Ja, wir sind leider in vielerlei Hinsicht schwach und antriebslos geworden, ohne Leidenschaft.

Der Antrieb fehlt, und oft fehlen auch klare Ziele und ein sinnvoller Weg dorthin. Als ich neulich einen jungen Mann fragte, was er nach seinem bestandenen Abitur denn jetzt vorhabe, erwartete ich eine sprühende Rede und einen Kopf voller Ideen. Doch er sagte nur: „Am liebsten so früh wie möglich in Rente gehen." – Wie traurig. Ganz anders sind die vielen jungen Leute in unserem Unternehmen, die die Gelegenheit ergriffen haben, in kaufmännischen, handwerklichen und industriellen Berufsbildern zu lernen und durchzustarten. Sie kämpfen sich durch, geben nicht gleich auf, wenn es mal schwierig wird. Doch dazu später mehr.

Ja, ein Ruck ist nötig. Wir müssen aufwachen. Denn es ist sinnvoll, bereitet Freude und führt zu Zufriedenheit, etwas zu schaffen und zu bewegen. Wir sind als Geschöpfe und gleichzeitig als Schöpfer geboren. Wir können aufbauen, unser Leben gestalten, erfinden, verbessern, helfen, denken, träumen, nach vorne schauen und nach vorne gehen, neue Dinge anpacken und die Welt verbessern. Wir dürfen, ja müssen die Wahrheit sagen, den Widerspruch wagen und dazu stehen. Selbstlos, aber auch in unserem eigenen Interesse und im Interesse der kommenden Generationen. – Wie oft habe ich darüber nachgedacht, diskutiert und argumentiert. Immer wieder und unermüdlich, weil es doch so ist. Bis zuletzt.

Wir brauchen eine Erneuerung, ein Umdenken, ein Vertrauen in eigene Ideen und Stärken, statt den Machthabern und egoistischen Machern das Feld zu überlassen, die ausschließlich nur ihren Einfluss ausbauen wollen, um ihren Wohlstand zu vergrößern.

Meine Fahrt dauert nicht mehr lange. Links sehe ich schon die Schatten des Bayerischen Waldes. Es sind nur noch wenige Autos und ein paar Lastwagen unterwegs. Ihre Kennzeichen zeigen, dass sie aus Bulgarien, Türkei, Serbien, Ungarn und Rumänien kommen.

Ja, „Erneuerbar“ ist zu meinem Thema geworden. Damals als engagierter Windkraft-pionier, wie es Zeitungen texten, und weil ich es hautnah erleben durfte, wie es ist, den Halt zu verlieren, nicht aber seine Haltung, die einen wieder aufstehen lässt. So bleibt auch das eigene Leben erneuerbar.

2. Ist es zu spät oder gibt es noch Chancen?

Wenn ich auf die Uhr des Klimawandels und des Ressourcenverbrauchs schaue, ist es leider schon zehn nach zwölf. Nicht fünf vor zwölf, wie wir es wohl noch gerne hätten und auf dieser Uhr sehen würden, um noch etwas Hoffnung zu haben, wenigstens einen Funken. Nein, diesen Funken gibt es so einfach und tatenlos nicht mehr. Denn ja, sie existiert wirklich – eine nachhaltige Klimaveränderung und Ressourcenverschwendung, verursacht durch die Einflussnahme des Menschen.

Heute sollte es jeder wissen, nachdem jahrelang darüber gestritten, gelacht und gescherzt wurde. Die Herausforderung ist global, und über Staatengrenzen hinweg ist sie fortgeschritten. Sie ist bedrohlich und schlimm. Die Warnungen und Mahnungen kluger Menschen, alle Lösungsvorschläge und sinnvollen Ansätze wurden ignoriert, als wir den Handlungsbedarf nach verheerenden Fluten und Stürmen, bei Überschwemmungen und Dürrezonen verschlafen, abgetan und kleingeredet haben. Natürlich gab es früher schon immer Naturereignisse wie Erdbeben, Stürme, Feuer, Hochwasser und Dürren. Aber es gab auch Flussauen, in denen sich Wasser ansammeln konnte, im Gegensatz zu unseren Kanalisierungen und Begradigungen. Es gab eine andere und einfachere Bauweise der Häuser und anderer Infrastrukturen. Es gab erdbebensichere Fachwerkhäuser im Ständerfachwerk. – Jedoch gab es noch nie eine von intelligenten, aber gierigen Menschen verursachte Klimaveränderung in diesem Ausmaß und mit dieser Bedeutung seit Beginn unserer Zeitrechnung.

„Es wird nicht so schlimm sein. So drastisch ist es nicht. Da möchte nur jemand ein Geschäft in Sachen Klima machen. Als Einzelner kann man da sowieso nichts tun. Wir in Deutschland sind ja nicht für die ganze Welt verantwortlich …“, solche und ähnlich Reden habe ich leider viel zu oft gehört. Und jetzt, ja, jetzt ist es einfach zu spät, um die Uhr zurückzudrehen und die guten alten Zeiten wiederherzustellen.

Es ist spät, sehr spät, zu spät – Punkt! Weitermachen ist keine Option mehr, zumindest nicht, wenn wir den nächsten Generationen eine Welt hinterlassen möchten, auf der man noch einigermaßen leben kann. Aber die Auswirkungen werden trotzdem kommen.

Die Welt wird nicht morgen untergehen, sagen die machthabenden Generationen von heute gerne. Ja, das stimmt. Nicht heute. Aber darum geht es auch nicht. Es geht vielmehr um die Veränderungen, die die nachfolgenden Generationen hinnehmen müssen.

Selbst wenn wir alles rückgängig machen könnten, der Schaden ist bereits angerichtet und bleibt. Er wirkt sich unvermeidlich und nachhaltig aus. Es ist offensichtlich, für jeden sichtbar und ganz einfach zu begreifen: Die Polkappen und Gletscher schmelzen, direkt vor unseren Türen in den Alpen. Der Schnee, den es vor dreißig Jahren noch gab, bleibt einfach aus. Skigebiete stehen vor dem Aus! Inseln verschwinden, Bodenerosion ist spürbar und sichtbar, Ernten fallen aus oder werden durch Unwetter vernichtet, die Luft und das Wasser sind verschmutzt – und so weiter. All das haben wir in weniger als zweihundert Jahren vollbracht … Die Industrialisierung sollte unser Leben erleichtern, mehr Wohlstand und Freizeit bringen. Mehr Urlaub und Spaß am Leben. Für einige hat das geklappt, aber zu welchem Preis? „Ich will was vom Leben haben!“ Ja, aber was?

Wir bekommen gesagt, dass wir auf eine Ressourcenknappheit zusteuern. Politische Konflikte schüren dieses Gerücht und heizen die Stimmung an. Künstliche Verknappungen für einzelne Staaten und globale Umverteilungen von Erdgas, Öl und Kohle machen Angst, da wir von diesen einst als fortschrittliche Energieträger bezeichneten Rohstoffen abhängig geworden sind. Das treibt die Preise und damit den Profit der Energiemultis in die Höhe. Dabei verbrennen wir diese Rohstoffe ja einfach nur. Wir verbrennen Bodenschätze, anstatt sie intelligent zu nutzen. Denn eine darüber hinausgehende intelligente Nutzung gibt es nur sehr vereinzelt. Und das ärgert mich zutiefst, damals wie heute. Dabei ist es so einfach und sinnvoll, anders und neu zu denken.

Aber es gibt viel Geld damit zu verdienen. Staaten profitieren vom Handel (und können damit ihre Rüstung finanzieren). Energiekonzerne profitieren von monopolisierter Stromerzeugung. Wer hat da überhaupt Lust und Interesse, daran etwas zu ändern?

Ich habe mit Menschen gesprochen, die finanziell ausgesorgt haben und sich keine Sorgen mehr machen, weil es augenscheinlich für ihre Generation jetzt ja noch ausreicht. Für ihre Kinder haben sie auch vorgesorgt, finanziell zumindest. Aber das, was jetzt auf uns zukommt, kann man nicht einfach mit Geld lösen. Die Folgen werden teuer. Es gibt keine Zeit mehr für Verständnis und diplomatische Worte. Klartext muss gesprochen werden, sonst wird es niemand begreifen. Stattdessen werden Klimaaktivisten in Schubladen gesteckt und nach Gründen und Argumenten gesucht, um ihr Handeln zu kritisieren.

Natürlich gab es Berufsdemonstranten auch schon bei Aktionen wie „Atomkraft? Nein danke!“ oder „Frieden schaffen ohne Waffen“. Man kann über Klimakleber schmunzeln oder ihr Handeln kritisieren und bewerten, wenn es zur Gefahr wird. Aber zweifellos gibt es heute die letzte Generation, die mit „Weiter so“ und „We first“ sowie unserer gedankenlosen Verantwortungslosigkeit ein Ende des vermeintlichen Wohlstandes erreicht und erlebt.

Wohlstand und Vermögen begünstigen den unvermeidlichen Klimawandel und den Charakter verderben sie obendrein. Dort, wo Wohlstand herrscht, ist die Bedenkenlosigkeit unter den Menschen am ausgeprägtesten. „Mir kann ja nichts mehr passieren“, sagen sie dann. Ein Beispiel: In Portugal sind die Niederschlagsmengen längst nicht mehr ausreichend, um die Speicher von Trinkwasser und Brauchwasser für die Landwirtschaft zu füllen. Aber an der touristisch beliebten Algarve werden große Mengen für die Bewässerung von Golfplätzen verschwendet.

Man sieht große, grüne Golfoasen. Der Rest der Landschaft ist grau und verdorrt. Touristen, die in Portugal Golf spielen, bringen Devisen, aber auf wessen Kosten?

Oder man fährt einen Oberklasse-SUV mit einem V6-Verbrennungsmotor und einem kleinen Elektroantrieb, der nur für einige Kilometer reicht. Das mag das Umweltgewissen beruhigen, aber zu welchem Preis? Die deutsche Politik subventioniert das noch obendrein. Den Diesel haben wir meiner Meinung nach vorschnell aufgegeben, obwohl die Herstellung von Diesel als Brennstoff deutlich weniger Energie benötigt und der Verbrauch schon immer niedriger war als bei Benzinern. Diese Sicht wird von vielen qualifizierten Ingenieuren unterstützt. Feinstaubprobleme verschieben wir damit einfach nur an andere Orte, zu anderen Menschen. Hauptsache, sie existieren nicht bei uns vor der Tür. Doch der Strom für Plug-in-Hybride kommt aus der Steckdose, aus Braunkohlentagebau wie Garzweiler II, wo gerade Lützerath abgebaggert werden soll, und den entsprechenden Kraftwerken. RWE hat das Recht dazu, sagen Gerichte.

Das Abbaggern bedeutet aber nicht nur das Abreißen von Häusern, die Generationen von Menschen ein Zuhause gegeben haben, in denen Kinder gezeugt und geboren wurden, in denen gestritten, gelebt und geliebt wurde; es bedeutet auch, an einem anderen Ort „auf der grünen Wiese“ neue Häuser zu bauen und die Menschen dort anzusiedeln. Dabei gehen Erinnerungen und Geschichte(n) verloren, und es entstehen größere und steriler wirkende Gemeinden und Ortschaften.

Ich habe früher gerne bei Bürgerversammlungen dieses Beispiel gebracht: Besucher aus abgebaggerten Dörfern, die unsere Fertigungshallen besichtigten, erzählten, wie es sich anfühlte, als ihre Häuser eingerissen wurden, der Garten mit Obstbäumen und Traubensträuchern verschwand und nur ein Haufen Schutt übrig blieb. Es fühlte sich an wie nach einem Erdbeben. Aber es war von Menschen gemacht. Und sie weinten dabei.

Sie erzählten auch davon, was sie fühlten, als die alte Kirche gesprengt wurde, in der sie geheiratet hatten und ihre Kinder getauft wurden. Sie berichteten von dem Prozess, den Friedhof umzubetten, die Leichen einzeln auszugraben und fortzubringen. Natürlich wurden sie finanziell entschädigt, und neue Dörfer wurden für sie errichtet. Diese hatten sogar die gleichen Straßennamen und schöne, neue Häuser. Aber kann das Heimat ersetzen? Vielleicht ein Zuhause, aber Heimat? Den Ort, an dem man aufgewachsen ist und der einen geprägt hat? Gerade ältere Menschen kamen oft nie darüber hinweg.

Vom Kampf gegen Windmühlen

Bei solchen Bürgerversammlungen wurde immer wieder darüber diskutiert, ob ein Wohnhaus an Wert verliert, wenn man eine Windkraftanlage in der Ferne sieht. Es ging also um Geld und nicht um die Zukunft – so wie es überall geschieht. Mir als Windkraft-Unternehmer unterstellte man dabei oft niedere Ziele. Ich würde ja gut an diesen „Ungetümen" verdienen. Nur wollte ich die Welt erhalten und verbessern.

Aber festgefahrene Meinungen und damit verbundene Emotionen kann man nicht mit logischen Argumenten verändern. Nur einmal kam ein vehementer Gegner, ein promovierter Philologe, zu mir und sagte plötzlich: „Du hattest doch recht. Schon immer. Wenn man genau darüber nachdenkt, gibt es nur diesen Weg der erneuerbaren Energien." Ich habe ihn auf ein Bier eingeladen.

Selbst heute noch stellen einige Mitglieder des Deutschen Bundestages erneuerbare Energien als unzuverlässig und unberechenbar dar. Daher benötigen wir dringend Politiker mit Weitsicht. Wir brauchen kompetente und ehrliche Fachleute anstatt Berufspolitiker, denen es an Erfahrung und Pragmatismus fehlt, die nur auf ihre Wiederwahl oder Lobbyinteressen schielen.

Wissen denn nicht alle Entscheidungsträger längst, dass Sonne und Wind länger verfügbar sind als Kohle, Öl, Gas und Uran? Wenn Letztere erschöpft sind, dann bedeutet das auch das Ende für alles, was damit zusammenhängt. Aber Sonne, Wind und Wasser kommen immer wieder – jeden Tag aufs Neue.

Man muss es sich nur vor Augen führen: Wenn wir in zweihundert Jahren das verbrennen, was in Milliarden von Jahren entstanden ist, dann kann das doch nicht ohne Folgen bleiben. Und dennoch machen wir weiter wie bisher? – Wieso? Politisch haben wir meiner Meinung nach einen völlig falschen Weg eingeschlagen. Wir haben die europäischen und weltweiten Infrastrukturen auf fossilen Energieträgern und einer zentralisierten, monokulturellen Energieerzeugung aufgebaut. Aber der Verbrauch findet dezentral statt. Selbst als wir ahnten, wie dies enden würde, haben politisch Verantwortliche nicht reagiert. Wenn wir heute über energiepolitische Abhängigkeiten sprechen, dann wissen wir gleichzeitig, dass vorherige Regierungen tief geschlafen, Chancen vertan und Weichen falsch gestellt haben.

Es gibt viele andere Lösungen, wenn wir diese nur wollen. Und diese intelligenten wie zukunftsträchtigen Lösungen könnten zudem Hunderttausende von hoch qualifizierten stabilen Arbeitsplätzen schaffen.

Im April 2023 gab es erneut eine neue Ankündigung von E.ON, einem der klassischen Energieversorger: „Durch die aktuelle Energiekrise wird Strom noch teurer“, schrieb das Unternehmen in der Mitteilung, die in der Hauspost lag. Das betreffe aber nicht nur den Strompreis, sondern auch die Kosten für Zählergebühren und andere Nebenkosten.

Wir sind zweifellos abhängig von Energielieferanten. Sie haben eine beträchtliche Macht und einen starken Einfluss. Über viele Jahre hinweg haben sie fossile Energieträger als zuverlässig, günstig und notwendig dargestellt und verkauft. Selbst Politiker glauben das immer noch oder tun zumindest so, als ob es wahr wäre, um die jahrelangen Versäumnisse der Vergangenheit zu rechtfertigen. Doch jetzt kommt langsam die Rechnung. Denn fossile Energien sind endlich und irgendwann erschöpft. Wie lange das noch dauert? Nicht mehr allzu lange. Vielleicht nur noch drei oder vier Generationen, wenn wir den Verbrauch stark einschränken.

Wie gut und beruhigend, dass wir ökologischen Strom von unserem lokalen Anbieter Markus Mann kaufen, denke ich. Einer, der eine der ersten Windkraftanlagen im Westerwald errichtet hat, also auf erneuerbare Energien gesetzt hat.

Die Schöpfung zeichnet sich durch Vielfalt aus

Die Erde hat die Fähigkeit, sich zu erneuern. Sie erholt sich von Klimaveränderungen und anderen Verschmutzungen, sogar von Atommüll. Es ist dabei alles nur eine Frage der Zeit. Aber unvermeidlich ist, dass dies für ganze Generationen zunächst erhebliche Veränderungen mit sich bringen wird, mit denen sie umgehen müssen. Sie müssen sie bewältigen. Sonst nichts. Sie müssen damit leben. Mit Veränderungen, die andere geschaffen haben. Das ist unser Erbe an sie.

Die Schöpfung zeichnet sich durch ihre Vielfalt aus. Das gilt es zu entdecken. Wir brauchen einen zukunftsfähigen, erneuerbaren Energiemix, um zu überleben. Ich bin sehr froh darüber, dass man es geschafft hat, in Sachen Automobilmarkt die Elektromobilität nicht als einzige Lösung festzulegen. Wer hat denn ein Interesse daran? – Natürlich alle jene, die Strom verkaufen und uns weiter abhängig machen wollen. Sie verteufeln zukünftige E-Fuels-, Biodiesel- und Wasserstoff-Lösungen. Wer weiß aber, was man in den kommenden Jahren noch an Möglichkeiten findet, wenn man nur danach sucht?

Die Elektromobilität kann nur ein Teil der Lösung sein, nicht die alleinige Lösung. Wenn die Prognosen zum Anstieg der Kraftfahrzeugzahlen zutreffen, würden wir mit einer Lawine an fahrbarem Sondermüll konfrontiert werden. Zwar könnten Batterien nach ihrer Lebensdauer im Auto eventuell und in Teilbereichen noch etwa als stationäre Energiespeicher weiterverwendet werden, aber ihre endgültige Entsorgung ist noch nicht ausreichend zu Ende gedacht.

Bei Windkraftanlagen mussten wir von Anfang an den Energieverbrauch bei Herstellung und Errichtung sowie den Rückbau samt möglicher Entsorgung belegen. Oft genug mussten wir das mit hohen finanziellen Rückstellungen oder Bürgschaften absichern. Wir waren gesetzlich dazu verpflichtet, von Anbeginn die Folgekosten und Auswirkungen zu bedenken und den Umgang damit zu erläutern. Dies sollte meiner Meinung nach auch bei Kohle- oder Atomkraftwerken gefordert werden. Ich bin mir sicher: Kein konventionelles Kraftwerk würde neu gebaut, wenn die Folgekosten der Energieerzeugung über den Strompreis finanziert werden müssten. Das überlassen die Energieversorger seit hundert Jahren dem Staat und damit der Allgemeinheit. Aber: Heute zahlen wir die Rechnung in Form unabsehbar stetig steigender Stromkosten.

Wind und Sonne stehen kostenlos und emissionsfrei zur Verfügung – Tag für Tag, Jahr für Jahr.

In Portugal traf ich einen Mann mit einem Mercedes 240 Diesel. Er war der Erstbesitzer und hatte das Auto seit 38 Jahren. In dieser Zeit war er über 1.500.000 Kilometer damit gefahren. Der Verbrauch lag bei etwa 8 Litern Diesel auf 100 Kilometern und das Fahrzeug bestand größtenteils aus voll recyclebarem Stahl.

Die Frage ist: Wenn wir eine vorhandene Technik von vor 40 Jahren einfach nur weiterentwickeln würden, welches Ergebnis könnten wir damit erzielen? Ein Auto mit einem Verbrauch von weniger als 4 Litern pro hundert Kilometer wäre durchaus denkbar. Aber das wäre natürlich nicht im Interesse der Mineralölkonzerne, die am Ölverkauf verdienen, und der Automobilhersteller. Ich besitze selbst auch solch einen alten Mercedes in Portugal und sammle meine Erfahrungen damit. Ich kann bestätigen, was der alte Mann mir sagte. Ein über 40 Jahre altes Auto könnte tatsächlich nachhaltiger sein als unsere aktuellen Methoden.

Elektrisch zu fahren ist eine Möglichkeit, aber ein Auto möglichst lange zu fahren, schont ebenfalls die Ressourcen. Ökologisch erzeugter Wasserstoff hätte schon seit Jahrzehnten auf dem Markt sein können. Wir hätten genügend Zeit gehabt, um die Entwicklung weiter voranzutreiben. In dieser Hinsicht sind die Japaner entschieden weiter, uns voraus und lassen sich auch nicht beirren. Wir hinken wieder einmal hinterher.

Warum geben wir, unabhängig von der Interessenlage der Großindustrie und der Strom- und Ölkonzerne, diese Aufgabenstellung nicht an unser noch vorhandenes und erfahrenes Ingenieurwesen? Ich bin überzeugt, dass dies zu innovativen Ergebnissen und einer breiten Vielfalt führen würde. Schließlich beleidigt man die deutsche Ingenieurskunst, wenn politische Entscheidungen getroffen werden, ohne den unabhängigen Fachleuten eine Plattform für Entwicklung und Konstruktion zu bieten. Fortschritte und Innovationen, die zu wirklichen Verbesserungen im Sinne eines nachhaltigen Lebensraums auf der Erde beigetragen haben, sind und waren schon immer das Ergebnis von Erneuerungen.

3. Junge Menschen kommen, alte Menschen gehen

Ich bin in Waigandshain im Westerwald als einfacher Dorfjunge aufgewachsen. In meinem kleinen Dorf mit nur 200 Einwohnern kannte jeder jeden. Man duzte sich und sprach miteinander „Wäller Platt", also in einem Dialekt, der sich sogar von Dorf zu Dorf unterschied. Heute geht dieser Teil unseres Kulturguts leider verloren, da fast die Hälfte der Menschen zugezogen ist. Sie haben die älteren Häuser gekauft und renoviert, da ihre vorigen Besitzer, wenn es junge Menschen waren, weggezogen oder, wenn sie älter waren, verstorben sind. Aber auch Menschen aus verschiedenen Ländern und Kulturen sind zu uns in den Westerwald gekommen. Sie wurden herzlich aufgenommen und haben sich wunderbar integriert. Das war schon immer so. Westerwälder sind zwar Basaltköpfe, sie gelten manchmal als stur, aber sie haben ein gutes Herz – zumindest die meisten von ihnen.

Meine Großeltern waren Bauern, mein Vater war Schmied und meine Mutter Näherin. Später hat meine Mutter sogar noch das Elektroden-Handschweißen bei meinem Vater gelernt. Wir haben uns dann oft einen Spaß aus familieninternen Wettbewerben gemacht, wer die sauberste Schweißnaht ziehen kann und dabei am wenigsten Material, also Elektroden, verbraucht. Oftmals hat meine Mutter zwölf Stunden am Stück nur Bauteile geschweißt. Die Schweißansätze und Nähte mussten alle wasserdicht sein, ohne Poren und Löcher. Ich habe nach der Schule täglich mitgeholfen beim Schweißen und dann noch das Abendbrot vorbereitet, wenn meine Eltern abgearbeitet nach Hause kamen.

Unser Alltag war bescheiden, arbeitsam und von einer grundsätzlichen Zufriedenheit durchdrungen und geprägt. Es gab immer genug zu essen, aber Fleisch war knapp. Unsere Ernährung war überwiegend vegetarisch, da wir neben Kartoffeln, Salat, Gemüse, Milch, Käse und Eiern kaum etwas anderes hatten. Fleisch und Wurst waren die Ausnahme, aber es gab den Sonntagsbraten, dessen Reste manchmal noch bis Montag reichten.

Jedes Jahr schlachteten wir zu Hause ein Schwein, das bis dahin Teil unseres Hofs und Lebens gewesen war, mit viel Ehrfurcht, Dankbarkeit und unter Tränen. Es hatte ja einen Namen, und wir Kinder liebten es sehr, obwohl alle wussten, dass es eine Nahrungsquelle für die ganze Familie war. Massentierhaltung kannten wir nicht; Tiere waren unsere treuen Begleiter. Vor der Schule ging ich immer in den Stall. Meine Oma hatte morgens schon die Kühe mit Heu und etwas Getreideschrot gefüttert und war am Melken. Ich wollte unbedingt lernen, wie man von Hand melkt. Wenn die Kühe fraßen, standen sie ruhig da. An der Wand hing an einem Nagel meine weiß emaillierte Tasse. An manchen Stellen war die Emaillebeschichtung bereits abgeschlagen. Ich nahm sie, wusch sie kurz unter dem Wasserhahn aus und bekam gute frische Kuhmilch zum Frühstück – frisch gemolken und noch warm. Und von einem Teil der Mich hat meine Oma dann im Butterfass Butter und Käse gekirnt.

Im Winter ging ich nach der Schule sofort wieder in den Stall. Meine Lieblingskuh lag dann dort an ihrem Platz und käute wieder. Ich legte mich oft für ein paar Minuten in ihre Nähe, in die Beuge ihrer Vorderbeine und spürte die Wärme ihres Bauches. Es war alles so vertraut und beruhigend. Ich atmete tief auf. Nicht selten begrüßte sie mich mit einem kurzen Abschlecken. Der Schulstress verschwand in diesen Momenten augenblicklich und hinterließ ein nachhaltig wärmendes Gefühl. Und an den Wochenenden durfte ich mit viel Begeisterung beim Füttern, Melken, Ausmisten und Stroheinstreuen mithelfen.

Ich habe viel in der Landwirtschaft, die meinen Großeltern noch den einzigen Lebensunterhalt bot, gelernt. Ein paar Hühner, vier Kühe und ein Schwein füllten den kleinen Stall. Heu wurde von Hand gemacht, also mit der Sense gemäht, mit dem Rechen gewendet, mit der Heugabel aufgeladen und in die Scheune gebracht. Im Frühling wurde der über den Winter zu einem Berg angewachsene Misthaufen neben dem Stall auf die Felder ausgebracht, mit einer Mistgabel mit vier Zinken. Eine Heugabel hat nur drei Zinken, so konnte man sie leicht unterscheiden.

Dann wurde das Feld umgepflügt. Anfangs machte mein Opa das mit zwei unserer Kühe, später kaufte mein Vater einen 11 PS Deutz-Traktor. Für das Pflanzen von Kartoffeln wurde das Feld wieder geeggt, es wurden Furchen gezogen, in die wir die Kartoffeln einsetzten, und dann wurde wieder alles eingeebnet. Die Kartoffeln keimten und wuchsen, aber wir mussten sie immer wieder in mühevoller Arbeit vom Unkraut befreien, bis man sie ernten konnte. Auch Gemüse wie Rotkohl, Weißkohl, Kohlrabi pflanzten wir einzeln. Und Dickwurz für die Tiere wurde angebaut. Salat, Erbsen, Möhren und Bohnen säten wir direkt im Garten am Haus. Beeren für Gelee und Marmelade wuchsen am Gartenzaun. Zur Kartoffelernte zogen wir immer zuerst das oberirdische Kraut, bevor wir die Kartoffeln aus dem Boden pflügten. Mit der Hand sammelten wir sie auf und sortierten sie nach Größe. Eine einzige Kartoffel konnte im Laufe des Sommers sechs, acht oder sogar zehn neue Kartoffeln hervorbringen.

Manchmal zündeten wir etwas von dem Kartoffelkraut auf dem Feld an und garten darin die ersten Kartoffeln. Wir pellten dann vorsichtig die heiße schwarze Schale ab und genossen die erntefrischen Kartoffeln mit etwas mitgebrachtem Salz.

Auch das Getreide, das wir ausgesät hatten und das sich in den Ähren prächtig vermehrt hatte, wurde geerntet, auf dem Speicher teilweise zwischengelagert und nach und nach in der Dorfmühle gemahlen. Das Mehl kam dann direkt zum Bäcker ins Nachbardorf. Für Brot zahlten wir somit nur den „Backlohn". Meine Großeltern arbeiteten ihr ganzes Leben lang immer gleichberechtigt Hand in Hand. Und von diesen Vorräten lebten wir als Familie in dem kleinen Dorf im Westerwald.

Als wir dann einen 15 PS starken Deutz-Traktor bekamen, der nur 1 bis 1,5 Liter Diesel pro Stunde verbrauchte, war das eine enorme Erleichterung bei der Arbeit. Er war ausgestattet mit einer handbetriebenen

Hydraulik, um ein Arbeitsgerät, wie einen Mähwerk oder einen Heuwender, anzuheben. Wir konnten nun noch schneller das Gras mähen sowie das Heu ernten und einfahren, ohne dass es bei Regen nass wurde. Nasses Heu bedeutete nämlich immer Qualitätseinbußen und mehr Arbeit durch das ständige Nachtrocknen. So aber reichte die kleine Landwirtschaft aus, um uns zu ernähren und sogar noch ein wenig übrig zu haben.

Die handwerkliche Arbeit lag mir schon als Kind sehr. Pragmatismus und Zielorientierung bildeten die Grundlage. Mit 12 Jahren durfte ich bereits Traktor fahren, Wasser im Fassanhänger zu den Weiden bringen, Heu wenden und das Feld umpflügen. Ein kleines Motorrad stand auch bereit. Der alte Bürgermeister, der gleichzeitig Ortspolizeivorsteher war, fuhr dann eine Runde mit mir und ich durfte in der Ortsgemeinde fahren. Denn in der Landwirtschaft war es egal, ob man einen Führerschein hatte oder alt genug war. Hauptsache, man konnte sicher fahren und so zum Unterhalt beitragen. Das war normal.

Verschiedene An- und Einsichten

Heute blicke ich auf meine Kindheit und Jugend zurück und erkenne, wie sehr sie mich geprägt hat. Mit 14 wurde ich Zeltlager-Mitarbeiter beim CVJM Emmerichenhain, einem Nachbarort von Waigandshain. Zelt-Chef zu sein, das war schon eine recht gehobene Stellung. Ich fühlte mich als Zelt-Chef wichtig und es machte mir viel Freude. Das führte dazu, dass ich später auch in der Kirchengemeinde als Mitarbeiter dabei war und mich um die Jugendlichen kümmerte. Ich organisierte einen offenen Jugendtreff und bereitete verschiedene Themen vor. Oft kamen die direkt aus dem Alltag.

Einmal hielt ich im Nachbarort, heute eine kleine Provinzstadt, vor einer Apotheke. Für das Parken brauchte man dort eine Parkscheibe. Doch in meinem alten VW T2 Bus, mit dem ich junge Leute in den Dörfern rundherum abholte und wieder nach Hause brachte, lag einfach keine drin.

Das Fehlen der Parkscheibe brachte mir einen Strafzettel über zehn D-Mark für eine Ordnungswidrigkeit ein. Ich zahlte daraufhin per Überweisung absichtlich nur 9,99 D-Mark und erhielt prompt eine Zahlungsaufforderung für den fehlenden Pfennig, inklusive aller Androhungen, per Post in einem frankierten Umschlag. Das hatte ich erwartet. Im Jugendtreff thematisierte ich das Ganze, und wir diskutierten leidenschaftlich und ausführlich über das Verhalten der Menschen bei Behörden und welche anderen Lösungsmöglichkeiten es gegeben hätte. Es gab viele verschiedene Ansichten und Einsichten dazu. Zuerst ärgerten wir uns über die übereifrigen Ordnungshüter und fragten uns, wer wohl solche Jobs gerne machte. Dann diskutierten wir über den Sinn im Zusammenhang mit öffentlicher Ordnung. Und schließlich sprachen wir über die Arbeitsweise bei Behörden und öffentlichen Ämtern und die persönliche Eignung zur Anwendung von Ermessensspielräumen. Es war äußerst spannend.

Unkonventionelle Dinge und wichtige Botschaften

Auch Wochenenden in Freizeitheimen waren Teil unserer Jugendarbeit. Ich hatte ein passendes Haus am Dreifelder Weiher gemietet und wir wollten freitags nach der Schule losfahren. Ich holte die jungen Leute von zu Hause mit dem VW-Bus ab. Ein junger Mann kam zum Auto und ich fragte ihn nach seinen Sachen, ob er denn nichts mitnehmen wolle. „Klar", war seine Antwort, „'nen Kasten Bier!", den er sogleich hinten krachend zu den Schlafsäcken und Rücksäcken der anderen Mitfahrer bugsierte. Alle grölten. Da unsere Gruppe aus Jugendlichen im Alter von 14 bis 17 Jahren bestand, war auch eine Mitarbeiterin dabei. Sie schaute mich an. Was würde ich jetzt tun? Denn die Eltern der jungen Leute hatten uns ja ihre Kinder anvertraut. Und ihr Vertrauen durfte nicht enttäuscht werden.

Ich war für unkonventionelle Dinge bekannt, und meine Mitarbeiterin schaute mich auch noch während der Fahrt immer wieder fragend an, sagte aber kein Wort. Ich musste nachdenken …

Wir kamen dann am Freizeitheim an und verteilten die Zimmer, um uns anschließend in einer kleinen Hütte mit Kamin zu treffen. Wir hatten Brote zubereitet und wollten gemütlich gemeinsam essen. „Damit die Brote nicht zu trocken sind, haben wir Tee und ja auch noch Bier dabei", sagte ich da in die Runde. Alle applaudierten dem edlen Spender, der schnell die Kiste holte und sie stolz in die Mitte stellte. Tatsächlich reichte es für jeden für eine Flasche mit 0,33 Litern Inhalt. Einer der Jungs wollte nichts. Und so bekam unser Held sein zweites Bier. Niemand war betrunken. Und es gab keine Zimmerparty mit den üblicherweise erwartbaren Folgen. Natürlich tranken einige von ihnen bei Partys, auf der Dorfkirmes oder beim Feuerwehrfest auch gerne mal Bier. Wie gesagt, die Jugendlichen waren alle zwischen 14 und 17 Jahren alt. Ab 16 Jahren war Bier erlaubt. Und ab 14 Jahren musste ein sorgeberechtigter Erwachsener dabei sein. Wir waren zu zweit und haben es verantwortet. Später lud ich eine Sozialarbeiterin, die in einem Krankenhaus für Alkoholabhängige arbeitete, zu einem Themenabend ein. Jugendliche testen nun mal ihre Grenzen aus. Ohne ein striktes Verbot an diesem Abend konnten wir wesentlich offener mit dem Thema umgehen und den Zugang zu den jungen Leuten finden.

Kurze Zeit später fragte mich der Jugendreferent des Dekanates Bad Marienberg im Westerwald, Karl Schmidt, ob ich Lust hätte, gemeinsam mit ihm und einem kleinen Team ein Zeltlager für Jugendliche in Bayern zu begleiten. Ich hatte bereits viele Zeltlager für Kinder im Alter von 9 bis 13 Jahren mitgemacht und von den Leitern, Ernst-Robert Daub und Max Hamsch, viel gelernt. Mit Ernst-Robert entwickelte ich zudem bei beratenden Bildungsstätten der evangelischen Kirche Ideen zur Erlebnispädagogik. – Ich lernte viel in dieser Zeit über die Gedanken und Ansichten junger Menschen, ihre unbeantworteten Fragen, Ängste und Hoffnungen für die Zukunft, aber ich hörte auch von ihren ungetrübten Hoffnungen und Erwartungen an unsere Gesellschaft und Politik.

Mit Karl entstand für mich ein noch größeres Bild von Respekt, Ernstnehmen und Zusagen. Wir haben den jungen Menschen versichert: „Du bist gewollt! – Bedingungslos, ohne Wenn und Aber. So wie du bist. Mit all deinen Fähigkeiten, ob du sie kennst oder nicht. Mit all den Fehlern, die du unvermeidlich machst und weiter machen wirst. Mit all deinen vermeintlichen Macken und Mängeln, die du an dir siehst und unter denen du vielleicht auch sehr leidest. Du bist gewollt! Du hast ein Recht, auf der Welt zu sein."

Jürgen Werth, ein bekannter christlicher Liedermacher und Sänger, hat das in seinem Lied „Vergiss es nie" wunderbar intoniert und beschrieben. Darin heißt es: „Du bist du! Das ist der Clou" und weiter „Du bist gewollt, kein Kind des Zufalls, keine Laune der Natur." – So lautete auch unsere Botschaft an die jungen Menschen. Sie sollten diese Zusage hören, denn viele von ihnen hatten das noch nie so gehört oder gar direkt zugesagt bekommen, auch nicht von ihren Eltern. Für viele von ihnen waren diese Worte leider völlig neu und für manch einen auch unbegreiflich. Sollte es nicht ein Teil der Erziehung sein, Kinder nicht nur zu verwöhnen, sondern ihnen auch beizubringen, wer sie sind und welchen Wert sie haben und wie sie eben diesen selbst entdecken können? Gerade in der Pubertät und im jungen Erwachsenenalter brauchen sie Zusagen und Mutmacher.

Fragen in Assisi

In Bayern, beim Kloster Sankt Ottilien am Ammersee, begann eine Reihe wunderbarer Freizeiten. Deutschland war allerdings nur der Anfang. In den folgenden Jahren reisten wir nach Frankreich, Norwegen und Italien. Wir wollten mit den Jugendlichen verschiedene Länder, Leute und Lebensweisen kennenlernen. Viele Fotos und Texte hat Karl dann später in seinem Buch „Kleine Momente des Innehaltens" niedergeschrieben.

Karls Frau Gerlinde war unsere gute Fee. Sie organisierte alles, was uns guttat und uns ein Gefühl des Wohlfühlens gab. Sie brachte uns die kulinarischen Besonderheiten der Länder näher, sei es frischer norwegischer Fisch, direkt aus dem Fjord vor unserem Haus, französische Leckereien oder italienische Pasta-Gerichte.

In Italien waren wir mit unseren Freizeiten nicht weit entfernt von der Ortschaft Assisi, dem Geburtsort von Franz von Assisi, in der Nähe von Perugia am Lago Trasimeno. Seine Lebensgeschichte war uns ein großes Anliegen. Verzicht und bedingungsloser Respekt gegenüber allem Leben schienen eine wunderbare und zugleich schwer umsetzbare Botschaft zu sein, aber sie ließ uns nicht los. Bis spät in die Nacht diskutierten wir über Mögliches und Unmögliches und wägten die Lehre des Franz von Assisi mit den Gegebenheiten aus unserem Alltag ab. Wozu bin ich denn überhaupt bereit? Was ist wirklich wichtig?

Unsere Gespräche berührten viele Fragen, die Jugendliche im Alter von 16 oder 17 Jahren bewegen. Wohin führt mein Weg? Wozu bin ich da? Werde ich Kriege erleben? Muss ich eines Tages Hunger leiden? Werde ich den richtigen Lebenspartner finden, der mich versteht und ernst nimmt? Bin ich eigentlich normal oder nur anders? Kann man in dieser Welt noch leben und Kinder haben wollen? Wer hat mich erschaffen und warum? Warum gibt es den Tod? Wie kommen Politiker zu ihrer Macht?

Und immer wieder hörten wir den Wunsch, dass jemand diesen Fragen zuhört. Dass die Jugendlichen angehört werden. Wir hörten ihren Vorwurf: „Warum hört denn keiner auf uns? Wir sind doch die, deren Zukunft ihr kaputt macht, damit ihr heute alles haben und sorglos leben könnt. Wir wollen es nicht besser haben als ihr. Hört auf damit! Euer Luxus kommt uns aus den Ohren. Wir wollen respektiert, angehört und ernst genommen werden." – Sie waren nicht zu jung oder zu unwissend, um zu erkennen, was in der Welt passierte. Sie brauchten Perspektiven, die über Geld hinausgingen. Wenn ich heute sehe, …

- mit welchen Nebensächlichkeiten und puren Unsinnigkeiten wir uns in unserer Gesellschaft und Politik beschäftigen und diese als allgemein bedeutend suggerieren,
- wie wichtige Handlungsspielräume durch unsinnige Vorgaben immer enger abgesteckt werden,
- wie wir die grundlegenden Bedürfnisse der Menschen und wirklich zukunftsweisende Ziele komplett aus den Augen verlieren,

und daran denke,

- dass künstliche Intelligenz bald unser Leben gestaltet und individuelles Denken wie Entscheiden zurückstellt,
- dass wir persönliche Begleitung und Erziehung immer mehr aus der Hand geben und zudem meist nur noch nonverbal kommunizieren,
- dass uns zunehmend unser eigener Wert und Sinn selbst nicht mehr bewusst ist und immer mehr in Frage gestellt wird
- und dass alte, gefährliche Parolen wieder laut werden und Gemeinschaft zerbricht,
- dann verstehe ich die Sorgen junger Menschen und ihren Wunsch nach Halt und Hoffnung sehr gut.

  Ja, ich habe gut zugehört und viel von den jungen Menschen gelernt.

4. Über komplizierte Strukturen, das Handwerk und die Bürokratie

Ich bin Handwerker. Kein Ingenieur, kein Doktor, kein Lehrer, kein Politiker – einfach nur ein Handwerker. Ich konnte hart arbeiten, sei es als Schmied, Schweißer oder Bauer. Später hatte ich sogar die Gelegenheit, eine Zeitlang stellvertretender Bürgermeister in unserem kleinen Dorf zu sein. Auch ich erlernte wie mein Vater das Schmiedehandwerk. Doch ich träumte von Dingen, die ich bauen wollte, von denen viele Menschen einen sinnvollen Nutzen haben könnten. Im Westerwald weht oft ein kalter Wind, und so wurde die Nutzung der Windenergie zu einer faszinierenden Idee, die mich nicht mehr losließ.

Eine Zulassung als Schweißfachbetrieb hatten wir damals bereits. Nun hatten wir allerdings für die umwelttechnischen Apparatebauteile, die wir unter der Regie meiner Eltern herstellten, die Aufgabe, die Zertifizierung nach DIN EN ISO 9001 zu erreichen, ehe wir die Windkraftanlagen bauen konnten. Die damals neue Norm und das dafür zu erstellende Handbuch sollten uns helfen, ein Qualitätsmanagementsystem zu installieren, das die gesamten Abläufe regelte.

Ahnungslos gingen wir in das Vorgespräch mit der zertifizierenden Stelle, dem TÜV Rheinland. Wir haben festgelegt, was uns besonders wichtig und sonst noch erforderlich war. Die Prozesse gingen wir Schritt für Schritt durch und konzentrierten uns dabei auf das Wesentliche. So lernte ich als Handwerker mit der Zeit, zu dokumentieren wie auch zu differenzieren. Beides hat mir ein fähiger Mitarbeiter des TÜV Rheinland aus Betzdorf beigebracht.

Schon damals wurde mir klar: Man sollte nur das einbringen, was der Sache wirklich dienlich war. Denn die Mitarbeiter sollten es später verstehen und umsetzen können. Ein unübersichtliches Pamphlet zu erstellen, das versucht alles zu erfassen, birgt hingegen die Gefahr, schlichtweg unsinnige Prozesse zu beschreiben und zu dokumentieren, die später keiner mehr beachtet. Ein Beispiel: Will ich unbedingt, dass der Zustand von Handfegern und Klobürsten beschrieben und festgelegt wird? Wem nützt das? – Jeder Mensch besitzt Vernunft und Verstand, aber wir neigen dazu, lieber alles vorzuschreiben, selbst wenn es noch so unpraktisch und rein theoretisch ist.

Wenn du heute ein neues Unternehmen gründen möchtest, benötigst du zunächst ein Büro und Verwaltungsangestellte. Statt einer Werkbank brauchst du einen Sicherheitsbeauftragten, statt Werkzeug einen Umweltschutzbeauftragten, anstelle von Berufsbekleidung einen Gleichstellungsbeauftragten, einen Genderbeauftragten und einen Konfliktmanager. Dabei hast du noch gar nichts gearbeitet und hergestellt.

Unser Handbuch wurde praktisch, übersichtlich und gut nachvollziehbar in der Anwendung. Es wurde verstanden und ermöglichte klare Abläufe. Auch die geforderte Dokumentation wurde praktikabel gelöst, indem Formblätter zur Verfügung standen, die einfach angekreuzt oder ausgefüllt werden konnten, ohne lange Texte schreiben zu müssen. Eine verständliche Beschilderung, Beschriftung und Aufkleber auf Arbeitsmitteln waren das Ergebnis dieser vernünftigen Arbeit.

Von der Baustelle ins Büro

Es gibt viele Bereiche, die auf eine ausführliche und detaillierte Dokumentation angewiesen sind und in denen diese existenziell ist. Dazu zählen die Medizin, die Forschung und der Flugverkehr, technische Anlagen und sicherheitsrelevante Einrichtungen. Doch in Banken und Behörden führt übermäßige Dokumentation oft zu viel Arbeit, die aus Angst vor Streitigkeiten entsteht. Bei uns lautete die Frage daher immer: Schaffe ich Frieden mit einem Vertrag, also vertrage ich mich, oder schaffe ich Arbeit für Juristen?

Was ich beobachte: Immer mehr Personal ist heute in den unproduktiven Bereichen tätig. Hatten wir früher einen Personalschlüssel von 1:10 zwischen Verwaltung und Produktion, so liegt dieser heute oft bei 2:1 – das heißt, auf einen Arbeiter kommen zwei Büro- oder Verwaltungsangestellte.

Als ich von Werkbank und Baustelle ins Büro wechseln musste, um Angebote und Bauanträge für Kunden zu formulieren, fühlte sich dies ganz merkwürdig an. Mir war sonderbar zumute. Auf einmal sah ich nicht mehr, was ich tagsüber hergestellt hatte. Ich musste mich erheblich umstellen, und alle im Betrieb mussten für mich mitarbeiten. Denn ich war ja jetzt auf der unproduktiven Seite. Ein seltsames Gefühl.

Aber wen wundert es denn, dass alles bürokratischer wird, wenn ich mir die politische Vorbildfunktion und Bewertung von Arbeit anschaue? Wenn ich über Politik spreche, dann tue ich das konstruktiv kritisch. In fast allen Parteien – sei es bei den Grünen, der SPD, der CDU und den Linken – gibt es tüchtige Leute, zumindest auf Kreis- und Landesebene. In Rheinland-Pfalz, meiner Heimatregion, hieß es oft: „Wir machen's einfach!" Der damalige Ministerpräsident Kurt Beck war ein gelernter Elektriker, ein solider Handwerker. Auf dieser Ebene stand er den Menschen und den Tatsachen näher. So konnte er bei einem Tag der offenen Tür in unserem Unternehmen unseren Auszubildenden geschickt zeigen, wie man eine Schaltung liest und verklemmt. Das war inspirierend.

Auch der damalige Wirtschaftsminister und heutige Landtagspräsident Hendrik Hering handelt angenehm pragmatisch und zielorientiert. Bei einem kürzlichen gemeinsamen Mittagessen haben wir reflektiert, wo wir heute sowohl national als auch international energiepolitisch stehen könnten, wenn wir konsequent an intelligenten Energiesystemen weitergearbeitet und politische Vorgaben dazu vernünftig, frühzeitig und nachvollziehbar kommuniziert hätten. Das Fazit lautet: Unsere Energie wäre heute so günstig wie nie zuvor! Wir hätten zahlreiche Arbeitsplätze in Zukunftstechnologien und wären energiepolitisch vollständig unabhängig.

Politik sollte nicht kompliziert sein

Im Laufe meines Lebens habe ich unterschiedliche Parteien auf den verschiedenen Ebenen gewählt, immer abhängig von den Kandidaten und deren Qualifikationen. Doch wenn ich heute auf die Bundespolitik schaue, ihre Gremien, dann sehe ich gebildete, intelligente und hoch bezahlte Menschen – anscheinend ohne tiefgehendes Fachwissen und Basisinformationen. Ja, einige von ihnen sind klug, aber sie verfügen oft über wenig Wissen, das praktisch anwendbar ist. Früher gab es zumindest einige Unternehmer in der Politik. Es gab Idealisten, die Politik nicht dafür benutzt haben, um Karriere zu machen und sich zu profilieren. Nein, man wollte etwas voranbringen. Es gab Vorschläge und Ideen. Es gab eine konstruktive Ebene. Dennoch, sehr viele selbstlose, kluge Leute gab es noch zu keiner Zeit in den politischen Gremien, denn sie sind sofort erkennbar.

Was heute auf der politischen Bühne passiert, ist leider eine furchtbare Unart geworden. Die gesamtpolitische Komplexität nimmt zu, da einfaches Denken und Strukturieren nicht mehr ausreichen. Hier muss unbedingt auf europäischer Ebene entzerrt werden, und zwar schnell. Es sollten überall weniger Abgeordnete tätig sein. Quantität ersetzt keine Qualität und führt eher zu Trägheit als zu Professionalität.

Politik sollte nicht so kompliziert sein, wie sie heute oft erscheint. Politik ist kein Selbstzweck, sondern sollte den Menschen dienen. Politikerinnen und Politiker sollten lernen, zu dienen, anstatt zu herrschen, vielleicht am besten durch das Erlernen eines praktischen Berufs oder das Absolvieren eines Freiwilligen Sozialen Jahrs. Das bringt Lebenserfahrung und schafft echte Vorbilder!

Aber das Nicht-Einhalten von Versprechen, die gegenseitige Diffamierung und das Herziehen übereinander, das Beschuldigen des sogenannten politischen Gegners für das jahrelange Versäumnis der eigenen Partei – all das bringt uns nicht weiter. Statt bloßer Rhetorik und Augenwischerei wäre konkretes Handeln an der Zeit.

Aber auch Politik ist erneuerbar und darf sich verändern. Ein Staat sollte wie ein Unternehmen geführt werden: wirtschaftlich stabil, vorausschauend, mit kompetenten Führungsqualitäten und durchdachten Strukturen. Die Verwaltungsebene sollte schlank und effizient sein, die Arbeitsebene fachlich versiert und fair. Die Kernfrage und der Indikator sind für mich da ganz einfach: Gibt die Politik Orientierung, zeigt sie Haltung oder verunsichert sie die Menschen noch mehr?

Erneuerung auf Verwaltungsebenen

Wir haben Behörden und Institutionen geschaffen, die längst ihren Zweck nicht mehr erfüllen können. Verwaltungen verwalten sich selbst, verbrauchen Budgets und schaffen immer neue Planstellen. Das ist kein Schaffen von Arbeitsplätzen, sondern Geldverschwendung ohne erkennbare und nachprüfbare Ergebnisse. Denn wenn das zugeteilte Budget am Jahresende nicht komplett aufgebraucht ist, wird es im nächsten Jahr gekürzt. Vorausschauendes Sparen ist also nicht gefragt.

In Ghana habe ich vor einiger Zeit Angestellte der „Deutschen Gesellschaft für Internationalen Zusammenarbeit“ (GIZ) getroffen. Als ich ihnen davon erzählte, dass ich vorhabe, in Ghana Mechatroniker auszubilden, belächelten sie mich und hielten es schlicht für unmöglich, da ihrer Ansicht nach vielerlei Grundlagen dafür nicht vorhanden seien. Nun, dann schaffen wir eben eine Basis dafür und bilden einen afrikanischen Mechatroniker aus, dachte ich mir. Als ich später noch einmal zu einem Treffen mit ihnen kam, sah ich einen GIZ-Hof voller nagelneuer Toyota Geländewagen, die für die höheren Angestellten bereitstanden, samt Chauffeuren. Alles klar? Ich glaube, es ist verständlich, was ich damit meine.

Dennoch möchte ich betonen, dass es auch hoch motivierte Ausnahmen gibt, die sich einfach noch mehr durchsetzen müssen. Ich traf solch engagierte Menschen auch bei der GIZ. Denn diese Organisation hat aufgrund ihrer finanziellen Ausstattung viele Möglichkeiten und Einfluss, um Dinge anzupacken und zu unterstützen. Besonders erwähnen möchte ich ihre Rolle in Zusammenhang mit der konzeptionellen Entwicklung von Recyclingkonzepten für Elektro- und Elektronikbauteile in Ghana.

In China beispielsweise gibt es mittlerweile Unternehmen, die Batterien in großem Stil recyclen. Das Motto heißt: „Back to the country of origin", zurück ins Herstellerland. Und so ein Recycling entlastet Afrika erheblich, wenn man alte Batterien nach China zurücksenden kann.

Auf Anraten eines Bundestagsabgeordneten war ich bei der „Deutschen Entwicklungsgesellschaft" (DEG) in Köln. Dort zeigte man großes Interesse an meinen Plänen für Afrika. Ich erwähnte, dass ich dazu ein neues Unternehmen gegründet und gerade damit begonnen habe, die Produkte zu vermarkten, Schulungen durchzuführen und Finanzierungen für die Kunden aufzubauen. Und ich erzählte von zuverlässigen 24/7-Stromlösungen für Krankenhäuser, Schulen, Landwirtschaft, Hotels, Wasserversorgung und andere Industrien, die Strom für den Betrieb kritischer wie medizinischer Versorgung, Milch- und Lebensmittelproduktion benötigen. Ein von uns entwickeltes Kontrollsystem sichere die Verfügbarkeit von Energie für den Betrieb von wichtigen Komponenten wie beispielsweise im Krankenhaus ein MRT oder eine Intensivstation. Denn die Situation stellt sich oft so dar, dass dortige Krankenhäuser sich in einem Entweder-oder-Dilemma befinden: Entweder sie können ein MRT oder ein Solarsystem zur Stromversorgung kaufen. Letzteres benötigen sie bei bis zu 15 Stromausfällen am Tag unbedingt.

Für gewöhnlich bin ich kein großer Freund von staatlichen Mitteln. Wenn ich etwas will, dann setze ich es in die Tat um, ohne staatliche Subventionen. Die umfangreiche Ausbildung meiner Lehrlinge mit Werkstatt und Akademie habe ich seinerzeit aus eigener Tasche finanziert, ohne jegliche Zuschüsse oder andere finanzielle Unterstützung.

Allerdings sollte die Politik klar und nachdrücklich ihre Unterstützung für die Ausbildung in Afrika bekunden. Man versicherte mir, man werde sich in meinem Falle sofort darum kümmern. Einige Tage später wurde ich schriftlich aufgefordert, die Bilanzen meines Unternehmens der letzten drei Jahre vorzulegen. Offensichtlich gab es hier einige Missverständnisse. Ich habe mich daraufhin nicht erneut gemeldet, da die Situation nur zu Komplikationen und keinen Lösungen geführt hätte. Auf politischer und organisatorischer Ebene ist dringend Erneuerung erforderlich.

5. Von Begegnungen mit dem Sterben und dem Sinn darin

Januar 1980, 7:12 Uhr in Herborn. Es liegt Schnee bei minus 4 Grad. Mein hellblauer VW Käfer steht auf einem großen Hof vor den Gebäuden des Altenpflegeheims. „Nur für Bedienstete", lese ich auf einem Schild. Ich gehe in eins der Gebäude. Im Keller ziehe ich mich um. Kurz darauf stehe ich mit weißer Hose und im weißen Kasack vor der Dienstzimmertür. Uwe, mein Praxisanleiter, war Hauptfeldwebel bei der Bundeswehr und Einzelkämpfer. Er ist groß, durchtrainiert, hat kurz geschorene Haare, ist humorvoll und äußerst diszipliniert. Heute ist er gelernter Altenpfleger. In den kommenden Wochen wird er mir viele Dinge beibringen, die meinen Horizont ein großes Stück erweitern. Dass er zu einem meiner großen Vorbilder im Leben wird, ahne ich damals noch nicht.

„Bitte komm das nächste Mal etwas früher. Das Umziehen gehört nicht zur Arbeitszeit. Ich möchte pünktlich um sieben bei den Bewohnern sein. Denn für sie sind wir da." Mit diesen Worten fing damals mein erster Tag als Kriegsdienstverweigerer beim Zivildienst im Altenpflegeheim an.

Wir gehen zu Herrn Müller. Uwe erklärt mir auf dem Weg dorthin, auf den langen und schmalen Fluren, dass er im Rollstuhl sitzt und stark dement ist. Uwe klopft an, aber niemand antwortet. Herr Müller ist schwerhörig. Als wir das Zimmer betreten, steigt mir sogleich ein unerträglicher Geruch von Kot und Urin in die Nase. Uwe schaltet das Licht an. Herr Müller hat ein Abführmittel bekommen, das er dreimal die Woche benötigt und verabreicht bekommt, da sein Darm zu träge geworden ist, höre ich von Uwe. Das Mittel hat seine ganze Wirkung gezeigt.

Herr Müller liegt noch im Bett und entschuldigt sich fortlaufend. Es tue ihm so leid. Aber er kann ja nichts dafür. Aufstehen kann er ohne fremde Hilfe nicht und die Rufglocke hat er ja gerade bedient. Uwe nimmt die Bettdecke zur Seite und ich sehe, dass der ganze Schlafanzug von den Knien an bis fast zu den Schultern braun gefärbt ist. Mit einem gekonnten Griff bringt Uwe Herrn Müller in eine Sitzposition auf der Bettkante und von dort in seinen Rollstuhl, den ich an den Griffen festhalte. Einwegpapier, das wir auf der Sitzfläche ausgebreitet haben, schützt hoffentlich ein wenig den Sitz. Anschließend legt Uwe noch eine Decke über die Knie und wir gehen Richtung Badezimmer. Damals gab es in den Patientenzimmern noch nicht wie heute Nasszellen. Wir müssen mit Herrn Müller raus, über den Flur ins Badezimmer. „Bitte öffne das Fenster schnell noch ein wenig. Später machst du es wieder zu", so Uwes Anweisung an mich.

Im Bad soll ich Herrn Müller ausziehen. Er hält sich an einer Stange an der Wand fest. Denn mit einer Hilfe stehen bleiben, das kann er. Langsam knöpfe ich sein Oberteil auf. Mit dem Unterhemd ist das schon schwieriger. Es ist ziemlich verschmutzt. Ich kann es nur ganz vorsichtig einrollen und ihm über den Kopf ziehen.

Nun kommen Hose und Unterhose dran. Nackt und sich immer noch entschuldigend, setzen wir Herrn Müller auf einen Sitz, den Uwe bereits herumgeklappt hat und mit dem wir Herrn Müller über die Badewanne schwenken. „Zuerst waschen wir das Gesicht und den Oberkörper."

Im Bad ist es angenehm warm. Dennoch friert Herr Müller. Wir beeilen uns und senken den Sitz in das warme Badewasser ab. Durch die Exkremente verfärbt sich dieses schnell. Ich soll Herrn Müller jetzt „komplett" waschen. Komplett! Nie zuvor in meinem Leben hatte ich die Genitalien eines anderen Mannes berührt. Und jetzt, mit 19 Jahren, soll ich bei einem fremden alten Mann alles waschen und abtrocknen?

Nachdem wir Herrn Müller wieder angezogen haben – dabei bedankt er sich mehrfach wiederholend –, gehe ich in sein Zimmer zurück und schließe das Fenster. Uwe schiebt Herrn Müller an seinen Tisch, von dem aus er direkt in den Garten blicken kann. Jetzt noch schnell das Bett neu beziehen. Auch das wird zu einer neuen Erkenntnis für mich. Später schaffe ich es, ein Bett in nur vier Minuten neu zu beziehen.

Beim Mittagessen merke ich: Trotz mehrfachen Händewaschens und Desinfizierens riechen meine Hände noch immer nach der verrichteten Arbeit. Das sollte sogar noch bis über den Feierabend hinaus anhalten. „Was ist eigentlich mit Handschuhen?" Uwe antwortet mir, dass diese nicht getragen werden. Die uns anvertrauten Menschen sollen den Hautkontakt spüren und kein Gummi oder Plastik.

Zum Schluss bittet Herr Müller mich dann noch, die Hühner vor seinem Fenster zu füttern. Die seien so mager geworden. Er schaut hinaus und meint mit Hühnern wohl die Tauben, die draußen auf der Wiese einen Rastplatz gefunden haben. Dabei zündet er sich eine Zigarre an und vergisst wieder, wie immer, das Streichholz zu löschen. Seine Fingerkuppen sind schon schwarz angekohlt. Er spüre es nicht mehr, wenn es anfängt wehzutun, sagt er, und abwaschen lässt sich das schon lange nicht mehr.

Wer ist der Mensch?

Morgens den Bewohnern beim Aufstehen zu helfen, sie zu waschen, ihre Betten zu beziehen und bei den Mahlzeiten zur Hand zu gehen, wird mein Dienst, der Frühdienst. In drei Schichten wird im Altenpflegeheim gearbeitet. Mein Arbeitstag „endet" mit dem Nachtdienst, den die Kollegen dann von 19 bis 7 Uhr übernehmen.

Im Pflegedienst gibt es keinen Unterschied. Wir sind für alle Bewohner gleichermaßen zuständig, für Männer wie Frauen. Als ich eines morgens Frau Pohlheim wasche, fühle ich nach dem Waschen ihres Gesichts und Oberkörpers eine merkwürdige Veränderung im Bereich ihrer

Scheide. Eine Wucherung? Hatte ich diese bei der Pflege zuvor etwa nicht bemerkt? Doch eine Kollegin erklärt mir, dass es sich bei Frau Pohlheim wohl um eine bekannte Gebärmuttersenkung handele. Ein Gynäkologe würde das recht schnell und einfach behandeln. Also fahren wir Frau Pohlheim in eine Praxis.

Mit der Zeit gewöhne ich mich im Altenpflegeheim an alles: Gerüche, Nacktheit, Hilflosigkeit, an die Verzweiflung und an den Tod. Die Sterbebegleitung gehört in einem Altenheim nun mal dazu. Immer wieder sitze ich in den kleinen Zimmern, die ausgestattet sind mit einem einfachen Holzschrank, einem stoffbezogenen Sessel, einem Stuhl an einem Tisch und einem Bett. Meist sind es Möbel, die die Bewohner selbst mitgebracht haben, um sich wenigstens noch ein klein wenig wie zu Hause zu fühlen. Hier und da hängen auch ein paar Bilder an den Wänden, von Kindern oder Verwandten, von den Eltern und selten auch von Freunden. Oft sind sie schwarz-weiß und verblasst.

Immer wieder sitze ich in solch einem Zimmer, am Bett von sterbenden Menschen, bei Frauen wie Männern, befeuchte ihre Lippen und ihren Mund, halte ihre Hand, streichele ihre Wangen und rede beruhigend und sanft mit ihnen. Nähe zu geben ist wichtig, genauso wie einfach nur da zu sein. Was kann man auch sonst tun? Es ist ja die letzte Stunde eines Menschen, es sind die letzten Minuten eines langen Lebens auf dieser Erde.

Mich beschäftigen während dieser Stunden viele Gedanken: Wie war es, als dieser Mensch geboren wurde? War man froh über seine Geburt? Oder war es ein weiteres von vielen Kindern, das mit ernährt werden musste? Begann sein Leben noch vor oder nach einem Krieg? Denn wer in den 1980er-Jahren im Altenheim war, hatte meist zwei Weltkriege erlebt und all das Entsetzliche, was damit verbunden war.

Wie war seine Kindheit, seine Jugend? Was hatte er sich erhofft, woran hat er geglaubt? Wie begann seine erste Liebe? Hatte dieser Mensch selbst Kinder, über die er glücklich war und denen er eine Zukunft geben konnte? Wenn ja, wo sind sie? Konnte er einen Beruf erlernen? War er erfolgreich? War er glücklich? Oder hatten Not und Krieg zu viel an Leid gebracht? Manche waren auch wohlhabend, sogar Unternehmer und Politiker, andere Lehrer und Professoren.

Ich befeuchte die Lippen, denn der Mensch im Bett vor mir atmet schwer. Sein Gesicht ist blass. Aber die Haut ist warm. Er atmet langsamer und flacher als vorhin. Und dann atmet er ein letztes Mal. Ein Mensch ist gestorben …

Fragen fürs Leben

Eins war für mich sehr eindrücklich: Jeder Mensch, bei dem ich am Bett saß, hatte am Ende seines Lebens Angst. Und jeder weinte mal sein Kissen nass, irgendwann. Das darf man sich ruhig mal ins Bewusstsein rufen, wenn man im Leben zu viel Ehrfurcht oder gar Angst vor einer Person haben sollte. Am Ende des Lebens verhält es sich so: Egal wie bedeutend ein Mensch auch sein mag jeder Politiker, jeder Unternehmer, jeder Staatschef, jeder Pfarrer und Priester, selbst der Papst, jeder Bürgermeister und Vorgesetzte weint manchmal in sein Kissen.

Im Sterben geht jeder den letzten Gang alleine. An diesen Punkt gelangt ein jeder von uns. Wie gut ist es da, wenn jemand mit an der Bettkante sitzt. Ich saß bei vielen daneben und kannte ein wenig von ihrem zurückliegenden Leben. Doch im Moment des Sterbens ist nichts mehr wichtig, weder Ansehen, Macht noch das Geld oder andere materielle Dinge. – Was helfen da noch ein großes Haus, ein Auto, nach dem alle schauen, oder ein Beruf von hohem Rang? Wie wesentlich waren eigentlich all die Sorgen, die kleinen und die vermeintlich großen, die man sich gemacht hat, die ganzen schlaflosen Nächte, die jetzt einfach zu Nichtigkeiten werden?

In diesen Momenten, den letzten Minuten an der Seite eines Menschen, habe ich als Zivi vieles verstanden und für mich begriffen. Vor allem habe ich den Unterscheid gespürt, wie plötzlich von einem eben noch lebendigen Menschen nur noch Materie zurückbleibt. Wie seine Seele geht, wie sie nicht mitstirbt. Dies hat mich zutiefst berührt und geprägt. Aber manche kämpfen, ja ringen regelrecht mit dem Tod. Andere schlafen einfach ruhig und friedlich ein. Dennoch kann nicht jeder so friedlich sterben. Auch das plötzliche und das unerwartete Lebensende geschieht, beispielsweise bei einem Unfall. Und immer noch sterben weltweit viel zu viele Menschen an Hunger und heilbaren Krankheiten.

Und ich begann, mir mit 19 Jahren, während meiner Zivildienstzeit im Pflegeheim, wesentliche Fragen zu stellen:

- Worauf kommt es an?
- Was bleibt am Ende übrig?
- Was nehme ich persönlich mit?
- Was macht und gibt einem Sinn im Leben? Und kann ich am Ende meines Lebens sagen: Es war gut, so wie es war?
- Habe ich dem Frieden gedient?
- Habe ich nach Streit wieder Versöhnung gezeigt oder habe ich immer meine Meinung als absolut gesehen?
- Habe ich verziehen?
- Habe ich nur meine Rechte gesehen oder auch meine Pflichten wahrgenommen – in der Ehe und Familie, auf der Arbeit und im sozialen Umfeld?
- Habe ich soziale Intelligenz gezeigt?
- Kann ich mir auch selbst verzeihen?
- Habe ich Spuren hinterlassen, die gut und vorbildlich waren? Oder habe ich Angst und Schrecken verbreitet, weil ich ein Machtmensch war, der immer wieder um seinen Selbstwert kämpfen musste, da ich mich in Wirklichkeit nur klein fühlte?

Diese prägende Zeit wie auch die daraus resultierenden Fragen der Selbstprüfung haben mich nie wieder losgelassen und wurden Teil meines Lebens. Auch wenn ich später als Unternehmer so manche Kompromisse eingehen musste, das wirklich Wesentliche dieser Erfahrungen aus der Begegnung mit den alten, oft hilflosen Menschen ist geblieben. Und: Jeder wird einmal sterben, ob alleine oder im Beisein eines anderen Menschen, der ihm den Mund befeuchtet und ihn streichelt.

6. Was kann Gutes aus Waigandshain kommen?

Im Mai 1985 war es endlich geschafft. Mit meinen VW Käfer und einem kleinen Anhänger fuhr ich mein Meisterstück von der Metallfachschule Hessen in Bad Homburg nach Waigandshain in den Westerwald. Der Meisterbrief als Schmiedemeister lag auf dem Rücksitz. Als Meisterstück hatte ich eine rein mechanisch betriebene Feldschmiede gebaut, mit der man Feuer anheizen kann, um Stahl zum Glühen zu bringen. Mit einem Fuß betätigt man dazu ein Pedal, das ein Schwungrad antreibt und über einen Flachriemen ein Gebläse auf Drehzahlen bringt. Dieses bläst dann Luft in die Flamme und erzeugt Hitze.

Da ich für die Prüfung kein Schmiedestück angefertigt hatte, musste ich aus einem einzigen Vierkantstahl eine komplette Feuerzange schmieden, samt Niet für das Gelenk. Dazu hatte ich nur meinen Schmiedehammer, ein Schmiedefeuer und den Vierkantstahl zur Verfügung. Zudem musste ich eine Schweißerprüfung ablegen. Es war ungewöhnlich, dass ich als Einziger meines Jahrgangs drei Prüfungen ablegen musste. Aber Elektrodenschweißen war meine Leidenschaft. Zwei dickere Stahlplatten mussten senkrecht stehend mit insgesamt drei übereinanderliegenden Schweißlagen verbunden werden, also mit Wurzelnaht, Füllnaht und Decklage – das war keine Herausforderung. Das Schweißen hatte ich bereits mit zwölf Jahren bei meinem Vater erlernt.

Was damals nicht so gut ankam, waren meine langen Haare. „So sieht ein Handwerksmeister nicht aus. Der blamiert ja die Innung!“, lautete die einhellige Meinung der Prüfer, die sie mich auch offenkundig spüren ließen. Der Qualität meiner Haare hat das aber nicht geschadet. Nach der Meisterprüfung habe ich beim Schweißfachinstitut in Darmstadt noch eine Prüfung als Schweißfachmann abgelegt. Das ist mein komplettes Berufsbild.

Praktische Lösungen mit Perspektive

Vorbehalte, ob nun gegenüber Haaren oder anderen Menschen, das kannte man in unserer Familie nicht. Wir waren immer sehr aufgeschlossen und anderen Menschen wie Nationalitäten gegenüber offen. Mein Vater hat Mitarbeiter aus anderen Nationen immer selbstverständlich mit einbezogen. Aber eine Begegnung war wirklich besonders, sie hat bis heute Bestand:

Als meine Mutter im Januar 1963 in unserem Nachbardorf einen Mann mit einfacher Jacke und in Halbschuhen an einer Bushaltestelle stehen sah, von der aber an diesem Tag kein Bus mehr fuhr, hielt sie an und fragte, wohin er denn möchte. Doch es schien, als ob er kein Wort von ihr verstand, und er sagte nur: Portugal. Meine Mutter deutete ihm, ins Auto zu steigen, denn es war sehr kalt und es lag viel Schnee im Westerwald.

Sie fuhr mit ihm zu einer Brasilianerin, die mit ihrem Mann im Nachbarort Rehe lebte. Da fing der Mann von der Bushaltestelle an zu erzählen. Sein Name war Manuel. Ein Freund habe ihm geschrieben, sagte er, dass es in Deutschland viel Arbeit gäbe und er doch kommen solle. Manuel drohte nämlich, vor dem Nichts zu stehen. Er war in Barreiro bei Lissabon in der Gewerkschaft und es sollte ihm der Arbeitsplatz gekündigt werden, weil die Firma geschlossen wurde. Zudem war die Arbeit schlecht bezahlt. Er stand vor dem Problem, seine Familie – er hatte zwei Söhne, Emidio und José – ernähren zu müssen. Dies habe ihn dazu gezwungen, sich eine Alternative suchen zu müssen.

Als er dann im Januar mit einem Bus von Portugal über Spanien, Frankreich und Belgien endlich im Westerwald ankam, hatte allerdings die deutsche Firma bereits alle Stellen vergeben. Traurig und mutlos wollte er nun mit dem Bus zurück nach Portugal. Doch das akzeptierte meine Mutter schlicht nicht und nahm ihn mit zu uns nach Hause.

Ich erinnere mich noch daran, wie ich damals in unserer Küche bei Manuel auf dem Schoß saß und er mir aus seiner Jackentasche Oliven gab. Ich dachte zuerst, es seien Bonbons. Sie schmeckten fürchterlich. Manuel weinte damals in unserer Küche. Er dachte an seine Söhne, die etwas älter waren als ich damals. Sein Einsatz für seine Familie war bewundernswert. Meine Mutter wollte ihn nun nicht einfach wieder gehen lassen. Zu ungewiss schien seine Zukunft. Also blieb er bei uns. Er schlief bei uns, arbeitete bei meinem Vater in der kleinen Schlosserei mit und erlernte das Schweißen.

Leider gab es aber damals nicht genügend Arbeit bei uns. Daher sprach mein Vater mit anderen Firmen und suchte eine neue Stelle für Manuel. Als er diese hatte, fand sich auch eine kleine Wohnung in Firmennähe. So konnte Manuel sogar recht schnell seine Familie nachholen.

Von da an entwickelte sich eine Geschichte, die ganz anders verlaufen wäre als die Geschichte, wenn meine Mutter an jenem Januartag einfach an Manuel, der an der Bushaltestelle wartete, vorbeigefahren wäre. Denn auch Manuels Söhne machten später jeweils eine fundierte Ausbildung. José ist heute ein sehr talentierter, selbstständiger Techniker und Konstrukteur und arbeitet für namhafte Unternehmen in Deutschland, unter anderem im Bereich der Windenergienutzung und Verbesserungen bei Wartungen. In unserem Windunternehmen war er bis zuletzt tätig. Sein Bruder Emidio blieb seinen handwerklichen und organisatorischen Talenten treu. Beide haben mit uns den brasilianischen Markt begleitet und betreut.

Emidio hatte zudem auch die Bauleitung beim Windpark in Vila do Bispo, dem südwestlichsten Punkt Europas. Er war vorher schon für andere Firmen international unterwegs gewesen und hat in China und der Türkei Fertigungen für Isoliersteine aufgebaut. Über ihn haben wir dann auch unser portugiesisches Team erweitern können und Marcia, Gabriel, André und Jorge dazugenommen. Gabriel und Jorge haben später Lizenztrainings in Shenyang durchgeführt. Zusammen mit Marcia waren sie mehrere Monate zu Trainings und Mitarbeit in Deutschland.

Emidios Tochter, als Teil der dritten Generation von Manuels Familie, wurde in den 1990er-Jahren unsere erste Auszubildende im Büro und gehörte viele Jahre lang zu unserem Kernteam. Und André hatte die letzten 18 Jahre die komplette Betreuung mehrerer Windparks in Portugal inne. Heute ist er in der Kommunalverwaltung und Politik tätig. Einer, der weiß, wovon er spricht, und diese Welt versteht. Bis heute treffen wir uns mehrmals im Jahr in Lissabon oder Sagres und erzählen bei einem guten Essen von früher und Planungen für morgen.

Wir durften und dürfen immer noch dankbar miterleben, wie ein kurzer Moment, ein Zwischenstopp, das Leben nicht nur eines Menschen, sondern ganzer Generationen seiner Familie nachhaltig verändert hat. Manchmal reicht so ein kurzer Moment des Innehaltens, des Über-den-eigenen-Schatten-Springens aus, um die ganze Welt eines Menschen für immer zu erneuern.

Auf der Suche nach neuen Perspektiven

Als Schmied in dem kleinen Dorf Waigandshain gab es wenig berufliche Perspektive. Die Schlosserei meines Vaters lebte von der Lohnarbeit für die Industrie, die zur damaligen Zeit im nahen Siegerland aufblühte. Also mussten wir umdenken und uns ganz neu orientieren. Anfangs schweißten wir Warmwasserbehälter für Heizungsanlagen. Später waren es Wasserspeicher für thermische Solaranlagen. Diese Behälter wurden innen mit Emaille beschichtet, einem Glas aus natürlichen Rohstoffen, das bei 850 Grad geschmolzen und somit aufgetragen wird. Dazu mussten die Schweißnähte glatt sein und die sogenannten Schweißperlen entlang der Schweißnaht abgeschliffen werden. In die kleineren Behälter beugte man sich hinein, in die größeren Behälter oder auch anderen Anlagen, die wir später fertigten, stieg man ganz hinein. Der Lärm beim Schleifen war ohrenbetäubend und die ganzen Funken sprühten in Haare und Genick. Ein Knochenjob, hart und schmutzig.

Gemeinsam mit meinem Bruder, der auch zwischenzeitlich seine Meisterprüfung als Schlossermeister absolviert hatte, fanden wir später Arbeit im umwelttechnischen Bereich. Bauteile für Anlagen zur Entschwefelung und Entstaubung im Zuge der technischen Luftreinhaltung brachten einen ganz anderen Ablauf und Sinn in unsere Arbeit. Aber geschweißt und geschliffen wurde immer noch.

Wir fertigten nun Zyklone und Extrakteure nach Zeichnung, Absaugkanäle mit Taupunktbestimmung und Wassertaschen zur Kühlung. Staubauffangbehälter und Rohrleitungen wurden zusammengeschweißt und Rohrbögen mit rechteckigen Seiteneingängen gebaut.

Es kamen auch Stahlbaukonstruktionen und Druckbehälter dazu, die röntgensicher geschweißt werden mussten. Auftraggeber war eine auf Rohrleitungsbau spezialisierte Firma aus Burbach/Siegerland, die uns viel Unterstützung gab und uns immer wieder vor neue Herausforderungen und technische Ansprüche stellte. So wuchs unser Erfahrungspotenzial stetig. Und wir verdienten das Geld, das wir für eigene Entwicklungen dringend brauchten. Denn all das war ja immer noch nicht unser eigenes Produkt, das uns als Firma mal unabhängiger machen sollte.

Nicht selten saß ich sonntags im Wohnzimmer auf dem Boden, um mich herum Zeichnungen von neuen Bauteilen, die wir in der folgenden Woche fertigen sollten. Damals gab es ja noch keine dreidimensionalen Darstellungen, und ich musste mir mit den drei Ansichten ein Bild im Kopf formen, wie das neue Produkt schließlich auszusehen hatte. Auch der Fertigungsablauf und der Schweißfolgeplan wollten durchdacht werden, um an alle Stellen herankommen zu können.

Einem Unternehmer bin ich bis heute für die Unterstützung in dieser Zeit sehr dankbar. Karl-Hermann Kreutz zählt zu den Unternehmern, die wussten und wertschätzten, was ein treuer und fleißiger Arbeitnehmer leistet und bedeutet. Kennengelernt hatte ich Karl-Hermann über Hans-Herbert Weiß, mit dem wir damals gemeinsam größere Aufträge abgewickelt haben, die wir allein niemals hätten bewältigen können. Alles lief partnerschaftlich und fair. Hans-Herbert ist dann später mit uns in die Windenergie eingestiegen und hat die Stahlrohrtürme für unsere

Anlagen gebaut. Gemeinsam waren wir sehr früh bereits in China an der Grenze zu Nordkorea, haben mögliche Projekte besichtigt und die gesamte Peloponnes befahren und Zuwegungen zu Bauflächen bewertet.

Karl-Hermann Kreutz zitierte mich aber einmal zu sich in sein Büro in Burbach. An meiner Rechnung stimme etwas nicht, hatte er am Telefon gesagt. Ich hatte Herzklopfen vor Aufregung und fragte mich: „War ich zu teuer? Hatte ich einen Fehler gemacht? Stand die Zusammenarbeit auf dem Spiel?" Aber es kam völlig anders: „Du hast dich verrechnet! Wir haben hier mehr für dich einkalkuliert, als du uns berechnet hast. Du hast gut und schnell geliefert. Bitte berechne uns daher doch ruhig etwas mehr", sagte er mit einem zufriedenen Lächeln und reichte mir die Hand. Das waren noch Zeiten …

Nun aber mussten meine Gedanken erst einmal perspektivisch weitergehen. Was könnte ein eigenes Produkt, hergestellt in Waigandshain im Westerwald sein? Der Anspruch, den ich formulierte und hatte, war einfach und dennoch anspruchsvoll: Das eigene Produkt sollte sinnvoll und dienlich sein. Unser Produkt sollte für Menschen und Umwelt gut und nachhaltig sein – und international anwendbar. Welch eine Vision!

Hinzu kamen die Ereignisse und Erkenntnisse der 1970er-Jahre mit der Energiekrise – und der buchstäbliche Westerwälder Wind. Irgendwann war mir klar: Ich wollte Windmühlen bauen! Ganz einfach. Und ich wollte viele junge Leute ausbilden. Auch ganz einfach. Das waren nun der Anspruch und das Ziel – alles auf die Erneuerbaren zu setzen.

7. Ein vietnamesischer Flüchtling

Ich war sehr gespannt und freute mich besonders auf diesen Tag. Alles war für die beiden vorbereitet: Markus und Michael waren meine beiden ersten Lehrlinge, so bezeichnete man 1986 noch Auszubildende im Handwerk. Gleich morgens um sieben begann am ersten Tag ihrer Ausbildung ihre Arbeitszeit. Doch kaum zwei Stunden später, gegen neun Uhr, fuhr plötzlich die Polizei auf unser Gelände und holte einen der beiden Auszubildenden ab. Was für ein Einstand für Michael. Na, das fängt ja mal gut an, dachte ich. Es stellte sich heraus, dass er mit ein paar Kumpels im Nachbardorf Blumenkübel verwüstet hatte, was zur sofortigen Anzeige der Anwohner führte.

Trotzdem: Michael machte später „Karriere". Denn er ließ sich begeistern und machte alle Prozesse in unserem wachsenden Unternehmen mit. Er erlernte seinen Beruf als Schlosser und Schweißer, legte Prüfungen vor der Handwerkskammer ab, baute und errichtete Windkraftanlagen auf der ganzen Welt, erwarb Sprachkenntnisse und lernte einfach immer mehr dazu. Internationaler Service, Wartung und Störungsbehebungen gehörten bald zu seinem Aufgabenbereich – und schließlich die Fernüberwachung von über 700 Fuhrländer-Anlagen weltweit. Was Michael bis heute geleistet hat, ist brillant. Es war natürlich gewachsen aus Erfahrung und praktischen Kennnissen, was heute leider bei Ingenieuren ohne vorherige Berufsausbildung kaum mehr anzutreffen ist.

Dass wir nun in unserem Betrieb Auszubildende beschäftigten, kam auch meiner persönlichen Entwicklung etwas entgegen. Denn angesichts des ständigen Wachstums des Unternehmens konnte ich nun mit Karl keine Jugendfreizeiten des Dekanates mehr begleiten, was ich sehr bedauerte. Mehr als 20 Jahre hatte ich wunderbare Erlebnisse mit Menschen der nächsten Generation gehabt. Doch ... nach und nach verlagerte sich die Jugendarbeit nun in die Firma.

Ein vietnamesischer Flüchtling

Als dann mein Freund Karl-Heinz Ruß anrief, wurde es international spannend, was die Fürsorge für Jugendliche betraf. Karl-Heinz hatte seinen Zivildienst bei Amnesty International in Vietnam absolviert, kurz bevor dort endlich das Kriegsende eintrat. Da er fließend Vietnamesisch sprach, war er für vietnamesische Flüchtlinge in Deutschland eine wichtige Anlaufstelle geworden. Er besorgte ihnen Lehrstellen und Arbeit. So ereilte auch uns seine Anfrage: „Ich habe hier zwei Jungs aus Vietnam, der ältere, Ngoc Thanh Bui, wird bald 16 Jahre alt und braucht eine Lehrstelle oder Arbeit. Siehst du eine Möglichkeit?“ fragte er. Nun ja, eigentlich sah ich sie nicht. Aber als Unternehmer hast du Aufgaben zu übernehmen, die herausfordernd sind. Daher antwortete ich: „Klar, er kann vorbeikommen.“

Thanh sprach kaum Deutsch. Wie denn auch? Er war als Flüchtling über Cap Anamur zusammen mit seinem Neffen in Frankfurt angekommen, als sogenannte „Boatpeople“. Mit kleinen Booten versuchten die Menschen damals, über das Südchinesische Meer zu fliehen – vergleichbar mit den Flüchtlingen heute, die übers Mittelmeer nach Europa übersetzen. Einmal wären sie fast gekentert, erzählte uns Karl-Heinz. Das kleine Boot war völlig überfüllt gewesen, mit über 50 Menschen an Bord. Hoher Wellengang und Haie um sie herum zwangen sie dazu, Ballast zu reduzieren. Sie schnitten das hölzerne Dach ab und warfen es ins Meer. Doch das half ihnen nicht weiter, sie mussten zurück an die Küste nach Vietnam. Dort wurden sie sofort gefangen genommen – Männer, Frauen, Kinder – und in kleine Käfige aus Betonstahlmatten gesperrt, liegend übereinandergestapelt. In diesen Käfigen mussten sie 14 Tage lang verharren, weder zum Essen noch zur Toilette durften sie die Käfige verlassen. Aber Thanh wagte später einen neuen Fluchtversuch mit seinem Neffen und schaffte es.

Er absolvierte bei uns eine Ausbildung zum Metallbauer, zumindest versuchte er es. In der Berufsschule hatte er sprachliche Schwierigkeiten. Also entschied er sich für das Schweißen, er lernte es und machte verschiedene Schweißerprüfungen. Er zeigte dabei herausragendes Talent. Außerdem war er ein begnadeter Koch, und seine Künste durften wir oft genießen. Heute führt er ein eigenes kleines Restaurant in Hanau.

Thanh kam täglich morgens mit einem alten Moped von Karl-Heinz zur Arbeit. Immer pünktlich, freundlich, gut vorbereitet und aufgeweckt. So war Thanh. Doch eines Morgens erschien er nicht rechtzeitig zur Arbeit. Er kam viel zu spät. Es hatte geschneit. Schnee war etwas, das er aus seiner Heimat nicht kannte. Und mit dem Moped im Schnee zu fahren, war kein Spaß für ihn. Mehrmals wäre er fast gestürzt.

Deshalb beschlossen wir, dass Thanh den Winter über bei uns in der Familie verbringen sollte. Er zog in ein Gästezimmer mit eigenem Badezimmer und einer kleinen Küche ein. Das Einzige, was er mitbrachte, waren ein kleiner Rucksack und ein Sack Reis.

Oft saßen wir zusammen und lauschten gespannt seinen Geschichten aus einer fremden Welt. Wir lernten so viel von der vietnamesischen Kultur und Lebensweise kennen. Thanh erzählte uns auch von seinem Vater, der im Krieg erschossen wurde, und von seiner Mutter, die nicht die Möglichkeit hatte, alle Kinder zu ernähren. Deshalb floh Thanh mit seinem zehnjährigen Neffen in einem Boot und mit 42 anderen Menschen an Bord über das Meer.

Seine Mutter besuchte ihn später gerne bei uns, denn im Frühjahr, nachdem der Winter vorbei war, blieb er weiter bei uns. Er gehörte mittlerweile zu unserer Familie. Wir lernten seine erste Freundin und später auch seine Frau kennen. Thanh blieb zehn Jahre bei uns. Er war unglaublich motiviert.

Motivierte Mitarbeiter

In der Firma legte ich großen Wert darauf, die Motivation unserer Mitarbeiter aufrechtzuerhalten und sie in die verschiedenen Prozesse aktiv miteinzubeziehen. Dies erforderte eine intensive Kommunikation. Bei unserer noch überschaubaren Betriebsgröße hielten wir jede Woche mittwochs eine kurze Mitarbeitersitzung ab, um über den allgemeinen Stand zu informieren. Die Mitarbeiter auf den Baustellen wurden dann von den Abteilungsverantwortlichen ins Bild gesetzt und informiert. Zusätzlich führten wir regelmäßige Betriebsversammlungen durch.

Später etablierten wir eine monatliche Mitarbeiterzeitung namens „Window“. Durch sie konnte jeder einen ausführlichen Blick auf die aktuelle Situation der Aufträge, die Ausbildung, neue Mitarbeiter, den Stand der Projekte und unsere internationalen Aktivitäten erhalten. Zahlreiche Berichte der Mitarbeiter sowie viele Fotos von Menschen, Ländern und Projekten vermittelten vielfältige Eindrücke, die mit Texten allein nicht hätten ausgedrückt werden können.

Einmal im Jahr fotografierten wir alle Mitarbeiter, sofern sie damit einverstanden waren (und das waren sie), für einen besonderen Anlass. In unserem gedruckten „Facebook“ konnte man alle Gesichter und Aufgabenbereiche der Kollegen um sich herum sehen und man wusste somit gleich, wer zur Fuhrländer-Unternehmensfamilie dazugehörte – was bei unserem wachsenden Unternehmen und angesichts der verschiedenen Standorte sehr hilfreich war.

Mir war es besonders wichtig, auch ein Verständnis füreinander zu schaffen. So machte ich den „Verwaltungsleuten“ ausführlich klar, dass gerade jetzt, während wir drinnen bei einem warmen Kaffee saßen und miteinander sprachen, ihre Kollegen, unsere Monteure, bei Montagen unter extremen Bedingungen arbeiteten. Im Winter bei minus 15 Grad waren sie auf über 100 Metern Höhe im Turm oder am Rotor beschäftigt, um Schrauben über Kopf mit einem schweren hydraulischen Drehmomentschlüssel anzuziehen.

Auch mir persönlich war es wichtig, stets den einzelnen Mitarbeiter zu sehen und mir die Person immer vor Augen zu halten. So habe ich mich gerne samstags oder sonntags, wenn Betrieb und Büro verwaist waren, an die einzelnen Arbeitsplätze meiner Mitarbeiter gestellt oder gesetzt und mir vorgestellt, wie sich diese Person wohl in unserem Unternehmen und mit seinem Aufgabebereich fühlt. Was sie denkt, was sie antreibt und motiviert oder was sie belastet und ich für sie besser machen kann. Denn Mitarbeiter sind das Kapital einer Firma. Bis heute sehe ich keine Hierarchie zwischen den „höher gestellten" Büromitarbeitern und den Monteuren oder Arbeitern. Ohne Produktion und Montage bräuchten wir keine Verwaltung. Ich selbst komme schließlich von der Werkbank und dem Schweißtisch, der Abkantpresse und der Blechtafelschere. Ich weiß, was körperliche Arbeit bedeutet, und ich schätze jeden Arbeiter im Betrieb sehr. Mir war es immer wichtig, an der Seite des Einzelnen zu stehen.

Unsere Gesellschaft heute hat sich allerdings erheblich verändert. Arbeit wird mittlerweile sehr unterschiedlich bewertet. Oft wird die Arbeit im Betrieb als weniger wertvoll eingeschätzt. In den handwerklichen Berufen, bei denen man auch mal schmutzige Hände bekommt, gibt es daher immer weniger Auszubildende. Ich betrachte dies als einen großen Fehler. Beginnen nicht Wirtschaftskrisen oft mit dem starken Rückgang der Produktivität? Bilden wir nicht zu viele Theoretiker aus, schulisch, betrieblich und an Universitäten? Wo bleiben die Praktiker, die Häuser bauen, Autos reparieren oder Dinge montieren? Für eine Bäckerlehre frühmorgens um 2 Uhr aufzustehen, ist einfach nicht mehr attraktiv. Dann kann man halt nicht mehr jeden Abend mit den Kumpels um die Häuser ziehen, wenn man früh raus muss. Als Dachdecker oder Maurer zu arbeiten und bei Regen richtig nass werden, wer will das noch?

Daher versuchen Handwerksbetriebe heute Auszubildende mit verlockenden Angeboten zu bekommen: Es wird der Führerschein bezahlt und teils sogar ein Firmenwagen gestellt. Ohne Anreize scheint im Handwerk nicht mehr viel zu gehen.

Doch ich rate jedem jungen Menschen, der sein Abitur macht, zunächst einen handwerklichen Beruf zu erlernen und ein freiwilliges soziales Jahr zu machen, bevor er ein Studium in Erwägung zieht. Dies bringt enorm viel Erfahrung sowie eine wichtige und wertvolle Horizonterweiterung, die sonst leider oft fehlt. Auch Auslandserfahrungen, das Kennenlernen anderer Kulturen und Lebensweisen, schaffen eine andere Einstellung, machen weiser und erweitern persönliche Kenntnisse. Man übernimmt dann nicht einfach nur oberflächliche Informationen über andere Kulturen, sondern erlebt diese vor Ort mit allen Sinnen.

Auslandserfahrungen auf Unternehmenskosten

Im Unternehmen haben wir jungen Auszubildenden beispielsweise eine Reise nach Brasilien ermöglicht. Eine Mitarbeiterin, die zuvor bei einem Aufenthalt in Brasilien die Sprache und auch die Unterbringung der jungen Leute kennengelernt hatte, begleitete diese Gruppen. Innerhalb einer Favela, in einem Kloster in Recife im Nordosten Brasiliens, lernten sie das Leben von sehr armen Menschen kennen. Sie sahen Jugendliche ohne Perspektive oder die Möglichkeit, überhaupt eine Arbeit zu finden, die auf 16 Quadratmetern mit sechs oder acht Familienmitgliedern zusammenlebten. Dieses Erlebnis war prägend für unsere Auszubildenden.

Sie erlebten jedoch auch, dass diese jungen Menschen über Mobiltelefone und soziale Medien Einblicke in unsere westliche Welt bekamen. Die brasilianischen Jugendlichen sahen über diese Kanäle, wie wir leben, welche Parfüms wir verwenden, welche Autos wir fahren, wie wir wohnen, was wir als Fastfood essen, was wir wegwerfen und worüber wir unzufrieden sind und so gerne jammern.

Wenn ich dann meine Azubis bei ihrer Rückkehr nach Deutschland fragte, wie die Reise war, herrschte zunächst Stille. „Gut", war ihre knappe Antwort. Erst nach ein oder zwei Wochen konnten viele von ihnen darüber sprechen. So sehr beschäftigte das Erlebte die meisten noch tagelang.

„Du bist gewollt“

Im Laufe der Zeit kamen immer mehr Auszubildende zu uns ins Unternehmen. Wir haben hier unsere Verantwortung sehr ernst genommen und sie auf das Leben vorbereitet. Bei meiner Begrüßung, die immer einem Einführungs- und Kennenlerntag vorausging, hieß ich sie willkommen und versprach ihnen sowohl eine Übernahme nach der Ausbildung als auch das Bestehen der Prüfung, wenn sie genau das umsetzten, was sie bei uns lernten und vermittelt bekamen.

Ich habe ihnen auch ganz deutlich gesagt, dass sie bei uns willkommen, aufgenommen und akzeptiert sind. Denn ich habe nie auf Zeugnisse geschaut, um einen Menschen zu beurteilen. Schließlich war ich selbst ein schlechter Schüler und kenne die Herausforderungen der Pubertät und des Heranwachsens. Selbst die kritischen Stimmen einiger Eltern mit Aussagen wie „Du kannst das nicht“, „Du weißt das nicht“, „Du nervst“ brachten wir zum Verstummen.

Meine Zusage war stets: „Du bist gewollt, wir wollen dich, du bist uns wertvoll und wir gehen mit dir bis zum Ziel.“ – Das war unsere Botschaft an die Jugend. Eine Pädagogin und ein Sozialarbeiter waren immer ansprechbar für die Auszubildenden, denn die „Next Generation“ ist unsere Zukunft. Es ist die Aufgabe von Unternehmen, den Menschen einen festen Halt zu geben, sie zu stärken und zu stützen.

Natürlich gab es auch große Probleme. Einmal rief mich frühmorgens der Bruder von Jens an. Ich lag noch im Bett. Er schrie am Telefon: „Jens ist tot! Tobias hat ihn umgebracht!“ Ich erschrak heftig und sprang aus dem Bett: „Was ist passiert?“ Er erzählte aufgeregt und weinend, dass Jens in der Nacht bei einem Autounfall ums Leben gekommen war. Die Polizei hatte vor ihrer Tür gestanden und ihnen frühmorgens die schreckliche Nachricht mitgeteilt.

Jens und Tobias waren beide Auszubildende in meiner Firma. Jens war 16 Jahre alt, Tobias 18. Tobias hatte keinen Führerschein. Er war bereits mehrmals betrunken mit dem Mofa gefahren und hatte Unfälle versursacht. Aber was war jetzt eigentlich genau geschehen?

Jens hatte eine junge Freundin, die mit 16 Jahren Krankenschwester wurde, in einem Schwesternwohnheim wohnte und schwanger war. Jens und Tobias hatten zu Hause Whisky getrunken, eine ganze Flasche. Und dann waren sie auf die Idee gekommen, die Freundin dringend besuchen zu müssen. Mit dem Auto von Tobias‘ Mutter, heimlich natürlich. Die Strecke bis Hanau war nicht weit, nur 120 Kilometer. Das schien kein Problem zu sein. Doch es war ja mitten in der Nacht. Auf dem Rückweg schlief Tobias ein. Er war zu betrunken, um noch weiterfahren zu können. Er raste unter einen Lkw. Das Auto fing sofort Feuer und Jens verbrannte. Tobias überlebte schwer verletzt.

Was passiert nach solch einer Tragödie? Jens wurde beerdigt und Tobias angeklagt. Mehr als drei Leben waren zerstört: das von Jens, seiner Freundin und seiner Familie. Auch das Leben von Tobias war zerstört. Wut richtete sich gegen ihn. Man wünschte auch ihm den Tod. Er sich vielleicht auch. Dennoch – er lebt.

Dann meldete sich die Staatsanwaltschaft: „Tobias arbeitet doch bei Ihnen.“, „Was ist er für ein Mensch?“, „Wie sehen Sie die Sache?“ – Das war schwer zu sagen. Wie sollte ich das beurteilen? Welches Urteil stand uns überhaupt zu? Wir kamen überein, dass eine Gefängnisstrafe Tobias auf einen sehr kritischen Weg bringen würde. Er war labil, leicht zu beeinflussen und anfällig für starke Sprüche. Dennoch wurde er verurteilt – zu einer Bewährungsstrafe von zwei Jahren wegen fahrlässiger Tötung. Zusätzlich dazu sollte er fünf Jahre bei uns arbeiten, ohne sich etwas zuschulden kommen zu lassen. Er durfte keinen Alkohol mehr trinken, musste pünktlich und zuverlässig sein und sich so bewähren. Er lebte weiter mit der schweren Schuld, aber er hat sich bewährt. Heute ist er verheiratet und hat eine Familie. Ob er seinen Kindern irgendwann davon erzählen wird? Ob er jemals sich selbst vergeben kann?

Dass er weiterhin bei uns arbeiten konnte, stand außer Frage. Wir wollten ihm Halt geben, genauso wie allen anderen Auszubildenden. Solange wir selbst Verzeihung und Gnade in Anspruch nehmen wollen, sollten wir sie auch gewähren – egal wem, egal wann und egal wofür. Erneuerung sollte für jeden Menschen möglich sein.

8. Meine Faszination für die Windkraft

Schon früh habe ich alles über Windkraft gelesen, was publiziert wurde. So kam es, dass wir schon in den 1980er-Jahren in Kontakt kamen mit einem begeisterten Windradbauer in Schleswig-Holstein, der Windkraftzentrale Frees. Frees hatte bereits erste Schritte unternommen, Anlagen von 10 kW bis 25 kW zu entwickeln. Diese Idee ließ mich nicht mehr los und bestärkte mich in der Entscheidung: Wir bauen Windkraftanlagen!

Natürlich hatten wir keinerlei Ahnung von modernem Maschinenbau, Aerodynamik oder Elektrotechnik. Wir waren ja einfach nur Handwerker. Aber wir hatten Ideen, Ziele, Energie und Motivation. Wir besuchten daher die Messe in Husum in der alten Fischmarkthalle, wo erste, noch recht kleine Windkraftanlagen ausgestellt wurden und auch die Hersteller von Generatoren, Getrieben und Rotorblättern zugegen waren. Viele dieser Hersteller kamen aus Dänemark, wo es bereits Ende des 19. Jahrhunderts erste Versuche gegeben hatte, Strom mit Windkraftanlagen zu erzeugen.

Von 1983 bis 1987 stand im Kaiser-Wilhelm-Koog an der Nordsee der GROWIAN, eine vom Bundesministerium für Forschung und Technologie finanzierte Großwindanlage mit einer Leistung von 3 Megawatt (MW). Ihre Turmhöhe betrug 100 Meter, ebenso groß war der Rotordurchmesser. Federführend beim Bau war der MAN-Konzern. Später beteiligte sich auch RWE an der Betreibergesellschaft.

Leider erreichte GROWIAN aber in vier Jahren nur ca. 400 Betriebsstunden, und 1988 wurde die Anlage wieder abgerissen. Das Fazit war, dass man seitens der Lobbyisten lauthals verkündete, Windenergie sei untauglich und bringe keine Vorteile, wie das Beispiel GROWIAN ja zeige. Die Baukosten für diesen Prototyp lagen um das Zehnfache höher als bei späteren Serienanlagen ähnlicher Leistungsklassen, die sogar noch wesentlich höhere Türme und größere Rotoren hatten und den Wind noch effizienter nutzen konnten. Man hatte damals mit GROWIAN versucht, die technische Entwicklung von fast 25 Jahren in einem Schritt zu machen. Das konnte und sollte nur schiefgehen.

Die gesamte Propaganda war bewusst darauf ausgerichtet, ein negatives und destruktives Image der modernen Windenergienutzung zu verbreiten. Es wurden zudem Lügen und zahlreiche negative Gutachten von Fachleuten und Professoren verbreitet, die von der Energielobby bezahlt wurden. Daher sollte man besser und genauer hinsehen, wem man solche Projekte anvertraut.

GROWIAN war also ein rein politisches Verschwendungsprojekt, mit dem die bisherige falsche Richtung der Energiewirtschaft gerechtfertigt werden sollte. Wer dagegen sprach, wurde in den Medien sofort als Quertreiber und Querulant diffamiert. So war das damals.

In 2012 haben wir dann auf der Hannover Messe eine 3 MW-Anlage mit einem Hybridantrieb und einem 140 Meter hohen Turm mit 120 Meter großem Rotordurchmesser vorgestellt. Der Preis lag tatsächlich nur bei einem Zehntel des Preises von GROWIAN.

Heute ist offensichtlich: Konzerne wie RWE und andere Energieversorger wollten keine erneuerbaren Energien, sondern uns weiterhin in ihre und andere Abhängigkeiten treiben, durch solche und andere Geschehnisse. Auch wenn E.ON sich im Laufe der Jahre mit einem grünen Feigenblatt geschmückt hat, war es nie wirklich glaubwürdig. Denn ihre Geschäftsmodelle liegen in der Verbrennung und Verstromung von Öl, Gas, Kohle und Atomenergie. Als Monopolisten konnten sie die Preise einfach vorgeben. Eine Energiewende hätte für sie massive Verluste bedeutet.

Daher ist es einfach nur frech und schlichtweg gelogen, die erneuerbaren Energien für steigende Strompreise verantwortlich zu machen, egal, wie man es auch formuliert. Energiepolitische Abhängigkeiten interessieren so lange nicht, wie man davon profitiert. Auch Flüssiggas (LPG) gehört dazu und ist keine Lösung in die richtige Richtung. Politisch lässt man sich immer noch an der Nase herumführen, gibt der Macht der Mächtigen nach und hört auf angstschürende Prognosen oder Erpressungen der Energieversorger. Mit Versorgungsängsten ließ und lässt sich immer ein gutes Geschäft machen. Konservative Parteien neigen leider mehr dazu, erneuerbare Ziele liegen zu lassen. So wurden seit den 1970er-Jahren manche Ziele einfach verpasst.

Es wird kaum beachtet und kommuniziert, dass Großkraftwerke nur sehr träge geregelt werden können. Wenn aber Verbraucher ihre Stromnutzung reduzieren, entsteht ein Überschuss an Energie, der oft nicht gespeichert werden kann. Die Folge: Wind- und Solaranlagen müssen flexibel abgeschaltet werden.

Zwischen Nordsee und Westerwald

Nachdem private Unternehmen nach dem erfolglosen GROWIAN Projekt 30 kleinere Maschinen im Kaiser-Wilhelm-Koog errichtet hatten, wurde die Technik kontinuierlich weiterentwickelt und Erfahrung gesammelt. Da wir an einem Teil der Anlagen dort Wartungsarbeiten ausführen durften, konnten wir so die Geschichte und Entwicklung hautnah miterleben und unsere Schlüsse daraus ziehen, was die Grundlage wurde für unsere eigene Anlagentechnologie.

Für die Wartungsarbeiten fuhren mein Bruder und ich, oft auch zusammen mit meinem alten Freund Horst-Dieter Müller, freitagnachts los, arbeiteten den ganzen Samstag und fuhren dann nachts wieder zurück in den Westerwald. Horst-Dieter hatte eine Ausbildung als Werkzeugmacher absolviert und ist später, nach seinem Zivildienst, Ingenieur der Verfahrenstechnik geworden. Er hat eine beeindruckende Karriere gemacht und viele Asienreisen unternommen, sein Schwerpunkt war Taiwan.

Die Wartungsarbeiten, die fast 600 Kilometer entfernt im hohen Norden durchgeführt wurden, machten wir mehrmals im Monat. Unsere „übliche" Arbeit im Betrieb musste allerdings während der Woche wie gewohnt weiterlaufen, meist in 12-Stunden-Schichten. Nur so konnten wir kein eigenes Windkraftgeschäft aufbauen. Geldgeber gab es keine. Wir mussten erst mal verdienen, was wir investieren wollten. Und nicht selten gab es für uns keinen Monatslohn, da wir jeden Cent in unsere Idee investierten. Unsere jungen Familien hätten Zeit und Verdienst gut gebrauchen können, aber wir bauten ja an unserer Zukunft und verzichteten dafür in dieser Zeit auf vieles.

Bei den Wartungsarbeiten mussten wir uns oft mit Fehlerbehebungen und Störungsbeseitigungen in der Steuerung auseinandersetzen. Die Mechanik der Anlagen war äußerst robust. Es handelte sich um sogenannte stallgeregelte Anlagen, bei denen die drei Rotorblätter fest installiert, also nicht verstellbar waren. Die Leistung wurde durch einen Strömungsabriss geregelt.

Allein die Netzzuschaltung funktionierte oft nicht wie gewünscht und brachte uns manches Mal echt zur Verzweiflung. Wenn wir guten Wind hatten und die Anlagen schnell anliefen, dann schaffte die Steuerung es oft nicht, die Last rechtzeitig aufzuschalten. Dies führte dazu, dass die Anlagen in die Überdrehzahl gingen und die mechanischen Blattspitzenbremsen ausfuhren und den Rotor stoppten. Denn an jedem Rotorblatt war am äußeren Ende ein Teil des Blattes von circa fünfzig Zentimetern Länge getrennt beweglich und diente als ein zweites, vorgeschriebenes Bremssystem, neben einer klassischen Scheibenbremse im Maschinenhaus. Wir mussten also immer wieder den Turm hochklettern und die Blattspitzen von Hand an allen drei Rotorblättern wieder in die richtige Position bringen. Und das bis zu zehn Mal am Tag. Aber wir haben dadurch unglaublich viel gelernt, und all unsere Anstrengungen zahlten sich aus.

Zu Hause führten wir erste Windmessungen durch, und manche dachten beim Anblick unseres Messmasten, wir wären unter die Hobbyfunker gegangen. Ich habe mich voll und ganz auf das Thema Windkraft konzentriert und jedes Gespräch auf dieses, mein Thema, gelenkt, was sicherlich für einige Anwesende manches Mal recht nervig war. Aber wir haben unser Wissen vertieft und so konnten umsetzbare Konzepte entstehen. Ich war schon immer ein echter Überzeugungstäter, der weiß, welchen Weg er gehen muss und will.

Als wir die Komponenten und Unterlagen von Herrn Frees übernahmen, der aus gesundheitlichen Gründen leider seine Aktivitäten aufgeben musste, nutzten wir seine Anfänge, um mit neueren Technologien und Entwicklungen in den Markt einzusteigen. Da die Gas-, Elektrizitäts- und Wasserwerke Köln (GEW) bereits eine kleinere 25 kW Anlage von Herrn Frees betrieben hatten, wollten sie auch unsere Neuentwicklung mit einem Asynchrongenerator und neuer Steuerung haben. Plötzlich hatten wir unseren ersten echten Wind-Kunden.

Nachdem wir zwei kleinere Anlagen und den ersten Schritt ins Kundengeschäft gemacht hatten, entwickelten wir eine 100 kW Anlage mit einem 21 Meter großen Rotor und einem 33 Meter hohen Turm. Natürlich verfügten wir nicht über Softwareprogramme, um die Lasten zu berechnen und nachzuweisen. Aber es musste ja eine komplette Typenprüfung und Zertifizierung durchlaufen werden, um diese Anlage errichten zu dürfen. Daher kontaktierten wir ein deutsches Ingenieurbüro aus Schleswig-Holstein. Zu dieser Zeit gab es nicht viele Unternehmen, die professionell im Windgeschäft tätig waren und über ausreichend Erfahrung verfügten.

Für unsere neue 100 kW Anlage gab es sofort drei Kunden, die insgesamt fünf Maschinen kauften, obwohl es noch gar keine physische Anlage zu sehen gab. Ihr Vertrauen war groß und wurde letztlich nicht enttäuscht. Bewährte Komponenten und unser engagiertes Service-Management sorgten für eine hohe Verfügbarkeit, was die Kunden sehr zufriedenstellte. Doch der Weg bis dahin war noch recht weit. Zunächst mussten die Komponenten bestellt und angezahlt werden. Obwohl die Kaufverträge bereits unterschrieben waren, wollte unsere Westerwälder Hausbank uns nicht die benötigten hunderttausend D-Mark geben. „Wir finanzieren keine Hobbys", lautete die nüchterne Antwort. Windkraftanlagen galten damals als eine Spinnerei und wurden mit der Öko-Szene in Verbindung gebracht. Dabei waren unter unseren Kunden eine große internationale Spedition und ein selbstständiger Handwerker mit hohem Ansehen in der Region. Auch der andere Kunde, ein Landwirt, war als zahlungskräftig bekannt. Allerdings half uns das alles nichts. Die Bank blieb unnachgiebig.

Allerdings sind es nicht einfach und pauschal die Banken, die enttäuschen und mürbe machen. Oft sind es deren Mitarbeiter, die den strengen Regularien bedingungslos folgen und sich auch gerne in der Position des Stärkeren sehen. Sich bestmöglich absichern, Gremienbeschlüsse vorschieben, abwarten und dazu viele Leute in die Prozesse und Entscheidungen einbinden, das war damals so und ist längst zur Regel geworden. So habe ich es erlebt, und es hat mich erdrückt.

Auch bei Behörden ist dieser Trend erkennbar. Und ich habe das Gefühl, dass die öffentlichen Verwaltungen nicht für die Bürger, sondern die Menschen ihnen dienen sollen, und sie handeln oft selbstherrlich.

Ein paar Tage später saß der damalige leitende Firmenkundenberater der Deutschen Bank Siegen, Wolfgang Klasen, in unserem kleinen Büro. Nachdem er sich meine Perspektiven und Visionen angehört hatte, bat er mich in die Hauptgeschäftsstelle. Nach einem kurzen Gespräch überreichte er mir ein Schreiben und bat mich, zu einem der Schalter zu gehen und eine Überweisung zu tätigen. Er hatte uns einen Kredit von 300.000 D-Mark gewährt. „Ansonsten stehen Sie morgen schon wieder hier, wenn Sie wachsen wollen", war seine Begründung.

Mir zitterten die Knie vor Überraschung und Dankbarkeit. Menschen wie Wolfgang Klasen gehören zweifellos in Führungspositionen bei Banken, besonders in der heutigen Zeit. Glücklicherweise gibt es an vielen Stellen immer noch Menschen, die Rückgrat zeigen und sich anders verhalten, soweit es ihnen möglich ist, und dadurch zu leuchtenden Vorbildern für die Gesellschaft werden. Ohne diese Finanzierung wäre unser Traum vom Bau von Windkraftanlagen vorbei gewesen, trotz der harten Arbeit und des Geldes, das wir bereits investiert hatten, sowie unserer Kunden.

Wolfgang Klasen sollte recht behalten. Denn kurz darauf kamen die ersten Kunden aus Japan auf uns zu. Wir hatten schon früh an Messen teilgenommen und einen bescheidenen Vertrieb aufgebaut. Obwohl wir von Marketing kaum Ahnung hatten, kündigte sich im Herbst 1993 eine kleine Delegation aus Düsseldorf und Japan an. Düsseldorf war und ist bis heute ein wichtiger Anlaufpunkt für japanische Unternehmen. Die Delegation besichtigte also unsere ersten Fuhrländer-Anlagen im Westerwald, die wir natürlich stolz präsentierten. Sie schienen zufrieden zu sein und verabschiedeten sich wieder so freundlich, wie sie gekommen waren, mit vielen Verbeugungen und Händeschütteln. Obwohl wir keine Vereinbarung getroffen oder etwas unterschrieben hatten, war das Treffen aufregend und motivierend zugleich.

Kurz vor Weihnachten kontaktierte uns dann unsere neue Bank: „Haben Sie Geschäfte in Japan?“ Wir wussten von nichts, aber es waren 150.000 D-Mark aus Japan auf unserem Konto eingegangen. Verwundert fragten wir bei unserem Ansprechpartner in Düsseldorf nach, Herrn Kobayashi. Er lachte nur und sagte, dass er sich darauf freut, mit uns zusammenzuarbeiten und dass sie es ernst meinten. „We take it serious.“

Obwohl sie noch keinen Vertrag hatten, zahlten sie aus purem Vertrauen heraus. Und solche Menschen enttäuscht man natürlich nicht. Wir durften drei Fuhrländer 100-Anlagen liefern, die mein Bruder zusammen mit einem bei uns kurz geschulten Team, vor Ort errichtete. Ohne Sprachkenntnisse und nur per Zuruf mit „Push and Pull“ hat das tadellos funktioniert.

Wir durften später weitere Windkraftanlagen nach Japan liefern, darunter eine Fuhrländer 250-Anlage auf eine Insel zur Versorgung der dortigen Bewohner. Hinzu kamen Jahre später Anlagen auf Okinawa und Hokkaidō sowie bei Kyoto. Jeder kennt heute das Kyoto-Protokoll, das Rahmenübereinkommen der Vereinten Nationen über Klimaänderungen. Also war unsere Anlage eine zukunftsweisende Technik genau am richtigen Ort. Es handelte sich da schon um größere Anlagen mit 1,5 Megawatt Leistung und 77 Metern Rotordurchmesser.

Auch die oberösterreichische Landesregierung interessierte sich für eine kleinere Windkraftanlage zur Versorgung der Straßenmeisterei in Zistersdorf. Eine Anlage mit 30 kW Leistung auf einem dreibeinigen Gittermast war der Plan, unsere kleinste Maschine. Die Technik war bekannt und man stimmte allem zu. Es gab jedoch Bedenken, ob wir als kleines Unternehmen überhaupt in der Lage wären, nach Österreich zu exportieren und dort nahe an der Grenze zu Tschechien zu installieren. Diese Bedenken konnten wir jedoch recht schnell mit dem Verweis auf unsere Erfahrungen in Japan entkräften, das viel weiter entfernt liegt.

Mit Leidenschaft und Durchhaltevermögen haben wir viel erreicht und waren stolz auf unsere ersten Erfolge in der Windenergiebranche. Dieser Weg zu Beginn war kein leichter, aber wir haben ihn entschlossen und mit Unterstützung gemeistert. Und so fingen wir an, einen bedeutenden Beitrag zur erneuerbaren Energiegewinnung zu leisten.

9. Das verlorene Kind

Angenehm aufgeregt war ich schon, als es nach Hanoi in Vietnam ging und ich unsere ersten Kunden dort besuchen wollte. Die Gespräche hatten bereits 1998 in Deutschland begonnen, aber einen persönlichen Eindruck musste ich mir doch selbst verschaffen. Ich wollte den Menschen, mit denen wir zusammenarbeiten wollten, begegnen, ihnen die Hand reichen und in die Augen schauen. Außerdem mussten wir ein Team aufbauen. Einerseits brauchten wir Fachkräfte für das Umsetzen der Projekte, andererseits wollten wir auch eine lokale Wertschöpfung schaffen. Dazu muss man ausbilden, also genau das tun, was wir anstrebten.

Thanh flog aus persönlichen Gründen nicht mit nach Nordvietnam. Daher beschloss ich, unsere damals 17-jährige Tochter Sarah mitzunehmen. Sie war gespannt auf Thanhs Heimatland und kannte viele Geschichten von ihm. Meiner Frau war etwas besorgt, sie stimmte aber zu. Sarah freute sich sehr, mich begleiten zu dürfen. Sonst war ich ja auf meinen Reisen meist allein unterwegs und vernachlässigte dadurch meine Familie oft. Jetzt aber sollten wir etwas gemeinsam erleben. Über Hongkong flogen wir nach Hanoi, und Sarah durfte den Anflug auf Hongkong sogar im Cockpit bei den Piloten miterleben – damals war so etwas noch möglich.

In Hanoi empfing uns mein Freund Albert van Hung mit Tränen in den Augen. Er war stolz und glücklich, dass meine Tochter Vietnam sehen und erleben wollte. Sarah kannte durch Thanh ja bereits einige der einheimischen Gepflogenheiten.

Die ersten Tage verbrachten wir im Büro, bevor wir uns Standorte und die Umgebung anschauen konnten. Da die geschäftlichen Gespräche Sarah eher langweilten, hatte Hung vorsorglich eine junge Vietnamesin, die beim Goethe-Institut fließend Deutsch gelernt hatte, gebeten, sich um Sarah zu kümmern und ihr Hanoi zu zeigen. Ich war anfangs etwas besorgt, meine Tochter so allein losziehen zu lassen und hatte einige Bedenken. Sie planten, mit einem Motorroller die Stadt zu erkunden, zwischen Millionen von Fahrrädern.

Aber Hung erzählte mir dazu eine Geschichte: Vor Jahren war eine Familie mit ihrem dreijährigen Sohn in Hanoi auf dem Markt gewesen, um ein paar Lebensmittel einzukaufen. Sie gingen von Stand zu Stand, suchten Gemüse und ein paar Gewürze aus, rochen hier und da an den ausgelegten Waren und kauften auch noch einige Dinge für ihren Sohn ein, der brav an der Hand der Mutter mitging. Um etwas zu probieren, ließ die Mutter seine Hand ganz kurz los, nur um sie aber sofort wieder zu ergreifen. Doch sie griff ins Leere. Ihr Sohn hatte den kurzen Moment genutzt, um seiner natürlichen Neugierde und seinen Augen zu folgen und war zwischen den Beinen der Kunden weitergelaufen. Sie rief nach ihm, schrie seinen Namen, immer wieder. Sie suchte an den anderen Ständen nach ihm und befragte die Leute. Aber ihr Sohn antwortete nicht. Andere Menschen schlossen sich nun ihrer Suche an, auch sie riefen seinen Namen. Aber es war vergebens. Der Markt schloss, es wurde dunkel, und sie hatten den kleinen Sohn der Mutter immer noch nicht gefunden, trotz aller Bemühungen und Hilfe.

Der Junge war der Cousin von Hung. Er wurde irgendwo auf dem Markt allein und hilflos weinend von einer Familie gefunden, die ihn mit zu sich nach Hause nahm. In dieser Familie gab es schon fünf Kinder. Sie hatten jedoch nicht die Absicht, den kleinen Jungen allein zu lassen oder in ein Heim zu geben. Sie zogen ihn groß und zahlten seine Schule und Ausbildung für ihn und behandelten ihn wie ihr eigenes Kind. Dabei hatten sie selbst kaum genug fürs Leben.

„Fremde werden bei uns beschützt und umsorgt", sagte Hung. „Sie sind unsere Gäste, auf die wir stolz sind und die wir als Freunde behalten wollen. Sei also unbesorgt. Deine Tochter wird beim Abendbrot wieder bei uns sein." Hung sagte immer „Abendbrot", so wie wir es früher auch taten.

Also arbeiteten wir fleißig weiter, und ich machte mir zunächst keine Sorgen um Sarah. Beim Abendessen warteten wir dann noch eine Weile auf die beiden Mädchen. Aber sie kamen nicht zurück. Wir fingen an zu essen und Hung sagte nur: „Sie haben wohl noch etwas Interessantes für Sarah entdeckt." Dann endlich kamen sie, und Sarah sprudelte nur so vor Freude. Sie hatten einfach länger mit anderen jungen Leuten, die sie getroffen hatten, in der Stadt gegessen. Einen Fahrradfahrer hatten sie unterwegs auch umgefahren, aber es war nichts Schlimmes passiert. Man hat sich gegenseitig entschuldigt, den Staub abgewischt, sich anschließend verbeugt, sich erneut entschuldigt und ist dann weitergefahren.

Am nächsten Tag besuchten wir Kunden, und die Gastfreundschaft kannte keine Grenzen. Wir hatten so etwas noch nie erlebt. In den Straßen von Hanoi luden uns abends freundlich lächelnde fremde Menschen ein, mit ihnen ihr Essen zu teilen. Sie kochten vor den Häusern auf kleinen Feuern, die in alten Autofelgen brannten. Es war nicht viel, was sie hatten, aber immer noch genug, um zu teilen.

Reisen erweitert den Horizont

Eine atemberaubende Erfahrung war unsere Tour nach Halong Bay im Norden Vietnams. Wir umfuhren zahlreiche Inseln und Felsen in kleinen Booten und aßen, was uns von den Familien angeboten wurde, die dort mit ihren Kindern ausschließlich auf Booten und schwimmenden Häusern lebten. Sie kamen zu uns heran, zeigten wunderbar frisches, buntes Gemüse sowie lebende Fische und Meeresfrüchte.

Zu reisen bringt eine unbeschreibliche Horizonterweiterung mit sich. Man versteht andere Völker ein Stückchen besser. Und Fremde werden zu Freunden. Dazu beispielhaft eine Anekdote aus dem Jahr 1978:

Die Mutter einer jungen Frau aus unserem Jugendtreff im Dorf war Kosmetikberaterin. Susanne brachte von zu Hause eine riesige Auswahl alter Lippenstifte mit. Damit schrieben wir auf meinen alten VW-Bus: „Hallo Fremder – wir sind Freunde"! Die Sonne und der Staub machten die Schrift so beständig, dass sie nicht mehr abzuwaschen war. Viele Autofahrer grüßten uns nun beim Überholen. Selbst der Pfarrer der Evangelischen Kirchengemeinde in Emmerichenhain, Werner Speck, predigte eines Tages über diesen Spruch auf meinem Auto.

Auch nach Gaza nahm ich Sarah mit. Ein guter Freund, der Militärattaché und spätere stellvertretende Aufsichtsratschef unserer Aktiengesellschaft, Klaus Geerdts, hatte die Termine mit Herrn Frangi, dem Vertreter Palästinas in Deutschland, und dessen Frau vereinbart. Es ging darum, mit Windkraftanlagen Meerwasser zu entsalzen und die schon länger von der Deutschen Entwicklungshilfe gelieferte Flaschenabfüllanlage in Gaza mit Strom zu versorgen, um so das Wasser bereitzustellen. Die Finanzierung sollte über den Bruder von Herrn Frangi laufen. Sarah fuhr mit den beiden fast gleichaltrigen Töchtern des Bruders durch die Stadt und auf den Markt von Gaza. Sie wunderte sich, dass auf dem Pickup bewaffnete Soldaten auf der Ladefläche saßen. Selbst auf den Markt wurden sie von diesen Wächtern begleitet. Zwischen den Töchtern entwickelte sich eine tiefe Freundschaft.

Sarah machte später ein Freiwilliges Soziales Jahr in einem Kinderheim auf den Bahamas. Die Arbeit dort war gut und machte ihr viel Freude. Problematisch waren nur die alljährlich in dieser Region auftretenden Hurrikans. Stand einer von ihnen bevor, wurden zunächst genügend Lebensmittel und Wasser in einen großen stabilen Kellerraum gebracht, dessen Eingang später mit einer Stahlplatte abgedeckt wurde. Dann wurden alle Fenster des Kinderheims mit Brettern zugenagelt und lose Teile weggeräumt oder befestigt. Zum Schluss gingen alle Kinder und ihre Mitarbeiterinnen in den Keller. Nach dem Abklingen des Hurrikans schaute man vorsichtig nach, ob es noch zu gefährlich war, um den geschützten Kellerraum zu verlassen. Falls ja, blieb man noch ein oder zwei Tage in Sicherheit. Wenn aber alles vorüber war, kehrte man zurück ans Tageslicht und begann mit dem Aufräumen, wie nach jedem Hurrikan. Äste, Bäume, Holz und andere lose Teile lagen überall verstreut herum.

Auch unser Sohn David machte ein Freiwilliges Soziales Jahr, nachdem er seine Prüfung als Mechatroniker abgelegt hatte und ehe es zum Studium für Erneuerbare Energien nach Flensburg gehen sollte. Er ging nach Ghana, sehr zur Freude von Fritz Pawelzik, der in Afrika über den Christlichen Verein Junger Menschen (CVJM) Hunderte Berufsschulen gegründet hatte. Auch David arbeitete in einem Kinderheim. Als ich ihn dort besuchte, war sein einziger Wunsch, dass ich ihm ein einfaches Butterbrot mitbringen möge. Das brachte ich natürlich sehr gerne mit. In Ghana gab es nämlich für ihn morgens, mittags und abends nur Reis, ab und zu Fisch oder Huhn. David reiste mehrmals nach Ghana und wird auch in Zukunft wieder dorthin zurückkehren, um sein Wissen anzuwenden.

Unser Sohn Benjamin machte ein Freiwilliges Soziales Jahr im Rettungsdienst, dem er bis heute mit Begeisterung und Leidenschaft treu geblieben ist. Inzwischen ist er Ausbilder. Bereits in Ghana hatte er begonnen, Erste-Hilfe-Kurse durchzuführen. Seinen ersten Kurs hielt er in Accra für 20 Mitarbeiter, die mit unserem Unternehmen dort in Verbindung standen. Benjamin liebt Afrika und möchte dort bald wieder unterrichten und arbeiten.

Junge Menschen sind unsere Zukunft

Immer wieder treffe ich junge Menschen, die sich in einem Freiwilligendienst in Afrika engagieren, die freiwillig dort Zeit verbringen und ihren Horizont erweitern. Sie unterrichten in Schulen, geben Musikunterricht im Rahmen von „Musiker ohne Grenzen“, unterstützen als Hausmeister/innen in Kinderheimen und Krankenhäusern oder helfen beim Kochen, Nähen, Pflanzen und Ernten, je nach ihren Begabungen und Neigungen. Viele entdecken dabei neue, bislang nie bemerkte Seiten und Stärken an sich selbst.

Ich habe viele junge Menschen kennengelernt, die wenig von sich selbst hielten, weil ihnen nie gezeigt wurde, welche Begabungen in ihnen stecken. Stattdessen hörten sie: „Das kannst du eh nicht!", „Dazu bist du zu schwach!", „Dazu bist du zu dumm!", „Das ist zu gefährlich für dich.", „Dabei wirst du schmutzig." Sätze wie diese, die sie viel zu oft gehört hatten. Oder sie waren überbehütet aufgewachsen und völlig verwöhnt worden. Sie mussten nie selbst etwas tun und haben dabei nie herausgefunden, was sie wirklich alles können. Oftmals führte das zu einer Trägheit, ja Faulheit, die immer schwerer zu durchbrechen ist.

Junge Menschen sind unsere Zukunft, von Generation zu Generation. Sie machen die Gesellschaft immer wieder erneuerbar. Die ältere Generation wird sterben und junge Menschen übernehmen die Verantwortung, wenn sie es denn wollen. Deshalb müssen wir auf sie zugehen, sie ernst nehmen, ihnen zuhören und sehen, was sie in einer Zeit plagt, in der sich viele Dinge zwangsläufig ändern werden. Entweder haben sie Zukunftsängste oder es ist ihnen alles egal, weil sie keine Ansatzpunkte mehr haben, keine Vorbilder. Wer kann ihnen in diesen Tagen Werte vermitteln?

Ich sehe manche Politiker, die einfache Stammtischparolen verwenden und Stimmungsmache betreiben. Ich höre Ministerpräsidenten, die sich immer wieder widersprechen und sich anschließend damit begnügen, Kollegen in den Schmutz zu ziehen, anstatt diesen Kreis endlich intelligent zu durchbrechen und konkret umsetzbare Fakten zu nennen und Taten zu zeigen. Hätte man in der eigenen Partei nicht oftmals Grund genug, eigene Fehlentscheidungen zu kritisieren und zu korrigieren oder etwas leisere Töne anzuschlagen?

Woher sollen also Vorbilder kommen? Im großen politischen Umfeld ist es schwer, welche zu finden. Eher das Gegenteil ist dort der Fall: eben gerade nicht so zu werden wie die politische Elite.

Im Unternehmertum kenne ich zwar gute Leute, aber auch die werden seltener. Gier und Macht trüben oft den Blick. Man sieht nur Wachstum und Erfolg, aber es mangelt an einfacher Menschlichkeit. Auch in Vereinen werden Vorbilder leider seltener.

Ein gutes Beispiel für ein Vorbild ist Michael Stiglbauer aus Pocking, ein freundlicher und menschlicher Polizist mit Idealen und ein guter Freund von uns. Übrigens war Michael der erste Freund überhaupt, den ich hier in Niederbayern nach meinem Neuanfang kennengelernt habe. Er leitet den Musikverein Bad Füssing mit seinem Jugendblasorchester als Vorsitzender. Unermüdlich ist er an der Seite junger Menschen und vermittelt ihnen Werte. Er kümmert sich, hört zu, motiviert und organisiert, beschafft Gelder und sprüht vor Ideen. Wir sprechen oft über seine Gedanken zur Lebensweise junger Menschen und die vielen negativen Einflüsse, die sie nicht erkennen oder gegen die sie sich nicht wehren können. Gerade in Bad Füssing, dem beliebtesten Kurort Europas mit seiner Thermenlandschaft, ist Jugendarbeit eine willkommene Bereicherung. Denn junge Menschen müssen davon überzeugt werden, dass es vor ihrer eigenen Haustür ein attraktives Leben gibt.

Das Jugendblasorchester ist ein wunderbares Beispiel für eine exzellente, ehrenamtliche Leitertätigkeit sowie das Miteinander der Mitglieder und Teilnehmer. Sie proben wöchentlich, erwerben Leistungsabzeichen, haben Auftritte und begeistern nicht selten ihr Publikum im voll besetzten großen Kursaal in Bad Füssing. Sie versprühen Energie und Elan, machen Mut und geben Perspektive. Ich habe großen Respekt vor dieser ehrenamtlichen Arbeit und kann nur hoffen und ihr wünschen, dass dies immer mehr junge Leute erkennen, erleben und sich davon anstecken lassen.

Ein anderes Beispiel für das Ehrenamt sind die vielen Jugendfeuerwehren in den Dörfern. Hier werden junge Menschen zusammengeführt und trainiert, um immer dann helfen zu können, wenn andere in Not geraten. Und das geht weit über das Bekämpfen eines Feuers hinaus. Das Hochwasser an der Ahr ist ein Bespiel für die schwierige Arbeit, die in solchen Situationen geleistet wird.

Gerade in diesem Zusammenhang hat sich die Gruppe „Wäller Helfen“ besonders engagiert. Diese mittlerweile sehr große Gruppe aus dem Westerwald und der Umgebung macht sich zusammen mit Initiator Björn Flick immer wieder auf den Weg, um dort anzupacken und zu helfen, wo es gerade nötig ist, auch weit über den Westerwald hinaus. Ehrenamtlich, versteht sich.

Es erfordert nicht viel Überwindung, sich zu engagieren und andere zu unterstützen. Es ist erstaunlich, wie viel Dankbarkeit man dafür erhält. Ganz abgesehen von den eigenen positiven Spuren, die man hinterlässt. Man kann viele Dinge verbessern, wenn man mitmacht – aber eben nur dann.

In Niederbayern habe ich erst kürzlich entdeckt, welch großartige Arbeit die Faschingsvereine leisten. Im Westerwald hatte ich nur vereinzelt Berührungspunkte mit dem Fasching beziehungsweise Karneval. Aber hier nun habe ich erlebt, wie intensiv mit den jungen Erwachsenen und Jugendlichen gearbeitet wird, welche Gruppendynamik da auch entsteht. Es ist beeindruckend, was so eine einzelne Gruppe zustande bringt, wenn sie im Einklang tanzt und miteinander kunstvolle Figuren darstellt.

Es gibt auch eine lebendige Jugendarbeit beim CVJM und in den Kirchengemeinden, in denen Ehrenamtliche sich engagieren und mitarbeiten. Solche Jungscharen und Zeltlager haben meine Jugend geprägt. Wir haben uns dort schon damals mit gesellschaftlichen Themen beschäftigt wie dem Waldsterben, der Kernenergienutzung, der Aufrüstung und dem Vietnamkrieg. Und auch heute leisten diese Gruppen meiner Ansicht nach einen wichtigen Beitrag dazu, um Kinder und Jugendliche an gesellschaftlich relevante Themen heranzuführen.

Denjenigen, die sich fragen, was sie denn selbst davon haben, wenn sie sich ehrenamtlich engagieren, möchte ich sagen: Ein Ehrenamt ist immer eine persönliche Bereicherung, es bietet einen unglaublichen Schatz an Erfahrungen und gibt einem selbst viel zurück, wenn man sich nur darauf einlässt. Es einfach mal auszuprobieren, das geht immer.

10. Politiker, Unternehmer und Ingenieure

Dieser Schritt erforderte erheblich mehr Mut: Im Jahr 2000 bauten wir eine neue, größere Halle. 70 Meter lang und 15 Meter breit, mit entsprechenden Kränen mit einer Traglast von bis zu 65 Tonnen. Dies alles war notwendig für die nächste Generation der Anlagengröße mit 2,5 Megawatt. Das entspricht ungefähr 3.400 PS – und verdeutlicht die immense Kraft, die der Wind freisetzen kann. Heute gibt es bereits Windturbinen mit einer Kapazität von 15.000 kW. Tatsächlich entspricht die Nennleistung von nur 95 solcher Windkraftanlagen der eines deutschen Atomkraftwerkes.

Die Fuhrländer GmbH wurde nun in eine Aktiengesellschaft umgewandelt. Um die hohen Vorlaufkosten des durchgehandelten Geschäftsanteils zu kompensieren, war ein Börsengang anvisiert. Wir beriefen einen Aufsichtsrat, der später aus dem Vorsitzenden Rudolf Scharping (Politiker), Klaus Geerdts (ehemaliger Militärattaché und Diplomat) und Norbert Orth (erfahrener Unternehmer) bestand. Zu den weiteren Mitgliedern gehörten unter anderem noch Dr. Klaus Kähler (Netzwerker und Anwalt aus München) und Immo Ströher (Investor und Unternehmer). Dr. Klaus Kähler brachte über Freunde wertvolle Kontakte in die Türkei mit, während Immo Ströher für 10 Prozent der Aktien 50 Millionen Euro zu einer Kapitalerhöhung einlegte. Er war ein überzeugter Investor im Bereich der erneuerbaren Energien und hatte damals seine eigene deutsche Solarmodul-Fertigung.

Über Rudolf Scharping hatten wir Kontakt in die Landes- und Bundespolitik sowie nach China. Er war ein erfahrener und starker Vorsitzender, der dem Unternehmen Stabilität verlieh. Er war bis dahin Ministerpräsident in Rheinland-Pfalz, Bundesverteidigungsminister und Parteivorsitzender der SPD in Deutschland gewesen.

Von Klaus Geerdts konnte ich viel über Diplomatie und angemessenes Verhalten lernen. Als Freund und Mentor war es eine Freude, seinen Erfahrungen zuzuhören. Sein Buch „Diplomat in Uniform" ist lesenswert. Mit ihm reiste ich in den Jemen, nach Gaza und in die Emirate, um Kontakte zu knüpfen. Wasserentsalzung durch Windenergie war dabei ein wichtiges Thema. Später reiste ich auch mit Jürgen Trittin von den Grünen in den Jemen und nach China, wohin mich auch eine Delegationsreise mit dem Ministerpräsidenten von Rheinland-Pfalz, Kurt Beck, und dem Vorsitzenden der Gewerkschaft IG Metall, Dietmar Muscheid, führte. Während der Flüge saßen wir lange zusammen und hatten ausreichend Zeit für Hintergrundgespräche und die aus unserer Sicht erforderlichen politischen Maßnahmen. Jürgen Trittin kannte uns bereits von einigen früheren Besuchen an unseren Messeständen. Aber mit einem Politiker in den Jemen zu reisen, das war etwas anderes, als den Menschen vor Ort unmittelbar und persönlich zu begegnen, über Klaus Geerdts und seine freundschaftlichen Beziehungen. Denn mit Klaus trafen wir die Menschen und möglichen Partner zu Hause bei einem Tee und gingen gemeinsam essen. Diese Begegnungen waren privater, ehrlicher und offener und ohne ein festgelegtes, geführtes Protokoll mit geplanten Besichtigungen.

Ganz nebenbei: Auf einer der früheren Messen besuchte uns übrigens auch der heutige Wirtschaftsminister Robert Habeck, dem ich aktuell gerne ein paar unternehmerische Erfahrungen und größere Möglichkeiten aufzeigen und mitgeben möchte, wie man Menschen verlorenes Vertrauen zurückgibt. Diese sehe ich als sinnvoll und bezahlbar an. Damals stand er am Rande und hörte uns zu. Dennoch hat er vielleicht nicht ausreichend genug zugehört. Denn Wirtschaftspolitik ist eine enorme Herausforderung und erfordert umfassenden unternehmerischen Geist und internationale Erfahrung in der Zusammenarbeit.

Auch Hendrik Hering, der damalige Wirtschaftsminister von Rheinland-Pfalz und ein Experte auf seinem Gebiet, lud mich zu einer

Delegationsreise nach Algerien und Ägypten ein. Bei einem Empfang des deutschen Botschafters in Kairo trafen wir auf den damaligen Bundesaußenminister Frank-Walter Steinmeier und Bundesumweltminister Sigmar Gabriel. Wir unterhielten uns im Garten bei einem Glas Wein über Afrika, Energie und die Menschen.

Kontakte zur Politik sind wichtig, gerade als Unternehmer. Denn wir müssen auch einen Teil der Verantwortung übernehmen und Richtungen aufzeigen, die all die Berater der politisch Verantwortlichen kaum aus der Praxis heraus kennen. Ich warne eindringlich vor Unternehmensberatern, die für hohe Honorare bankengefällige Beratung anbieten, ohne aber die Unternehmen, die Mitarbeiterstruktur, die Produkte und die Zielmärkte wirklich zu verstehen. Und Politiker kommen und gehen, sie sind für eine bestimmte Zeit im Amt und verschwinden wieder. Eine klare Verantwortung für ihr Handeln gibt es nicht. Unternehmer, Verantwortliche in Einrichtungen wie beispielsweise Krankenhäusern und auch Bauern hingegen bleiben. Sie verantworten ihr Tun und müssen sich mit politischen Entscheidungen in jeder Hinsicht auseinandersetzen.

Durch Norbert Orth, dessen Sohn übrigens heute die VR Bank Lahn-Dill leitet, zu der wir eine faire und äußerst vertrauensvolle Geschäftsbeziehung unterhalten, knüpften wir erste Beziehungen nach Kayseri in der Türkei und zur 1897 gegründeten Lavis Stahlbau, die wir später als Lavis Engineering in unsere Unternehmensgruppe übernahmen. Lavis war übrigens auch am Bau des Transrapid in China beteiligt, einer in Deutschland entwickelten Magnetschwebebahn-Technik, die aber nur noch ein Unternehmen bei uns in Deutschland ernst nimmt und weiterentwickelt.

Da Windkraftanlagen ohne ausgeklügelte internationale Logistik nicht errichtet werden können, haben wir OFPLAN als Planungsbüro und OFLOG als weltweit tätiges Logistik- und Transportunternehmen gegründet. Kräne der 1.000-Tonnen-Klasse, die mit Hilfskränen aufgebaut werden, waren termingerecht erforderlich. Alle Achslasten mussten berechnet und eingehalten werden. An manchen Staatsgrenzen wurden sogar zusätzliche Achsen an die Schwertransporter anmontiert, um den örtlichen Straßenverhältnissen gerecht zu werden. Bei Verschiffungen waren Hafenregeln zu beachten und die Ladezeiten exakt abzustimmen. Zudem mussten die schiffbaren Zeiten von Binnengewässern in die Abläufe einbezogen werden, insbesondere wenn der Transport durch mehrere Länder führte und Flüsse aufgrund von Jahreszeiten, Eis, Niedrigwasser oder Schleusenbetrieb nur eingeschränkt mit dem Schiff befahrbar waren.

Als weiterer Vorstand wurde dann Thomas Galler aus Kulmbach, ein ehemaliger Geschäftspartner und Freund, den ich von früher her kannte, berufen, da ich bedingt durch meine Reisen sehr oft abwesend war. Als Generallieferant von Material- und Lagertechnik hatte er den in der Industrie bekannten Beschaffungskatalog „Der Galler" herausgegeben, in dem auch unsere umwelttechnischen Artikel aufgeführt waren. Thomas vermittelte uns problemlos an seinen Kunden, die BayWa, für die wir gemeinsam in den frühen 1990er-Jahren Schutz- und Lagersysteme für wassergefährdende Stoffe und Düngemittel lieferten, da wir über alle Zulassungen dafür verfügten. Später kam die BayWa auch bezüglich der Windenergienutzung auf uns zu. Diesen Bereich haben sie mittlerweile stark ausgebaut. Wir hatten die Möglichkeit der Zusammenarbeit, die jedoch dann 2012 endete. Die BayWa lud mich zu einem Vortrag nach München ein und hatte eine große Anzahl guter Projekte zur unmittelbaren Umsetzung. Leider gab es jedoch kaum Projekte in Bayern.

Thomas Galler übernahm sofort die Verantwortung für alles, wenn auch nicht ausschließlich, was mit der Mitarbeiterbetreuung zu tun hatte. Er ist ein gutmütiger Unternehmer und war eine starke Unterstützung. Die Mitarbeiter hatten großes Vertrauen zu ihm, was zweifellos die Basis für Wachstum ist. Thomas wurde zu allen internen Erneuerungen und Maßnahmen hinzugezogen und unterhielt beste Kontakte zu den Teams. Wenn in Zeiten eines starken Wachstums immer mehr Menschen zu einem Unternehmen hinzukommen, die in vorigen Unternehmen anders geprägt wurden, dann muss man einen großen Schwerpunkt auf die Vertrauens- und Teambildung legen. Dieser war bei Thomas in besten Händen.

Unser Steuerberater Volker Dörr, der unser Unternehmen mit seinem Büro seit den 1990er-Jahren begleitete, hat immer seine Hand über die geschäftlichen Dinge gehalten. Er tolerierte weder Unregelmäßigkeiten noch faule Kompromisse. So blieben unsere Geschäfte stets sauber und anspruchsvoll, auch im internationalen Business. Manchmal hätte ich mir vielleicht etwas mehr Risikobereitschaft gewünscht, gerade im Ausland, wo Dinge nicht immer so deutsch sind und nicht alles komplett abgesichert werden kann. Denn Unternehmer müssen zuweilen auch mal Risiken eingehen, die nicht nach allen Seiten hin abgesichert sind. Dann ist auch mal eine finanzielle Vorleistung gefragt, die nicht überall mit First-Class-Bankgarantien abgesichert ist. Aber seine Vorsicht hat weder geschadet noch war sie unnötig. Dank ihr waren wir dadurch nie angreifbar und konnten stets mit großer Sorgfalt arbeiten. Große Summen verlangten nach professionellem und verantwortlichem Umgang. Volker war von Anfang an beim Windgeschäft dabei und hat uns persönlich in verschiedene Länder wie Brasilien begleitet. Er und sein Büro konnten mit uns wachsen und groß werden. Auch heute kümmert Volker sich komplett um die Angelegenheiten der AFREECA. Wir bleiben ehrlich und transparent.

Berufsbild Windkraft

Anfang der 2000er-Jahre gab es viele neue Arbeitsplätze rund um die Windenergie und ebenso viele neue Ausbildungsberufe. Der Aufgabenbereich des Mechatronikers zum Beispiel ist einer dieser Berufe und umfasst viele Baugruppen an Windkraftanlagen, die ja, neben Aerodynamik und Statik, aus Mechanik, Elektrik und Elektronik bestehen. Als notwendige Berufsbilder in der gesamten Windenergienutzung findet man heute unter anderem Ornithologen und Biologen, Geologen und Vermessungsingenieure, Architekten und Statiker, Baggerführer und Tiefbauer, Betonbauer und Schalungsfachleute, Armierung und Bewehrungsbauer, Schlosser und Schweißer, Fräser und Dreher, Lackierer und Beschichter,

Lkw-Fahrer und Kranführer, Faserverbundtechniker und Kunststoffschlosser, Maschinenbauer und Elektromaschinenbauer, Stahlgießer und Stahlbauer, Aerodynamiker und Strömungstechniker, Elektroniker und Programmierer, Konstrukteure und Zeichner, Monteure und Prüfer, Höhenretter und Gutachter.

Hinzu kommen viele weitere Berufe im Bereich erneuerbarer Energien, wie in der Solarbranche, der Biomasse, der Wasserstofferzeugung, der Wasserkraftnutzung, der Geothermie, der Speichertechnik. Diese Branchen erfordern eine Vielzahl an Qualifikationen. Auch das Personal in Behörden und Banken, die diese Projekte begleiten, gehört dazu. Aber bitte gemäß den Grundsätzen des Friedrich Wilhelm Raiffeisen, dem Gründer der ersten Genossenschaften und späteren Raiffeisen Banken. Er kämpfte gegen die Gier und verfolgte keine Gewinnabsichten, sondern half Bauern und Familien. Ich möchte anregen, sich intensiver mit seiner Person und seinen Idealen auseinanderzusetzen sowie sich seine nachhaltigen Lösungen zur Selbst- und Nächstenhilfe anzuschauen. Auch der direkte Vergleich zum heutigen Bankenwesen ist interessant.

Die Vielzahl der Berufsbilder zeigt deutlich, welches enorme Potenzial in neuen Technologien steckt. Ein Bereich, der bislang noch nicht berücksichtigt wurde, sind alle Berufe im Zusammenhang mit Recyclingkonzepten. Hier stehen wir am Anfang einer langen Kette von Zusammenhängen: alte und neue Batterien, Faserverbundtechnik, die bei Windkraftanlagen und Elektroautos eingesetzt wird, Neodym in Mobiltelefonen, Generatoren und Elektrofahrzeugen – all diese Rohstoffe und Baugruppen werden in Kürze beim Recycling neue Aufgabenfelder darstellen.

Als Gesellschaft setzen wir noch auf Kurzlebigkeit und ständige Produkterneuerungen. Es scheint, als müsste jedes Jahr ein neues Modell herauskommen, ein neues Design, neue Farben, neues Sonderzubehör. Nicht nur bei Autos verhält sich das so. Aber gerade hier ist diese Erwartungshaltung ausgeprägt, weil viele sich wirklich nur darüber identifizieren. Zeige mir dein Auto und ich sage dir, wer du bist. Persönlich fahre ich einen alten Mercedes 240D, der über 35 Jahre alt ist und vor 40

Jahren entwickelt wurde. Er verbraucht nur acht Liter Diesel, hat keine Durchrostungen, produziert keinen Sondermüll und hat eine Laufleistung von über einer Million Kilometer. Wer möchte heutzutage noch so ein Auto haben?

Heutzutage werden Ingenieure beauftragt, Software einzusetzen, um die Lebensdauer und Lebenserwartung von Bauteilen exakt zu berechnen und zu begrenzen, damit Ersatzteile und neue Produkte verkauft werden können. Das bedeutet: Nachhaltige Produkte, die darauf angelegt sind, eine lange Lebensdauer zu haben, ermöglichen kein wiederkehrendes Geschäft.

Besonders im Automobilbereich ist Nachhaltigkeit leider keine Regel. Da hilft auch die E-Mobilität nicht weiter. Die Fertigung vieler Bauteile, gerade der Batterien, wird mit fossilen Energien in Regionen wie China betrieben. Derzeit gibt es aber keine flächendeckende klimaneutrale Energieerzeugung für das Laden von Fahrzeugen sowie eine ausreichend nutzbare Infrastruktur in Form von Ladestationen. Oft kommt zuerst ein Gesetz, dann die Lösung. Dabei setzt man alles auf eine einzige Karte. Man beschließt einfach ein Verbrennerverbot und lässt keinen Raum für alternative Innovationen.

Vor 20 Jahren war ich beeindruckt von dem damals noch in Brasilen gefertigten VW Bulli T2, der mit Alkohol aus nachwachsendem Zuckerrohr betankt wurde. Aber als Benzin billiger wurde, hat man umgeschwenkt. Das Argument von damals, das ja nicht genügend Zuckerrohr für alle Autos angebaut werden könnte, lasse ich nicht gelten. Es gibt längst Ideen und Möglichkeiten für nachhaltige Mobilität: Der öffentliche Nahverkehr und Car-Sharing sind bekannt. Und vor einigen Jahrzehnten fuhren sogar noch Arbeiterbusse, die von Firmen finanziert wurden und die Menschen zur Arbeit und nach der Schicht wieder nach Hause brachten. Aber diese Busse wurden nach und nach abgeschafft, weil sich jeder das individuelle Fahren wünschte. Und man verlangte nach flexibleren Arbeitszeiten wie „Gleitzeit". Bei berufstätigen Familien mit Kindern halte ich das für verständlich. Aber der Individualismus hat seinen Preis, sowohl finanziell als auch in Bezug auf den Energieverbrauch.

Wo bleibt die deutsche Ingenieurskunst?

Das bestehende System ist bequem und bekannt, aber ist es auch zukunftsfähig? Stellen unsere Politiker und Meinungsführer mit ihrer Haltung aber nicht grundsätzlich das infrage, was uns sehr lange als vorbildlich nachgesagt wurde: das deutsche Ingenieurwesen und unseren Erfindergeist?

Sollten unsere Ingenieure tatsächlich nicht in der Lage sein, Energieumwandlungsprozesse auf neue Art zu definieren und umzusetzen? – Ich sehe das anders und bin überzeugt, dass wir dazu in der Lage sind. Aber es muss auch politisch gewollt und durchsetzbar sein.

So sind leider in der Vergangenheit zukunftsweisende Ideen ins Ausland abgewandert. Solarzellen kommen heute überwiegend aus China. Auch Windkraftanlagen und deren Komponenten werden vermehrt in China gebaut. In Europa teilen sich hauptsächlich Vestas, GE und Siemens den Markt. Daneben gibt es noch Nordex mit dänischen Wurzeln und den deutschen Pionier Enercon aus Aurich sowie einige kleinere Anlagenbauer.

China hat in den letzten Jahren technologisch enorm aufgeholt. Dies wurde ermöglicht durch den Transfer von Technik, den Verkauf deutscher Lizenzen und Schulungen. Selbst die neue Vanadium-Flow-Batterietechnik wird in China gefertigt. Doch obwohl China riesige Solarflächen und Windparks gebaut hat – was bei dem Energiehunger des boomenden Landes absolut sinnvoll ist –, hat dies nicht zu einem Turnaround beim Reduzieren von Schadstoffen geführt.

Wir reden daher immer davon, dass die erneuerbaren Energien im Energiemix zu sehen sind. Nicht Sonnenenergienutzung allein ist die Lösung und auch nicht nur die Windkraft. Der Mix aus allen Erneuerbaren macht es, inklusive der Speicherung in Batterien, Wasserstoff oder Biomasse.

Hier spreche ich nicht von Deutschland als einem Einzelkämpfer. Selbst in Europa allein werden wir keinen kompletten Turnaround schaffen hinsichtlich der notwendigen Erneuerungen. Wir könnten jedoch ein gutes Beispiel sein und Entwicklungen voranbringen, was uns ein Alleinstellungsmerkmal verschaffen würde. Leider ist dieser Weg sehr lang geworden und gespickt mit Herausforderungen.

Denn solange um uns herum Kernenergie angepriesen und sie in Europa jetzt ebenfalls als nachhaltig eingestuft wird, dann stimmt das bezüglich der anhaltenden Strahlungsverseuchung über Tausende von Jahren ganz sicher nicht. Denn diese bleibt ja bestehen. Wir müssen den Ausstieg aus dieser risikoreichen Technologie weiter vorantreiben, auch wenn unsere Nachbarn das anders sehen, es noch nicht verstanden haben oder schlichtweg ignorant sind. Wer weiß schon, dass immer häufiger französische Kernkraftwerke heruntergefahren werden müssen, weil im Sommer die Wassermenge in den Flüssen oftmals für die Kühlung nicht ausreicht? Ein solches Problem tritt bei Windstrom nicht auf. Es geht hierbei um das grundlegende Prinzip und die Gefahren sowie die Endlichkeit der Kernenergie, nicht um ein paar Monate längere Laufzeiten.

Diese Diskussion ist erst jetzt entbrannt, weil politisch die Transformation verschlafen wurde oder der Mut zum Umdenken und die nötige Durchsetzungskraft fehlten. Die Angst vor andauernder Energieknappheit, zunehmender Abhängigkeit und einem unabsehbar steigenden Energiepreis treiben uns um, bringen aber immer mehr Menschen zum Nachdenken – zum Glück. Dennoch verunsichert eine falsche monokulturelle Energiepolitik ohne Alternativen, die gesetzlich geregelt ist und kein Vertrauen in politisches Handeln schafft sowie keine Orientierung bietet. Stattdessen verstärkt sie eine immer größer werdende Abhängigkeit von der Stromwirtschaft.

11. Man muss miteinander reden und die Wahrheit sagen

Immer wieder habe ich mich auch in der Öffentlichkeit für einen Energiemix aus erneuerbaren Energien eingesetzt und meine Meinung und Haltung dazu geäußert. Im Februar 2000 schrieb ich im Namen des Umweltausschusses des Dekanats Bad Marienberg (unserem Kirchenkreis), dessen Vorsitzender ich zwei Jahre sein durfte, eine Stellungnahme mit folgendem Inhalt:

Dekanatsumweltausschuss (DUA)

Als in der Frühjahrstagung der Dekanatssynode 1996 das Amt eines Beauftragten innerhalb des Dekanatsumweltausschusses von mir übernommen wurde, war ich hoch motiviert und begeistert, dass es innerhalb des Dekanates einen Kreis gibt, der sich bewusst mit der Gesamtproblematik – nun, ich nenne es einmal Schöpfungsbewahrung – beschäftigt.

Dass dieses Thema einmal das wichtigste und überlebensnotwendigste Thema unserer Kinder sein wird, das wissen viele mittlerweile. Leider bin ich aber auch recht befangen, wenn es um diese Themenreihe geht, zumal ich meinen Beruf mit meiner Überzeugung verknüpfen konnte und danach ausgerichtet habe.

Nun sind aber die Probleme in unserer Kirche ganz anders gelagert, als dass wir uns mit Umweltproblemen beschäftigen könnten – so scheint es jedenfalls. Denn die schwindende Zahl an Gottesdienstbesuchern und das stark wachsende Durchschnittsalter, zudem der Wettbewerb der Medien – und nicht zuletzt die mahnenden Zeigefinger der evangelikalen Geschwister, die wieder noch andere Schwerpunkte gesetzt wissen wollen –, fordern eine zukunftsorientierte Arbeits- und Denkweise.

Und wir sind innerhalb der Kirche verpflichtet, uns mit Schöpfung zu beschäftigen, was den Menschen und dessen Lebensräume einschließt.

Es gibt jedoch – wie auch schon von Pfr. ... beklagt – kaum eine Rückendeckung innerhalb der einzelnen Kirchengemeinden oder aber der Kirchenleitung. Der Umweltausschuss – so scheint es mir immer deutlicher – hat eine klare Alibifunktion, um etwas darstellen zu können.

Es äußert sich darin, dass zum Beispiel Veranstaltungen des DUA der Öko-Szene zugeordnet werden. Auch werden Bauvorhaben und Renovierungsmaßnahmen an Gebäuden dürftig und sachspezifisch abgearbeitet. Es mangelt an Geld – sagt man –, wenn energiesparende Isolierungen oder gar Solaranlagen für Kirchengebäude und Pfarrhäuser angesprochen werden. Selbst einfach verglaste Fenster an alten Gebäuden „müssen nur mal gestrichen werden". Wenigstens ist das die Sachlage bezogen auf die ländlichen Gemeinden.

Insgesamt ist die Arbeit des DUA frustrierend, da es nicht spürbar sein darf, was gemacht werden müsste. Ein ökologischer Anstrich genügt uns immer noch, selbst wenn nachkommenden Generationen die Lebensgrundlage genommen wird.

Nun habe ich vor fast 2 Jahren mein Amt nicht aus mangelnder Perspektive niedergelegt, sondern aus beruflichen Gründen. Denn neben regenerativer Energieerzeugung und Energienutzung arbeiten wir auch im Bereich der Wasseraufbereitung und Meerwasserentsalzung.

Wasserqualität und Wasserknappheit waren verstärkt Themen der regelmäßigen Schriften- und Informationsreihe der EKHN.

Wasser ist nun mal nicht das Thema „Nummer eins“ im Westerwald. Hier gibt es heute qualitativ hochwertige Vorräte, die das Autowaschen und die Toilettenspülung mit Trinkwasser immer noch ermöglichen.

Natürlich wird Wasser das Problem der Zukunft sein – und ist es heute schon. Aber wer beschäftigt sich damit? In den Städten ist das eher ein Thema.

Zwei Veranstaltungen des DUA sind jedoch zu benennen:

1) Mobil ohne Auto: ein Fahrrad-Familientag mit Gottesdienst in Hachenburg (gut besucht und recht hoffnungsvoll)

2) Erneuerbare Energie: eine Diskussionsrunde mit Hermann Scheer, MdB und Präsident von Euro-Solar (bescheiden besucht und doch äußerst aussagekräftig)

Der DUA wird in Zukunft noch ordentlich um sein Image kämpfen müssen. Und es wird die Zeit kommen, in der auch die EKHN umdenken wird.

Denn vielleicht führen ja auch die Themen des DUA und andere notwendige Umdenkprozesse sowie das Verlassen der eingefahrenen Strukturen einmal zu der Einsicht, dass der Mensch und sein Umfeld innerhalb der Kirche neu gesucht und bewertet werden muss. Hier könnte ich mir klar vorstellen, dass man sich mit Workshops an Gemeindetagen mit den Themen beschäftigt, in den Kirchenvorständen den Schwerpunkt „Energieeinsparung an Gebäuden“ zur Pflicht macht, in den Gemeinden regelmäßig Sondergottesdienste dazu veranstaltet.

Der Konfirmandenunterricht muss hier ebenfalls Richtungsänderungen vornehmen und bewusst von jungen Menschen für junge Menschen in den Gottesdiensten auf ihre ureigenen Sorgen hinweisen. Dazu könnte der DUA Informationen einholen.

Es gibt also Möglichkeiten, die unterstützt werden können und müssen.

Meiner Nachfolgerin, Frau Pfr. …, über die ich mich sehr freue und die ihre Arbeit mit viel Engagement und Erfolg machen wird, wünsche ich immer wieder regenerative Energie für ihren Beruf, was mit Segen und Kraft zu tun hat. Ich stehe für die freie Mitarbeit auch in Zukunft gerne innerhalb dieses Kreises zur Verfügung.

Für den Dekanatsumweltausschuss
Joachim Fuhrländer

Wie viel Verantwortung haben überhaupt Kirchen, wenn es um Energiefragen geht? Wie politisch sollte man als Kirche sein? Ich habe dazu eine klare Vorstellung und äußere sie auch gerne. Gelernt habe ich das in der Kirchengemeinde Emmerichenhain im Westerwald unter Pfarrer Werner Speck, der mich sehr geprägt hat. Nicht selten kamen dort die Themen Waldsterben, Atomkraft, Rüstungskontrolle und „Frieden schaffen ohne Waffen“ in seinen Predigten vor.

Über viele Jahre war ich als Mitarbeiter in seinen Gottesdiensten tätig, gemeinsam mit einem Vorbereitungsteam. Wir schlossen uns oft nach den Gottesdiensten zusammen, bei einem guten Glas Wein, um die Predigten zu besprechen und die Rückmeldungen der Zuhörer zu reflektieren. Einige von ihnen duldeten keine politischen Themen im Gottesdienst.

Genau hier sehe ich aber eine klare Aufgabe der Kirchen und Pfarrer: Wenn die Politik sich im Kreis dreht und Tatsachen nicht mehr beim Namen nennt, weil sie sich nur um sich selber dreht, um den eigenen Vorteil und das eigene Ansehen, dann muss dem widersprochen werden, und zwar ganz deutlich. Warum treten immer mehr Menschen aus den Kirchen aus? – Weil sie zu satt sind und weil die Botschaften als zu alt und nicht mehr aktuell empfunden werden. Dabei gibt es nichts Aktuelleres als die biblische Botschaft von Hoffnung und Erneuerung.

Interessanterweise kommt es immer wieder vor, dass gerade junge Menschen bei ungezwungenen Gesprächsrunden plötzlich die Sinnfrage stellen und unwillkürlich auf die Frage nach dem Ursprung der Erde stoßen. Das Stichwort „Urknall“ fällt dann oft. Doch viel tiefgreifender wird die Frage danach: Wer steckt hinter dieser immensen Energiemenge, die für einen Urknall notwendig ist?

Leben ohne Energie ist nicht möglich

Immer wieder kommt das Thema „Energie“ ins Spiel. Ein Leben ohne Energie ist nicht möglich, undenkbar. Alles dreht sich um Energie, in welcher Form auch immer. Als Kinder haben wir uns gewundert und gefragt, warum aus einer Kartoffel ganz von allein plötzlich sechs, acht oder gar zehn Kartoffeln werden, wie aus einem Weizenkorn plötzlich ein langer Halm mit vielen Körnern in der Ähre wird oder wie aus einem kleinen Samen ein grüner Salatkopf entsteht. Meine Oma hatte stets die Antwort parat: „Das ist in der Schöpfung so geregelt, so wie alles gut geregelt ist. Es gibt von allem genug – für alle Menschen auf der ganzen Welt. Man muss es nur teilen.“ Und sie sagte zum Schluss: „Gott hat das so gemacht.“

Geerntete Kartoffeln bringen wieder neue Kartoffeln hervor, geernteter Weizen bringt immer wieder neuen Weizen. Selbst in ägyptischen Grabkammern hat man Getreide gefunden, das nach Tausenden von Jahren immer noch die gleiche Kraft hatte. Nach der Aussaat brachte es vielfältige Frucht hervor. Es ist immer wieder erneuerbar

Leider ist es heute längst nicht mehr jedem möglich, selbst zu säen, zu ernten und zu sehen, wie Nahrungsmittel heranwachsen. Das Bild abstrahiert sich zunehmend, denn die Verbindung zur Natur geht vielen verloren. Selbst auf dem Land fällt es schwer, sich selbst und unabhängig zu ernähren oder ausreichend Gemüse anzubauen. Ein Hochbeet auf dem Balkon reicht nicht aus. Dadurch fehlt vielen Menschen der komplette Zusammenhang von Leben und Wachstum. Strom kommt aus der Steckdose, und Nahrungsmittel kommen aus dem Supermarkt oder Bioladen. Junge Leute kennen die natürlichen Zusammenhänge von Saat und Ernte oft nur theoretisch aus der Schule.

Dies hat mitunter zum Verschwenden von Nahrungsmitteln geführt. Ein weiteres Ergebnis ist die veränderte Esskultur. Industriell gefertigtes veganes und vegetarisches Essen – das ist trendy. Also Fastfood in Einwegverpackungen, die nach Gebrauch unachtsam am Straßenrand zurückgelassen werden, sowie ein schnell mitnehmbar und in Plastik gefertigtes Frühstück, statt sich Zeit zu nehmen, um ein gesundes Pausenbrot zu machen. Doch niemand stellt die Frage danach, wie viel Energie das Ganze kostet und ob das nachhaltig und gesund ist.

Früher waren wir als Familie auf selbst angebautes und eingekochtes Gemüse sowie Kartoffeln angewiesen. Nudeln gab es kaum. Brot war ein wichtiges Grundnahrungsmittel, und Fleisch gab es nur sehr selten. Käse und Butter wurden selbst gemacht, wenn das Kalb anfing, das saftige Gras und das Heu der Muttermilch vorzuziehen, und wir die Milch für uns nutzen durften. Auch dachten wir im Voraus, schließlich mussten wir mit unseren Vorräten ja über den Winter kommen. Marmelade wurde aus selbst gepflückten Beeren eingekocht. Und im kleinen Dorfladen konnte man Zucker, Pfeffer, Salz und etwas Kaffee kaufen sowie Pulver für Schokoladenpudding.

Selbst heute noch leben wir als Familie nach diesen Prinzipien, soweit es möglich ist. Brot, Gemüse, Nudeln und Kartoffeln sind Grundlagen unserer Ernährung, hinzu kommen Eier und Milch vom Bauern. Käse und die Wurst aus Ungarn sind dann die Spezialitäten, die wir gerne mit Gästen teilen.

12. Fehlende Finanzierungen und politische Willkür

März 2000: Endlich gab es wieder Finanzierungen für unsere Kunden in Deutschland, da das Einspeisegesetz überarbeitet und verabschiedet wurde. Die bis dahin ausgesetzte Planungssicherheit hatte erhebliche Lücken entstehen lassen, wodurch wir wiederholt mit unseren Banken diskutieren mussten, wie es weitergeht. Schließlich waren die Komponenten für unsere Windkraftanlagen, mit langen Lieferzeiten bis zu einem Jahr, bestellt und zum Teil sogar schon angeliefert worden. Anderenfalls wären wir nicht in der Lage gewesen, unsere Lieferverpflichtungen zu erfüllen. Unsere Kunden waren nicht bereit oder in der Lage, nach den oft schwierigen und aufwändigen Genehmigungsverfahren längere Wartezeiten in Kauf zu nehmen. Im Folgenden ein paar Auszüge aus einem Telefax an unsere Hausbank, die zeigen, wie sich die Situation damals darstellte:

Ihr Engagement / hier Kontokorrentlinie

Guten Tag Herr ...,

wie bereits besprochen hat die ... Bank nach anfänglich großem Interesse dann doch das selbst vorgeschlagene Konzept nicht mittragen wollen oder können.

Wir stehen jetzt im Gespräch mit weiteren Banken, wie der Kreissparkasse Westerwald in Bad Marienberg (Ansprechpartner ...), die uns von

Herrn …, ISB, empfohlen wurde. Auch der Landrat des Westerwaldkreises, Herr Peter Paul Weinert, und Herr Verbandsbürgermeister Werner Daum haben Herrn … bereits gestern in unserer Sache angesprochen. Weiter ist Herr … von der Westerwälder Volksbank mit der Prüfung beschäftigt. Herr Wirtschaftsprüfer … ist darüber hinaus mit der Landesbank Sachsen im Gespräch.

Bei allen Bemühungen geht jedoch das Tagesgeschäft weiter. Das bedeutet, dass wir momentan planungsgemäß einen Liquiditätsengpass haben, der sich erst wieder Ende April stabilisiert. Die Unterlagen dazu liegen Ihnen vor. Es besteht daher ein Bedarf, der heute bei 1,55 Mio. DM liegt und auf 2,7 Mio. DM bis Ende März ansteigt.

Als betriebliche Gegenleistung haben wir neben insgesamt 20 Getrieben (ab nächster Woche 26 Stück) mit einem Nettowert von je DM 245.000,– mittlerweile weitere 6 Stück Maschinengondeln montagefertig und getestet (Wert pro Stück DM 660.000,–) sowie weitere 7 Stück halbfertig (Wert pro Stück 230.000,–).

Die Volksbank Dill e.G. ist bereit, hier Sicherheiten freizugeben und das auch entsprechend zu bestätigen. Die ISB und der Bürgschaftsausschuss des Landes sind weiter in der Sache tätig und stellen eine rasche positive Aussage in Aussicht.

Die Werte können nochmals wie folgt dargestellt werden:

20 Getriebe	à DM 245.000, –	DM 4.900.000,–
6 Gondeln montagefertig,	à DM 660.000, –	DM 3.960.000,–
7 Gondeln, halbfertig,	à DM 230.000, –	DM 1.610.000,–
Gesamtleistung		DM 10.470.000,–

Die Gesamtleistung ist konservativ betrachtet und berücksichtigt keine Rotorblätter in Dänemark (3 Satz fertig) und keine Türme bei ... oder …

Seitens unseres Kunden stehen aktuell 3 Anzahlungsrechnungen über DM 6.565.368,– offen.

Nach Aussage des Kunden ist mit einer ersten Zahlung Ende März zu rechnen, die restlichen Zahlungen folgen dann bis Mitte April.

Die Finanzierungen der Projekte stellen sich wie folgt dar:

... / Eifel	Hypo – Vereinsbank Saarbrücken
... / Hunsrück	IKB – Bank Frankfurt
... / Hunsrück I	KB – Bank Frankfurt

Die Finanzierungszusagen waren abhängig von der Verabschiedung des neuen Einspeisegesetzes, was mittlerweile nicht mehr als Hinderung anzusehen ist.

Das neue Erneuerbare-Energien-Gesetz EEG wurde mehrfach überarbeitet. Es verdeutlicht, wie unterschiedlich die Regierungen und einzelnen Parteien zu erneuerbaren Energiekonzepten standen und noch stehen. Auch zeigt es, dass seit 1991 keine verlässliche Linie verfolgt wurde, auf die man hätte bauen können.

Banken wie Energieversorger nutzen diese politischen Schwächen immer wieder aus, was zu Finanzierungen oder Ablehnungen von Finanzierungen führte. Energiekonzerne fühlten sich in ihren Ansichten bestätigt, und Bundesminister Peter Altmaier trug dazu bei, dass das Fass schließlich zum Überlaufen gebracht wurde. Dies führte zu noch undurchsichtigeren und unehrlicheren Strompreisen.

Im Folgenden ein paar Auszüge aus dem Erneuerbare-Energien-Gesetz EEG, wie es bei Wikipedia zu finden ist:[1]

1 Quelle: Erneuerbare-Energien-Gesetz, *https://de.wikipedia.org/wiki/Erneuerbare-Energien-Gesetz*, zuletzt abgerufen am 15.9.2023.

Erneuerbare-Energien-Gesetz (2000)

Das Erneuerbare-Energien-Gesetz vom 29. März 2000 ersetzte das Stromeinspeisungsgesetz und wurde von einer rot-grünen Koalition unter Gerhard Schröder verabschiedet. Es brachte das Vorrangprinzip und einen bundesweiten Wälzungsmechanismus mit sich sowie die Anhebung der Grenze für Wasserkraft, Deponie- und Klärgas von 5 MW auf 20 MW. Die Vergütungssätze für Photovoltaik wurden stark angehoben und Technologien wie geothermisch erzeugte Energie einbezogen, um eine Anschubförderung zu geben.

Erneuerbare-Energien-Gesetz (2004)

Eine weitere novellierte Fassung des EEG vom 21. Juli 2004 trat am 1. August 2004 in Kraft. Voraus ging eine Einigung im Vermittlungsausschuss des Deutschen Bundestages, bei der die CDU/CSU eine Reduzierung der Förderung von Windkraftanlagen erreichte.

Erneuerbare-Energien-Gesetz (2009)

Die Novellierung 2008 sollte den Anteil erneuerbarer Energien an der Stromversorgung bis 2020 auf einen Anteil von mindestens 30 % zu erhöhen helfen.

Erneuerbare-Energien-Gesetz (2012)

Am 30. Juni 2011 novellierte der Deutsche Bundestag das EEG: Neu geregelt wurden Boni-Systeme für Bioenergie sowie Einspeisetarife. Die Photovoltaik-Vergütung wurde deutlich vermindert.

Photovoltaik-Novelle (Juni 2012)

Mit der „Photovoltaik-Novelle (PV-Novelle)“ wurde Ende Juni 2012 die Vergütung für Photovoltaik-Strom rückwirkend zum 1. April 2012 abgesenkt.

Reformdiskussion 2013

Bundesumweltminister Peter Altmaier schlug im Frühjahr 2013 Reformen zur Deckelung der EEG-Umlage als „Strompreisbremse“ vor. In der

Analyse stellt das Papier fest: „Die Paradoxie der EEG-Umlage liegt darin, dass es trotz langsamen Ausbautempos zu erheblichen Ausgaben-Steigerungen, gegebenenfalls aber auch trotz hohen Ausbautempos zu Ausgaben-Senkungen kommen kann."

Erneuerbare-Energien-Gesetz (2014)

Mit dem Koalitionsvertrag der 18. Wahlperiode des Bundestages vom 27. November 2013 strebte man mehr „Kosteneffizienz und Wirtschaftlichkeit des Gesamtsystems" an. Dem Netzausbau und den Reservekapazitäten sollte höhere Bedeutung zukommen. Der Ausbau erneuerbarer Energien sollte in einem gesetzlich festgelegten Ausbaukorridor erfolgen, um 40 bis 45 % erneuerbare Energien an der Stromerzeugung im Jahr 2025 und 55 bis 60 % im Jahr 2035 zu erreichen.

Erneuerbare-Energien-Gesetz (2016/2017)

Im April 2016 wurde der Referentenentwurf der nächsten EEG-Novelle vorgelegt, der am 8. Juli 2016 – in EEG 2017 umbenannt – den Bundestag passierte. Das EEG 2016/2017 bezweckte einen Systemwechsel vom Modell der Einspeisevergütungen hin zum wettbewerbspolitischen Ausschreibungsverfahren, der bereits mit dem im EEG 2014 im Bereich der Photovoltaik-Freiflächenanlagen als Pilotprojekt getestet worden war. Zudem werde erstmals der Ausbau erneuerbarer Energien nach oben gedeckelt.

Erneuerbare-Energien-Gesetz (2021)

Ende 2020 einigte sich die schwarz-rote Koalition auf eine Reform des Erneuerbare-Energien-Gesetzes. U. a. verbesserten sich Bedingungen für Anlagen, die Ende 2020 aus der EEG-Förderung gefallen wären.

Erneuerbare-Energien-Gesetz (2023)

Die EEG-Ziele (§ 1) werden neu gefasst. 2030 sollen erneuerbare Energien 80 % des Bruttostromverbrauchs stellen.

Immer wieder habe ich in Vorträgen auf die Notwendigkeit eines Umdenkens und klare Linien hingewiesen, so wie hier bei einem Kurzvortag 1999:

Strom aus Windkraft

Veranstaltung bei der IHK Koblenz

Deutschland ist momentan noch weltweit Windland Nummer 1, vor Dänemark und den USA. Die USA holen zurzeit stark auf, da man nicht nur im eigenen Land den Anteil an regenerativer Energie steigern will, sondern auch die stark wachsende Nachfrage auf dem Weltmarkt sieht.

Die USA entwickeln einfach aus der globalen Sachlage heraus neue Blickwinkel und Perspektiven. Allerdings gehört Deutschland hier nicht unbedingt zu den überzeugten Vordenkern, wenn es um die klare Umsetzung geht.

In Deutschland stehen über 5.000 Windkraftanlagen der neuen Bauart (meist 3 Rotorblätter an einem auf einen Stahlrohrturm montierten Maschinenhaus) und man diskutiert immer noch über die Sinnfrage dieser längst notwendig gewordenen Energienutzung. Noch am Anfang dieses Jahrhunderts standen alleine in Norddeutschland über 20.000 Windkraftanlagen zur Stromerzeugung, zum Wasserpumpen oder Mahlen.

Im letzten Jahr, also in 1998, wurden in Deutschland knapp über 1.000 neue Windkraftanlagen errichtet. Die installierte Leistung lag bei etwa 800 MW. Das macht deutlich, dass die installierte Leistung pro Windkraftanlage mehrfach ein Megawatt überschritten hat.

Dies ist eine Größenordnung, die mittlerweile in der Serienfertigung läuft und die auch bereits kleinere Anlagen ersetzt.

Zu Beginn der Einspeiseregelung lag die durchschnittliche Anlagengröße bei 50 bis 80 kW Leistung, heute erreichen wir langsam die 2 MW-Größe.

Das mögliche Ausbaupotenzial liegt weit über dem vorhandenen Maß und kann optimal additiv in einen Energiemix einfließen. Dazu werden und sind ja durch die Kommunen entsprechende Flächen ausgewiesen.

Man kann auch bereits Pumpspeicherwerke mit Windkraftanlagen speisen und ein schnelles Hochfahren von Zusatzenergie somit gewährleisten.

Über Deutschland hinaus entstehen bedeutende Märkte in Spanien, Italien, Portugal, im außereuropäischen Ausland in China, Japan und Südamerika und im arabischen Raum.

Die Maschinengröße wird sich bis zu 5 MW aufrüsten lassen. Der Einsatz im Offshore-Betrieb (also der Betrieb von Windkraftanlagen im offenen Meer) und die Wasser- und Stromversorgung sogenannter Drittweltländer werden maßgeblich zunehmen und Märkte sichern.

Die anfangs stark belächelte Energienutzung durch Windkraft, wie auch die gesamte regenerative Energieversorgung, ist mittlerweile börsenfähig und wird weltweit als starkes Zukunftspotenzial eingestuft.

Und das hat sicher seine Berechtigung! Denn die bisher zum Einsatz gebrachten und an der Gesamtenergieversorgung hoch anteiligen endlichen Ressourcen werden eines Tages aufgebraucht sein, sofern unsere Atmosphäre das überhaupt noch verkraften kann.

Es ist sicher müßig, eine Diskussion über die verbleibende Zeit zu führen, denn es wird nachfolgenden Generationen nicht auf wenige Jahre ankommen, da sich ein Grundsatzproblem abzeichnet. Von Halbwertszeiten völlig ungelöster Abfallprobleme sowie daraus resultierenden Finanzierungsproblemen der Kernenergiebranche braucht man gar nicht erst zu sprechen.

Die nächsten Generationen werden mit einem unzumutbaren Erbe erdrückt. Auch wird die schwindende Menge fossiler Energieträger eine andere

Preispolitik fordern. Daher – und das haben mittlerweile viele Menschen begriffen – wird eine 100 % Versorgung aus regenerativen Energieträgern zwangsweise erforderlich werden. Ein schrittweiser Einstieg ist mit einem schnelleren Tempo heute absolut angesagt. Aber das lediglich kurzzeitige Denkvermögen oder mangelnde Visionsfähigkeit blockiert oftmals notwendige Schritte.

Ebenso werden aus rein kommerziellen Gründen überfällige Umdenkprozesse verhindert und blockiert. Warum sonst bedarf es erheblicher Überzeugungsarbeit auf der Ebene der Energieversorger, die keine Antwort für das nächste Jahrhundert geben können, wenn man das Wort „Subvention" aus dem Tagesgeschäft streichen würde?

Denn eine stark subventionierte Kernenergie hat sicher einen Ausbau CO2-freundlicher und risikofreier Energieträger einfach nur blockiert.

Windkraftnutzung angesichts der ökologischen Tatsachen zu bekämpfen und hier Personengruppen finanziell mit EVU-Geldern zu unterstützen, die recht unsachliche und nicht belastbare Informationen weitergeben, ist eine verantwortungslose Vorgehensweise gegenüber der nächsten Generation.

Leider benötigen die Energieversorger noch einige Zeit zum Umdenken, da ein jahrelanges Monopoldenken nur durch einen Generationswechsel verändert werden kann. Denn marktorientierte Flexibilität wurde nicht eingeübt.

Auch stehen einige Banken heute noch auf der falschen Seite, wenn es um Visionen oder Venture-Capital geht. Auch hier sind eine traditionelle Unbeweglichkeit und Kurzsichtigkeit noch federführend.

Institutionen wie die IHK beanspruchen aus einer Zwangsmitgliedschaft von Windkraftanlagenbetreibern einen Mitgliedsbeitrag, doch stehen hier keine Leistungen dagegen.

Selbst eine stark negativ beeinflusste Flächenausweisung wird still akzeptiert, könnten doch weitere Zwangsmitglieder geworben werden.

Es fehlt einfach – trotz schrittweiser Erfolge in die richtige Richtung – an klaren Willensentscheidungen, die letztendlich unseren Nachbarländern den Erfolg durch Exportgeschäfte sichern wird, da Deutschland gerade seine Chancen verspielt.

Einzig den Leistungen einzelner Menschen, die die Situation erkannt haben, ist der Umdenkprozess zu verdanken – nicht den Institutionen, die sich heute mit diesem Thema beschäftigen, was jedoch absolut positiv bewertet werden kann.

Mir war es immer wichtig, auch einen Beitrag zur Öffentlichkeitsarbeit und Aufklärung zu leisten, da die aktuelle energiepolitische Situation und ihre Auswirkungen nicht ausreichend bewusst waren oder verschwiegen wurden. Eine umfassende Aufklärung war nötig. Dazu gehörte es, die Ziele und Arbeit unserer Firma Fuhrländer immer wieder zu erklären und zu erläutern. Es gab einfach zu viele Fehlinformationen in Bezug auf die Herstellung, die Auswirkungen von Windenergie in Wäldern, die verwendeten Materialien und das Recycling, die Geräuschentwicklung, den Schattenwurf und den Einfluss auf die Tierwelt. Auch die Größenordnungen und der Nutzen wurden oft falsch verstanden.

Letztlich zeigte die Politik nicht genug Mut und Weitsicht, um den Falschaussagen und Vorgaben der Stromkonzerne entgegenzutreten und eine klare Befürwortung der erneuerbaren Energien, der Windkraft vor allem durchzusetzen. Daher warne ich heute davor, alles auf Elektrizität zu setzen und andere Formen links liegen zu lassen, solange der Strom nicht ausschließlich regenerativ und nachhaltig erzeugt wird.

13. Mehr als bloß ein Dienst nach Vorschrift

Unser Unternehmen wuchs stetig und natürlich kamen auch Arbeitskräfte aus anderen Firmen hinzu, die aus den vorigen Unternehmen ihre eigene Benimm-Kultur mitbrachten. Unser Miteinander wurde da auf die Probe gestellt, denn nicht jeder von ihnen war in einem sozial geprägten Unternehmen beschäftigt gewesen. Sie waren daher teils mit anderen Strukturen vertraut, die außerhalb von Wertschätzung und gerechter Bezahlung lagen. Oftmals herrschte in den Köpfen der Fachkräfte, die von anderswo zu uns kamen, ein ausgeprägtes Ellenbogendenken.

Mir war und ist es bis heute ein wichtiges Anliegen, Frauen in Führungspositionen zu fördern. Wir haben nie von einer Frauenquote gesprochen. Wir haben Frauen wie Männer gleichermaßen eingestellt, sowohl in der Verwaltung als auch in den vermeintlich typischen „Männerberufen" in der Fertigung.

In einem Mitarbeiterbrief, den ich 2001 geschrieben habe, wies ich auf einige Missstände hin, die mir zugetragen worden waren. Bewusstes Fehlverhalten geht immer zu Lasten der Kollegen. Daher haben wir regelmäßig Motivationsgespräche geführt, bei denen es jedoch nie zu Lohnforderungen kam, da eine faire Bezahlung gewährleistet war. Mein Ziel war mit diesen Gesprächen vielmehr, eine Atmosphäre und Unternehmenskultur zu schaffen, sodass die Mitarbeiter angstfrei und mit einem guten Gefühl zu einer sinnvollen Arbeit kommen konnten. Dies verstehe ich zweifelsohne als zugehörig, wenn man sich als Firma im Bereich erneuerbare Energien engagiert. Denn welcher Mitarbeiter möchte schon Einsatz leisten, wenn er in einem Umfeld tätig ist, wo ihm die Kollegen seine persönliche Kraft und Energie rauben, die er eigentlich für seinen Arbeitsbereich aufbringen sollte?

Liebe Mitarbeiter, liebe Freunde,

das letzte Quartal des Jahres 2001 hat begonnen, und die Welt ist voller Unruhe. Ereignisse überschlagen sich und man darf sich sicher auch fragen, wozu das wohl alles gut ist. Denn man kann sich schon arg sorgen, wenn man sieht, wie sich die Dinge entwickeln. Und Unruhe kann anstecken und Sorge kann sich vermehren. Das sind Tatsachen. Denn immerhin lebt man in dieser Welt, aus der man sich nicht hinaus diskutieren kann. Hier hat man seine Jahre – sein Leben – zu verbringen. Man ist also ein Teil des Ganzen und daher auch immer mit verantwortlich und immer auch betroffen.

Am Samstag wollen wir unseren „Friendly Energy"-Tag als Tag der offenen Tür zusammen gestalten. Wir wollen Freunden und Bekannten, Kunden und Lieferanten zeigen, was wir unter „Friendly Energy" verstehen! Wir wollen unsere Produkte zeigen, aber auch unser Verständnis von Unternehmen und von Firma, von Miteinander und von Kollegialität, von Verwaltung und Produktion, von Bodenständigkeit und Internationalität. Ich werde an diesem Tag etwas sagen müssen und wollen. Und ich werde einfach beginnen mit dem Aufzeigen von Tatsachen, indem ich sage: „Gott sei Dank!"

Gerne möchte ich mit Euch Zeichen setzen gegen allen Unmut in dieser Welt. Denn das können und tun wir sicher schon mit unseren Produkten. Windkraftanlagen sind hier in Deutschland zwar auch eine Investition zum Steuern sparen, Geld verdienen und Strom erzeugen. In anderen Ländern dienen Windkraftanlagen aber ganz klar zum Verbessern der Infrastrukturen, des Lebensstandards, bringen wichtige Arbeitsplätze, schaffen Energie, bringen einfach Licht – und damit eine Form nie gekannten Wohlstands und nie gekannter Lebensqualität.

Verbinden wir diese Windkraftanlagen noch mit Wasseraufbereitung, Meerwasserentsalzung und Wasserstofferzeugung, dann haben wir sicher eine Produktreihe, die den Bedürfnissen der Menschen auf großer Ebene und weltweit gerecht wird. Und das ganz abgesehen von der Vermeidung des Umweltgiftes Nummer 1, dem CO_2.

Das sind die Perspektiven eines Unternehmens, das auf der Bodenständigkeit des Handwerks ein Produkt herstellt, mit dem eine klare Aufgabenstellung und dadurch eine extrem gute Auftragslage für die Zukunft besteht.

Solche Aussichten könnten eigentlich beruhigen, wenn wir denn die Chancen sehen und wahrnehmen – gegen alle düstere Stimmung oder allen Pessimismus. Aber es bedarf einer guten Portion Arbeit und Strukturaufbau, um die Chancen nicht zu vertun. Zusammenarbeit und Qualität, Ordnung und Übersicht, Organisation und Menschlichkeit sowie Verbindlichkeit und Zuverlässigkeit sind die Aufgaben, die wir gemeinsam zu meistern haben.

Und das ist nicht leicht. Denn wir kommen alle aus unterschiedlichen Umfeldern. Wir kommen aus einem kleinen Handwerksbetrieb, der viel sparen musste, um zu überleben. Wir haben gekämpft gegen Wettbewerb und Preise, gegen Arbeitslosigkeit und Bankschulden. Immer wieder. Und wir haben uns Neuentwicklungen abgespart, damit wir heute überhaupt ein Produkt – und damit Arbeit für Euch – haben. Andere von uns kommen aus Großbetrieben, die fremdbestimmt sind und über eine starke Hierarchie verfügen, die klare Vorgaben macht, aber wenig individuellen Spielraum lässt.

Und wir heute? Heute haben wir auch Wettbewerb. Heute haben wir auch Bankverpflichtungen. Heute haben wir auch Preiskampf und die Gefahr einer wirtschaftlichen Rezession. Unsere Stabilität der letzten 40 Jahre haben wir unterstützt durch gute Qualität unserer Arbeit, guten Umgang mit Kunden und Lieferanten, guten Umgang untereinander und miteinander. Wir haben immer etwas mehr tun müssen, als es üblich gewesen wäre.

Und diese Dinge müssen bleiben! Sonst haben wir keine Chancen auf eine Zukunft! Natürlich verändern sich Umstände und Dinge. Natürlich verändern sich auch Menschen und setzen für sich selbst neue Ziele, die dann vielleicht außerhalb dieser Firma liegen. Das müssen wir respektieren und achten, auch wenn es schmerzlich ist. Und dadurch verlieren wir auch eine eingespielte Form von Beziehungen – aber nie endgültig. Beziehungen verändern sich vielleicht, sie werden jedoch nie wertlos.

Aber wir werden hier in dieser Firma Dinge verändern müssen. Das Unternehmen wächst. Auf Zuruf kann nicht mehr gearbeitet werden. Neue Menschen müssen den Ablauf kennen und schätzen lernen. Der Umgang mit den Werten in Form von Menschen, Material und Zeit muss neu definiert und gelebt werden. Organisation und Ablauf müssen geplant und diszipliniert durchgehalten werden. Ansonsten erstickt unsere Perspektive im Chaos und unsere Zukunft erledigt sich von selbst. Und es wäre schade um die Arbeitsplätze, die Ideen und Hoffnungen.

Ich selbst bin bei der Einhaltung dieser Vorgaben gerne bereit, auch in Zukunft die Gesamtverantwortung zu übernehmen, wie die ganzen Jahre bisher auch. Das belastet nicht nur mich selbst, auch meine Familie, aber das ist es mir wert.

Wir haben heute ein Auftragspolster für fast zwei Jahre, Anfragen häufen sich mehr und mehr und ich bin dabei, dass wir für fünf Jahre Aufträge bekommen. Das ist wichtig, da wir sehr hohe Fixkosten haben, z. B. Löhne, Mieten, Finanzierungen, Sozialabsicherungen und Verschleiß. Gerade der Punkt Verschleiß stellt uns vor eine große Aufgabe.

Ob es die Schäden an Toren oder Fahrzeugen, Verlust von Werkzeugen durch Diebstahl, Verlust von Werkzeugen und Hilfsmitteln durch unachtsames Behandeln oder Wegwerfen, Verlust durch nicht gewissenhafte Arbeit und Verantwortungslosigkeit, Verlust durch Verkomplizierungen und Privatinteressen, Verlust durch Kompetenzgerangel und Wichtigtuerei sind – hier ist erheblicher Nachholbedarf angesagt, den ich zur absoluten Bedingung machen muss.

Eine gewisse Form von Selbstdisziplin ist notwendig. Zigaretten auf dem Hallenboden und in den Maschinen zeugen von Kopflosigkeit und Verantwortungslosigkeit. Vergessenes Werkzeug oder schlampiger Umgang zeugen von Gleichgültigkeit und mangelnder Fähigkeit von menschlichem Miteinander. Aufschieben von Arbeit, Vagabundieren und falsche Arbeitsschwerpunkte zeugen von mangelndem Engagement. Man mutet so anderen zu, was man selbst nicht möchte.

Aber gerade ohne die wünschenswerten und notwendigen Eigenschaften und Bemühungen geht unser Plan schief. Eure Arbeit darf kein „Job" sein – dann nehmt Ihr Eure Verantwortung nicht ernst genug. Damit schwindet jede Form von Hoffnung auf einen Arbeitsplatz, an den ich einen guten Anspruch stellen darf. Wir haben gemeinsame Aufgaben zu vollbringen – keine sinnlose Zeitverschwendung zu leisten.

Nur wenn wir die gemeinsamen Chancen als Zukunft sehen und alle gemeinsam daran schaffen und arbeiten, dann haben wir einen Betrieb, in dem der Tag durch Arbeit nicht nur zur Last wird. Dann wird es eine sinnvolle Aufgabe sein, die wir hier – neben dem Erwerb des eigentlichen Lebensunterhaltes – erfüllen.

Und das möchte ich so. Das ist meine Bedingung zur Fortführung dieser Firma. Nur so kann und wird es gehen. Und das muss allen Mitarbeitern klar sein.

Bis zum Jahresende haben wir noch 29 Maschinen zu errichten. Hierzu ist wieder einmal Euer ganzes Engagement gefragt, neben aller Service- und Wartungsarbeit. Ja, es ist wie in jedem Jahr, der Herbst wird zum Stress. Die Kunden sind mit ihren Finanzierungen noch nicht ganz durch und wir müssen wieder in die finanzielle Vorleistung. Dabei wäre der Sommer doch die optimale Zeit zum Montieren.

Trotzdem haben wir nur begrenzten Einfluss auf die Abwicklung der Kunden und deren Vertriebsstrukturen. Es wird sich nur durch eine weitere internationale Ausrichtung verbessern und entspannen lassen. Portugal z. B. habe ich jetzt für Februar/März 2002 geplant. Die Finanzierung scheint jetzt endlich zu stehen, nachdem ja die finanzierende Bank zuerst verkauft wurde und die Finanzierung nicht planmäßig zustande kam.

Darüber hinaus rechnen wir mit den ersten Anlagen für Brasilien, dann für China und die Ukraine sowie für Ungarn und Tschechien. In Italien kämpfen wir seit fast fünf Jahren für Parks und hoffen auf eine Entscheidung im November. Als Kunden für diese Projekte haben sich jetzt Energieversorger wie SIIF/EDF aus Frankreich und MIRANT aus USA sowie Harpen/RWE beworben. Auch die KEVAG hat uns einen Kooperationsvertrag angeboten.

Es ist immer so, dass man mit etwa zwei bis fünf Jahren rechnen muss, bevor ein Projekt endgültig reif ist. Daher sind wir heute an den Dingen ab dem Jahr 2003 beschäftigt. Und die Materialvorplanung läuft mit 12 bis 18 Monaten Vorlauf und finanzieller Absicherung, d. h. man muss Kapazitäten kaufen, um beliefert zu werden.

Die Chancen stehen nicht schlecht. Hoffentlich schaffen wir es, was daraus zu machen. Und das hängt von Euch allen ab. Es hängt davon ab, ob Ihr es schafft, eine starke Mannschaft zu werden – ein unschlagbares Team, das zusammenhält, Büromenschen zu Werkstattmenschen, Westerwald zu Siegerland, Deutschland zu Brasilien oder China oder Ukraine. Ihr seid gefordert, international zu denken und zu handeln.

Aber zuerst hier im eigenen Haus. Ihr seid gefragt, nicht nur zu fordern – mehr Lohn oder mehr Ausgleich oder mehr Rechte. Ich denke, hier stimmen diese Dinge zunächst.

Ihr seid gefragt, ob Ihr bereit seid zu einem Engagement, das nicht „Dienst nach Vorschrift“ ist, das immer ein wenig mehr ist als verlangt wird, das vorausdenkt. Denn der Kunde gibt uns Aufträge, und der Markt entscheidet sich an Flexibilität und Zuverlässigkeit. Hier sehe ich allerdings starke Lücken.

Daher sind die Werte, die wir haben, zu erhalten. Wie die Werte aussehen? Als Beispiel: langfristige Aufträge und damit sichere Arbeitsplätze mit gutem Verdienst, sinnvolle Arbeit durch sinnvolle Produkte, internationale Ausrichtung, Mitspracherechte auf der ganzen Ebene im Betrieb, Freiheiten und soziale Chancengleichheit und Stabilität, Menschlichkeit und keine Profitgier.

Und dazu wird es Vorgaben geben, die ich umgesetzt wissen möchte, um eben den Bestand dieser Werte zu sichern. Das ist kein Widerspruch, sondern gelebte Struktur. Früher haben viele Menschen gesagt, dass unser Betrieb, unsere Firma eine Harmonie ausstrahlt, dass man die Leistungskraft förmlich spürt, dass eigentlich „Friendly Energy" schon gelebt wird.

Als Beispiel habe ich gerne angebracht, dass, wenn man einen Baumstamm tragen muss, zuerst alle zum schweren Ende laufen und sich dann absprechen, wer zum leichteren Ende geht. Heute scheint es mir, als ob wir durch die vielen neuen Menschen hier eine Unart aus anderen Firmen eingeschleppt haben. Es laufen alle – falls überhaupt – zum leichten Ende und zanken sich dann, wer das schwere Ende nehmen muss.

Oder fahren wir 25 Kilo mit dem Stapler zum Auto, statt sie per Hand zu tragen, und drücken dabei dann noch die Heckklappe ein? Oder machen wir unsere Arbeit so, dass immer wieder der andere nacharbeiten muss, um unsere Fehler und Gleichgültigkeiten zu korrigieren? Geben wir fertige und gewissenhafte Arbeit ab? Unterstützen wir uns gegenseitig?

Schaffen wir es wieder, dass „Friendly Energy" unter uns im gegenseitigen Umgang geübt wird und eine Rolle spielt, dass die Kunden das bei uns spüren? Die Lieferanten, unsere Berater, Freunde, Familien?

Macht Ihr mit, wenn es darum geht, eine Firma zu sein, die eben etwas anders ist, als man es typischerweise erwartet?

Könnt Ihr die Gedanken nachdenken und nachvollziehen?

Schafft Ihr es, Euch mit der Arbeit so zu identifizieren, dass der Tag nicht zur Last, sondern zur sinnvollen Aufgabenerfüllung wird?

Zufriedenheit könnte das Ergebnis sein. Und damit eine stabile, nach menschlichem Ermessen sichere oder einfach gute Zukunft.

Ich wünsche uns diese Friendly Energy. Im Sinne einer guten Zusammenarbeit.

Euer
Joachim Fuhrländer

Auf der Basis eines unschlagbaren Teams mit starkem Zusammenhalt und beispielloser Motivation waren wir bereit, einen konsequenten Umdenkprozess in der Energiepolitik mit allen Kräften zu unterstützen.

Allerdings wurden wir dann konfrontiert mit einem weiteren Problem: Die Stadt Rennerod plante eine Brückenerneuerung auf der einzigen Straße, über die wir eine Genehmigung für Schwertransporte zur Bundesstraße hatten. Die Baumaßnahmen konnten wir ja noch mit den Transporten terminlich abstimmen. Nicht organisieren ließ sich hingegen die Verengung der Fahrbahn zugunsten eines Fußgängerwegs. Selbst der Vorschlag, zur Sicherheit für die Menschen am Fahrbahnrand außerorts einen separaten Holzsteg zu bauen, wurde ignoriert. Man zeigte kein Interesse für unsere Windkraftanlagen. Was blieb, war am Ende eine viel zu schmale Brücke.

Der ehemalige Bauamtsleiter des Westerwaldkreises, Dieter Schwarz, nahm sich der Dinge an und suchte nach Alternativen. Doch seine Bemühungen verliefen ergebnislos. An dieser Stelle blieb alles beim Alten, trotz seiner pragmatischen und unkomplizierten Vorschläge. Man blieb stur. Und das, obwohl Dieter als Ingenieur bekannt dafür war, die notwendige Verwaltungsarbeit als Mittel zum Zweck zu sehen und nicht als etwas, um die Leute zu schikanieren.

Ein Beispiel: Anfang der 1990er-Jahre bauten wir unser erstes Büro als Anbau an eine Halle. Der Bauantrag, die Zeichnungen und die Statik waren eingereicht und wir warteten auf die Genehmigung. Der Untergrund, auf dem der Anbau errichtet werden sollte, war felsig. Dieter kam gerne nach Feierabend bei uns vorbei und riet uns, während wir auf die Genehmigung warteten, bereits mit den Erdarbeiten zu beginnen, da der Herbst vor der Türe stand. Also beauftragten wir den Tiefbauer, und es dauerte tatsächlich eine Weile, bis die Baugrube ausgehoben war.

Dann erschien Dieter wieder und sagte uns, dass die Bodenplatte rein müsse, da es Schnee geben könnte. Auch das setzten wir zügig um, da er absolut recht hatte. Zu der Zeit kam ein Mitarbeiter des Bauamts vorbei und schimpfte fürchterlich, was uns denn einfiele. Er sprach von einem Bußgeld, anderen Methoden der Bestrafung und verhängte einen sofortigen Baustopp.

Verzweifelt rief ich Dieter an. Er erklärte mir ruhig, dass dies der formelle Verwaltungsweg sei. „Aber ihr müsst unbedingt noch vor dem Winter das Dach draufhaben", fügte er hinzu. „Also macht weiter und zieht die Mauern hoch." – Wir folgten seinem Rat und machten weiter.

Der Mitarbeiter kam erneut vorbei und schimpfte wieder. Doch weder ein Baustopp geschah noch kam es zu einer Anzeige. „Wir bei der Behörde sind es doch, die zu langsam mit der Bearbeitung des Bauantrages sind", war Dieters Erklärung. „Ihr müsst fertig werden, damit ihr arbeiten könnt. Denn ihr bezahlt uns doch letztendlich hier bei den Behörden." – Das also wusste der Bauamtsleiter. Mancher Verwaltungsangestellte hielt und hält sich das nicht vor Augen, oder?

Dieter suchte weiter nach Alternativen für die zu schmale Brücke. Es wurden andere Wege in Erwägung gezogen, nur durch ein angrenzendes Vogelschutzgebiet kamen sie nicht infrage. Am Ende kauften wir einem Nachbarn seinen Vorgarten ab, nachdem dieser unserem Vorhaben zugestimmt hatte, unsere Ausfahrt vom Werksgelände in die entgegengesetzte Richtung zu lenken. Dies war die einzige Option, im wahrsten Sinne des Wortes einen neuen Weg einzuschlagen. Dieter war bei allen Verhandlungen dabei und half, die Gemüter in Rennerod zu beruhigen, denn der Fehler kochte hoch.

Dennoch war dies nicht die optimale Lösung. Wir überlegten weiter, und gemeinsam mit Dieter, dem Verbandsbürgermeister Werner Daum und dem Landrat Peter-Paul Weinert, beide Mitglieder der CDU, wurde der Idee eines neuen Werkes im interkommunalen Gewerbegebiet am Siegerlandflughafen, nahe der Landesgrenze zu Nordrhein-Westfalen, nachgegangen. Dort gab es bereits ein Biomassekraftwerk zur Energieversorgung.

Die Frage war jedoch: Wer sollte das alles bezahlen? Wir trafen uns dann mit allen Beteiligten in Mainz bei der SPD-geführten Landesregierung von Rheinland-Pfalz und erhielten große Unterstützung für ein Finanzierungspaket, das den Neubau abdeckte. Verbürgen musste ich mich jedoch privat.

Es entstand nun eine neue 220 Meter lange Halle mit 25 Tonnen, 50 Tonnen und 100 Tonnen Krankapazitäten, einem Büro und einer Servicehalle – ausgelegt für gut 200 Maschinen im Jahr. Logistisch perfekt, nah an der A 45 gelegen, und mit Platz für über 500 Arbeitsplätze.

Das bisherige Büro am alten Standort in Waigandshain wurde von da an für die Serviceplanung und die Fernüberwachung der damals weltweit über 700 Windkraftanalgen genutzt. Die frei gewordenen Hallen in Waigandshain ließen zudem eine großzügige Aufstockung der Ausbildungskapazitäten zu, sodass nun bis zu 200 junge Menschen bei uns ihren Platz fanden, einen Beruf zu erlernen.

Vorzeigebetrieb in Rheinland-Pfalz

Immer mehr Schulklassen sowie nationale und internationale Besuchergruppen kamen und besichtigten unsere Fertigung. Dabei erfuhren sie aus erster Hand und auf authentische Art und Weise Hintergründe zu erneuerbaren Energien und dem notwendigen Energiemix. Und sie schauten dabei in die Augen unserer Angestellten, junger Menschen voller Perspektive und Hoffnung.

Anschließend ging es meist in unser Restaurant „Fuchskaute“, das sich auf dem höchsten Punkt des Westerwaldes befindet. Hier wurde bei gutem Essen und Trinken gerne auch kontrovers weiterdiskutiert.

Bald wurden wir zu einem Vorzeigebetrieb. Das Land Rheinland-Pfalz organisierte seinen Runden Tisch zum Thema Ausbildung bei uns. Neben dem damaligen Ministerpräsidenten Kurt Beck nahmen auch die heutige Ministerpräsidentin Malu Dreyer, Finanzministerin Doris Ahnen, der Landesvorsitzende des Deutschen Gewerkschaftsbundes (DGB), Dietmar Muscheid, und viele andere daran teil.

Der Landtagspräsident Hendrik Hering kam oft als Freund, und von ihm habe ich viel gelernt. Auch Peter Altmaier besichtigte unseren Windpark, um etwas zu lernen, aber leider hat es nicht gefruchtet. Und der heutige Bundeskanzler Olaf Scholz besuchte uns. Wir führten entspannte, offene und ausgiebige Gespräche, nachdem er mir in Berlin das Bundesverdienstkreuz verliehen hatte. Auch die ehemalige Wirtschaftsministerin in Rheinland-Pfalz, Eveline Lemke, war oft unser Gast. Schon früher besuchte uns als eine der Pionierinnen der Windenergie die ehemalige Ministerpräsidentin von Schleswig-Holstein, Heide Simonis, in einer fröhlichen und lockeren Runde. Nur aus Bayern kam leider niemand. Wir hätten uns darüber sehr gefreut.

Fürsprecherin in Afrika

Uns ging es immer um „Energy & Education“. Dies zeigte sich auch später im Schloss Tutzing am Starnberger See während eines internationalen Workshops für Jugendliche, den wir zusammen mit Auma Obama, der Schwester des ehemaligen Präsidenten der USA, Barack Obama, und Wilfried Lemke, Sonderberater bei der UN und Senator für Bildung in Bremen, veranstalteten.

Noch heute ist der freundschaftliche Kontakt zu Auma Obama für uns von besonderer Bedeutung, vor allem in Afrika, insbesondere in Kenia und Ostafrika. Denn Kenia ist als weiteres Land für Energy & Education und die „AFREECA Kenya Ltd.“ gut vorbereitet, und unser Team dort ist bereits geschult. Es gibt weitreichende Kontakte zu Unternehmen und Handwerkern. Das Ausbildungskonzept dort möchten wir gemeinsam mit Auma Obama aufbauen. Dafür benötigen wir jetzt den Start des Unternehmens, um mit der Ausbildung am Produkt beginnen zu können. Zudem sind Kontakte zu den Ministerien notwendig, die wir für die Magnetresonanztomografie-Lösungen in staatlichen Krankenhäusern benötigen, um diese dort anbieten zu können.

Ich lernte Auma Obama auf dem „Tollwood“-Festival in München kennen, wohin sie mich zu einer Podiumsdiskussion eingeladen hatte. Themen wie Nachhaltigkeit, der verantwortungsvolle Umgang miteinander und mit der Natur waren uns beiden wichtig. Der Süddeutsche Rundfunk (SWR) begleitete die Veranstaltung und führte ein Interview mit ihr und mir, das später in einem Beitrag gesendet wurde.

14. Das ständige Für und Wider

„Es war so um 1910 …“, begann eine Marburger Diakonissen-Gemeindeschwester mit schwarzem Kleid und schwarzem Häubchen zu erzählen. Sie war mit ihrem Moped zu meinem Büro gekommen, da sie von unseren „Windmühlen“ einfach beeindruckt war. „Wissen Sie, auch wir hatten damals so eine Mühle zu Hause. Sie trieb eine Pumpe an, mit der holten wir Wasser aus einem tiefen Brunnen. Damit versorgten wir das ganze Dorf. Die Mühle hat nur immer mächtig geklappert, weil ein Flügel lose war. Aber das machte nichts. Jeder wusste ja, dass das Klappern bedeutete, dass es dann Wasser gab.“

Das war eine Zeit, in der man bescheiden lebte und grundlegend versorgt war. Heute sind unserer Ansprüche deutlich höher, und wir neigen dazu, nicht nur das zu hinterfragen, was uns stört, sondern auch Dinge, die wir nicht verstehen oder verstehen wollen. Oder wir lassen uns von falschen Stimmen beeinflussen, die ihre eigenen Interessen in den Vordergrund stellen und uns vorschreiben wollen, was gut oder schlecht ist.

Ja, wir mussten uns vielen Fragen stellen. Zum Beispiel, was den Erntefaktor betrifft – also die Zeit, die eine Windkraftanlage benötigt, um die Energie zu erzeugen, die ihre Herstellung gekostet hat. Aktuell liegt dieser Faktor bei weniger als einem Jahr. Aber es fragt bis heute keiner nach dem Erntefaktor von Gas-, Kohle- oder gar Kernkraftwerken. Denn dabei müssen ja auch die Entsorgung sowie alle Emissionen berücksichtigt werden. Da kommt die Kernenergie leicht auf ein paar Tausend Jahre, während die Windenergie keine Schadstoffe hinterlässt.

Die Genehmigung von Windkraftanlagen ist allerdings aufwendig: Es müssen beispielsweise ornithologische Gutachten erstellt werden, auch werden Vögel, Fledermäuse, Pflanzen und Insekten gezählt. Bis zu fünf Jahre oder länger konnte so eine Genehmigungsphase für den Bau einer Windkraftanlage dauern. Es ist jedoch wichtig zu betonen, dass die Windenergie ganz sicher nicht für das Artensterben verantwortlich ist. Im Gegenteil, ohne den gezielten und geordneten Ausbau der Windenergie ist das Aussterben von Arten eher wahrscheinlicher.

Schon früh haben Gegner von Windkraftanlagen den sogenannten „Vogelschlag", den Zusammenprall von Vögeln mit den Rotorblättern, zur Sprache gebracht und die Anlagen dahingehend beobachtet. Doch im Vergleich dazu sterben Tausende von Vögeln jährlich an Brücken und Hochhäusern. Moderne Windkraftanlagen drehen sich übrigens mit weniger als 12 Umdrehungen pro Minute, was ein ruhiges Bild erzeugt. Sanfte Energie eben.

In Portugal, genauer gesagt bei Vila do Bispo, am südwestlichsten Punkt Europas, mussten wir sogar Beobachtungen bei Zugvögeln durchführen. Dabei haben wir festgestellt, dass Vögel nicht unbedacht in Windparks fliegen, sondern sie umfliegen. Im Internet gibt es zahlreiche Vergleiche zu Zügen, Autobahnen oder Stromleitungen, an denen die Tiere sterben.

Als Hersteller waren wir äußerst sensibilisiert für die Standortwahl der Windkraftanlagen und bemühten uns sehr darum, nichts zu beschädigen, zu zerstören oder gar Lebewesen zu töten. Dennoch gibt es immer wieder Unmut gegenüber Windkraftanlagen, der bis zu handfesten Streitigkeiten führen kann. Woher kommt das? Nun, als 1991 die Einspeiseregelung für erneuerbare Energie in Kraft trat, gab es eine baurechtliche Privilegierung für diese Anlagen. Dadurch konnte fast jeder seine Anlage dort bauen, wo er wollte. Und als Besitzer erhielt man eine Einspeisevergütung, also eine Zahlung für die erzeugte Energie. Nur wenn die Nachbarn mit der Standortwahl nicht einverstanden waren, kam es oft zu Klagen, sehr oft aber eben auch aus Neid, der letztlich ausschlaggebend war.

Energieversorger haben darüber hinaus mit gezielten Medienberichten gegen erneuerbare Energien gesteuert. Diese haben oftmals das Einspeisegesetz angegriffen, worauf die Banken die Finanzierungen für Kunden zurückgehalten haben.

Später gab es die Planungshoheit der Kommunen, was zu einer besseren Verteilung führte und auch die kommunalen Flächen miteinbezog. Mit der Unterstützung der CDU im Westerwald, namentlich dem Verbandsbürgermeister von Rennerod, Werner Daum, und dem Landrat, Peter Paul Weinert, haben wir auf einer Gemeindefläche einen Windpark mit 12 Anlagen errichtet, der bis heute umweltfreundlichen Strom erzeugt. Dabei zeigt sich, es kommt eben auf die Menschen und politischen Entscheidungsträger an. Hier jedenfalls waren gute Macher am Werk, denen man heute noch dankbar sein kann.

Dennoch hat es in diesen Jahren an einem klaren Bekenntnis der Bundesregierung zur notwendigen Umsetzung und Planung erneuerbarer Energien gefehlt. Gelegentlich schmückte man sich zwar mit der Eröffnung eines Windparks oder einer Solaranlage, aber ein ganzheitliches Bekenntnis war das noch lange nicht. Dies führte zu Verunsicherung in der Bevölkerung. Zu stark war wohl die Macht der Energieversorger, als dass sich eine Regierung zum Besseren bekannt hätte.

Aus diesem Grund habe ich später Grün gewählt, wenn es um Widerspruch in der Bundespolitik ging. Denn nun waren mutige Gegenstimmen, die aufrütteln sollten, nötig, wenn auch die Regierungsfähigkeit noch nach und nach erlernt werden musste. Aber wer sagt eigentlich, dass die anderen Parteien zu dem Zeitpunkt regierungsfähig waren oder sind?

Ich war und bin kein Parteimitglied und habe keinen politischen Fanatismus. Ich bevorzuge eine differenzierte Betrachtung der Dinge. Wenn ich im Westerwald und in Rheinland-Pfalz die Unterstützung der CDU und SPD erfahren habe und die dortigen Politiker gerne unterstützt habe, so gibt es bei den Grünen Punkte, die ich heute gerne annehme, wenn es um erneuerbare Energien geht. Allerdings gibt es auch Äußerungen, die ich ablehne, wenn es um fachlich unqualifizierte Entscheidungen und Kommentare geht. Sinnloses Diskutieren und Geschwätz mag ich nicht, gerade wenn es um wichtige Angelegenheiten geht. Im Westerwald hatten wir so manch unnötige Diskussion, exemplarisch möchte ich hier eine Stellungnahme von 2004 beifügen:

An die Fraktionen des Kreistages und Herrn Landrat Peter Paul Weinert
sowie Vertreter der lokalen Presse
per Telefax
19. Februar 2004

Nutzung der Windkraft im Westerwald /
Antrag der FDP zur Windenergie

Sehr geehrte Damen und Herren,

sehr geehrter Herr Landrat,

herzlichen Dank für alle freundlichen und guten Gespräche bisher und die Unterstützung bei der Planung und Umsetzung des Genehmigungsverfahrens im Technologiepark Waigandshain/Homberg.

In Verantwortung gegenüber der Bevölkerung und im Sinne naturschutzrechtlicher Belange haben sowohl Mitglieder der CDU als auch der SPD parteiübergreifend harmonisch und zielführend kooperiert. Dafür nochmals herzlichen Dank!

Wir haben den Antrag der FDP zum Thema Windenergienutzung erhalten. Dazu erlauben wir uns kurz Stellung zu beziehen. Denn wir denken, dass die Zeit mehr als reif ist, wieder zu den sachlich richtigen Dingen zurückzukehren.

Immerhin geht es nicht um persönliche oder politische Ansichten, sondern um eine bereits nachhaltig zerstörte Umwelt und die daraus entstehenden Lebensbedingungen und Kosten. Hier gilt es zu retten, was zu retten ist!

Aber dieses Bewusstsein ist in allen Diskussionen der letzten Tage hier im Westerwald nicht zu spüren. Es sind leider meist emotionale Argumente, die aufgeführt werden. Oder man spricht von wahrnehmbarer optischer Veränderung und nennt es brutal Landschaftsverschandelung durch Windkraftanlagen.

Hier wird völlig vergessen, dass ein Rückbau ohne Belastung gewährleistet ist. Dass es ein Dorf am Niederrhein namens Garzweiler gibt, das dem Kohletagebau zum Opfer fiel und samt dem Friedhof umgesiedelt wurde, weil dort nur noch ein Loch in der Erde zurückbleibt und die Erde nachhaltig ausgebeutet wurde, ist nur eine Wahrheit. Dass wir erhebliche klimatische Veränderungen erleben, ist eine weitere Wahrheit. Dass wir uns einem Kyoto-Protokoll verpflichtet haben, weil die Weltgemeinschaft hier unbedingten Handlungsbedarf sieht, ist mehr als ein Zeichen.

Leider verschließen nicht nur Menschen, die eine politische Verantwortung tragen, hier ihre Augen. Es kommen immer wieder die gleichen, bereits mehrfach widerlegten Schlagworte als vermeintliche Argumente. Die FDP lässt sich in ihrer Stellungnahme zu eben denselben Aussagen hinreißen und verleiten. Das finde ich persönlich schade und weiß nicht, warum man derartiges nötig hat. Geht es doch um wesentlichere – sagen wir es konkret –, überlebenswichtige Dinge im Sinne kommender Generationen. Aber hier fehlt vielfach die erforderliche politische Weitsicht – über Wahlperioden und Stimmungsbarometer hinaus.

Ich lese wieder von Subventionierung der Arbeitsplätze durch die Einspeisevergütung. Es ist längst bekannt, dass weder Italien mit fast 14 Eurocent Vergütung für Windstrom noch andere Länder, die dem bisher guten deutschen Einspeisemodell folgen, hier eine Subventionsproblematik sehen. Die Menschen in diesen Ländern um uns herum erkennen vielmehr die darin liegenden Chancen und gehen einen noch konsequenteren Weg in Richtung intensiver Windkraftnutzung.

Darüber hinaus trägt die Einspeisevergütung auch zukünftig keinesfalls zu Strompreiserhöhungen bei. Es werden aber erhebliche Kosten aus CO_2-Abgaben wesentlichen Einfluss auf die Strompreise haben, wenn wir die zugesagte Reduzierung verfehlen.

Ich lese wieder die „technische Aussage“ zu der Lastenregelung von Großkraftwerken. Entgegen jeder technischen Grundlage wird klar verkannt, dass nicht die Erzeugung, sondern die unstetige Abnahme zu einem komplizierten Regelungsbedarf führt.

Ich darf an diesem Punkt zu den o. g. Themen einfach zusätzlich argumentierend mitteilen, dass mittlerweile viele Windprojekte von Energieversorgern selbst geplant und umgesetzt werden. Das spricht klar für sich. Zum Beispiel haben wir gerade einen Windpark in Italien an die RWE-Tochter Harpen übergeben.

Und auch der geplante Windpark im oberen Westerwald wird der RWE-Tochter KEVAG zusammen mit der Naturstrom Rheinland-Pfalz GmbH gehören, die hier gemeinsam investieren und ebenfalls Beteiligungen den Menschen aus der Region anbieten.

Weiter kann aufgeführt werden, dass die Stadtwerke Köln und die Stadtwerke Marburg bereits Windkraftanlagen betreiben. Die Stadtwerke Mannheim planen über eine Tochtergesellschaft Windparks in Deutschland und Brasilien.

EON plant und erwirbt Windparks in Ungarn. In Polen gehören die meisten Windkraftanlagen heute schon den Energieversorgern selbst.

Natürlich stimmen wir überein, dass Windkraftanlagen dort errichtet werden, wo auch Wind herrscht. Und da sind wir an dem erwähnten Standort im oberen Westerwald gerade richtig, denn hier erzeugen wir zukünftig den Strom für 1.400 Familien. Und wir sparen dabei in 20 Jahren 800.000 Tonnen Kohle sowie knapp 1 Million Tonnen CO2. Das würde nach heutigen Kalkulationen der deutschen Wirtschaft 20 Millionen Euro Strafe ersparen, die der Stromkunde zu tragen hätte.

Die Europäische Union rechnet gar mit 30 Millionen Euro Einsparung bei diesem einzelnen Windpark im Westerwald, in dem 12 Windkraftanlagen errichtet werden. Die genannten Zahlen sind nachprüfbar und bekannt.

Die GTZ (Gesellschaft für Technologische Zusammenarbeit) bietet für Windparks in China und Brasilien 5 Dollar pro ersparter Tonne CO2 und kauft die Zertifikate.

Soweit die umweltpolitische Argumentation. Wirtschaftlich stehen hinter der Windkraftnutzung Pacht- und Gewerbesteuereinnahmen der Gemeinden, die den Bürgern wiederum dienen.

Unternehmerisch gesehen bietet die Windkraftnutzung hier im Westerwald mittlerweile 120 Familien direkt – und knapp 500 Familien in Zulieferbetrieben indirekt – Arbeit und Brot.

Dazu kommen 35 Lehrstellen in den Berufen Mechatronik, Metallbau und den kaufmännischen Bereichen. Erwähnt werden dürfen auch die Arbeitsplätze für sozial Schwachgestellte, Plätze für Rehabilitation und Bedürftige.

Sollten die unsinnigen Diskussionen um eine neuartige Branche, die große Exportmöglichkeiten in sich birgt, nicht politisch eindeutig beantwortet werden, dann läuft man Gefahr, dass die Technologie samt den Unternehmen in Kürze im europäischen oder auch außereuropäischen Ausland zu finden ist. China beispielsweise macht hochattraktive Angebote zur Ansiedlung von Betrieben, die Windkraftanlagen entwickeln und herstellen. Man muss den steigenden Energiebedarf decken – und das will man u. a. mit Windkraftnutzung darstellen.

Behauptungen, dass der Tourismus leide (der Windpark Ullrichstein im Vogelsberg ist eine Touristenattraktion), Wanderfreunde nicht mehr dort wandern werden, wo Windkraftanlagen stehen, dass Wild, Kühe und Pferde psychische Leiden davontragen, dass Vögel erschlagen werden und Restaurants ihren Betrieb einstellen müssen (Besuchergruppen nutzen verstärkt die Westerwälder Gastronomie), sind nie belegt worden und sind auch nicht Basis einer seriösen Auseinandersetzung mit einem viel zu wichtigen Thema.

Moderne Windkraftanlagen halten auch bei einem Abstand von 500 Metern zur Wohnbebauung die Emissionswerte ein. Wir planen größere Windparks im Zusammenhang mit den Gutachten bei etwa 800 Metern zur Wohnbebauung – jedoch mehr aus psychologischen Gründen.

Moderne Windkraftanlagen des heutigen Standards verfügen über viele technische Möglichkeiten, wie Schattenabschaltmodule, die bei tiefstehender Sonne, was meist im März und Oktober, morgens oder abends – also nicht beides zusammen – bis zu 15 Minuten dauern kann, die Anlage vorübergehend abschalten. Das ist nur erforderlich bei wolkenlosem Himmel und entsprechendem Wind aus der ebenfalls entsprechenden Richtung. Diese drei Voraussetzungen müssen zeitgleich zutreffen.

Ferner können solche Anlagen geräuschreduziert betrieben werden. Das bedeutet, dass in den Nachtstunden bei Windgeschwindigkeiten, die das Umgebungsgeräusch nicht überschatten, die Maschinen mit anderen Drehzahlen betrieben werden. Bei hohen Windgeschwindigkeiten entsteht eine Geräuschüberlagerung und die Maschinen sind nicht mehr wahrnehmbar. In der polemisch-emotionalen Diskussion wird häufig Wahrnehmung und Geräuschbelästigung nicht unterschieden.

Insgesamt wird ja sehr gegensätzlich diskutiert. Wenn sich die FDP in ihrem Antrag dafür ausspricht, dass das Windpotenzial entsprechend gut sein muss, spricht der Westerwaldverein davon, eben diese Höhenzüge, die dieses Potenzial darstellen, freizuhalten.

Es ergibt sich eigentlich immer die gleiche Aussage, die zum Ausdruck bringt, dass man ja grundsätzlich erneuerbare Energien befürwortet – aber eben nicht da, wo man wohnt. Man benötigt und verbraucht Energie, man hat seinen Lebensstandard auf Kosten von Umweltveränderungen etabliert, aber man möchte mit der Erzeugung der Energie nicht in Berührung kommen. Das überlässt man in höchst egoistischer Form den Menschen, die in erheblichem Maße von der herkömmlichen Kraftwerkstechnologie beeinträchtigt werden. Im Amerikanischen nennt man das „Nimby“ (not in my backyard).

Bleibt nur zu hoffen, dass sich die Gegner der Windenergienutzung einst im Angesicht ihrer Enkelkinder bei deren Fragen nach dem Warum der nicht verhinderten und nachhaltigen Umweltzerstörung noch an ihren Widerstand gegen eine vernünftige Technologie erinnern und ihrer Verantwortung zur Wahrheit nachkommen.

Mit herzlichen Grüßen
FUHRLÄNDER Aktiengesellschaft
Joachim Fuhrländer, Vorstandsvorsitzender

Ich erzählte der Marburger Diakonissen-Gemeindeschwester von den anstrengenden Gemeinderatssitzungen und Bürgerversammlungen, bei denen man über den Lärm der Windkraftanlagen und den Schattenwurf schimpfte. Sie lachte so sehr, dass ihr die Tränen die Wangen herunterliefen. „Ja, die Leute reden mal so und mal so. Erst wenn sie keinen Strom mehr haben oder alles zu teuer ist, werden sie froh sein, dass es Ihre Windmühlen gibt“, sagte sie und fuhr fort: „Und wenn es dann klappert, dann wissen sie, es gibt Energie.“

Ich betonte ausdrücklich, dass unsere Windkraftanlagen nicht klappern würden. Aber da lachte sie nur noch mehr. Ihr schwarzes Kleid flatterte im Wind, als sie wieder auf dem Moped davonfuhr. Ich schaute ihr noch lange gedankenversunken nach.

15. Kultur und Kulinarisches – das Gasthaus mit dem Kreuz

Plötzlich standen wir unter großem Druck. Im Sommer 2005 mussten wir unbedingt die erste Windkraftanlage des Windparks Hoher Westerwald in Betrieb nehmen. So stand es im Vertrag mit der Betreibergesellschaft, an der der örtliche Energieversorger KEVAG, eine Tochtergesellschaft von RWE, maßgeblich beteiligt war. In unserem Vertrag waren Strafen für Verzögerungen vorgesehen, die wir unbedingt vermeiden wollten.

Über ein Jahr lang hatte die Suche nach Rufgebieten des „Wachtelkönigs“ gedauert, und wir konnten mit den Bauarbeiten nicht beginnen. Letztendlich war vor Ort kein Wachtelkönig zu finden.

Zuvor hatte es Veranstaltungen mit der KEVAG gegeben, bei denen man mich oft belächelt hat. Die 100 kW Leistung einer Windkraftanlage waren natürlich im Vergleich mit zu der eines Kohlekraftwerks recht gering. Doch im Jahr 2005 investierte ein Energieversorger erstmals in Windkraft. Und wieder einmal waren es der Verbandsbürgermeister und der Landrat, die den Weg dafür ebneten. Die Pachteinnahmen für die Anlage, die sich komplett auf kommunalen Flächen von zwei Ortschaften befand, kamen den Ortsgemeinden zugute. Wir dachten, damit das Thema Neid beseitigt zu haben, bis die angrenzenden Gemeinden Rennerod, Hellenhahn und Höhn, über die wir die Kabel zum Umspannwerk verlegen mussten, hohe Wegezölle verlangten und einen Teil unserer Einnahmen einfach einbehielten.

Auch die Eigentümerin eines kleinen Hotels und Gasthauses, das in Sichtweite auf der Fuchskaute lag – mit 756 Metern der höchste Punkt des Westerwaldes und ein beliebtes Ausflugsziel –, befürchtete Umsatzeinbußen und klagte gegen die Baugenehmigung. Sie rief außerdem eine Bürgerversammlung ein, in der ich wieder einmal lautstark beschimpft wurde und viele falsche Informationen auf den Tisch kamen. Begriffe wie „Lärm", „Infraschall" und „Diskoeffekt" wurden in der Argumentation gegen die Windkraftanlagen verwendet, die die Stimmung weiter anheizten. Auch ein Doktor der Biologie schimpfte und nannte mal wieder den Vogelschlag als ein weiteres Argument. Man behauptete, wir würden auf Kosten der einfachen Bevölkerung von Öko-Fantasien profitieren.

Schließlich gab es einen Schlichtungstermin bei einem Anwalt und Notar, gemeinsam mit Norbert Orth aus dem Fuhrländer-Aufsichtsrat und dem Sohn der Betreiberin. Dieser vermittelte uns, dass seine Mutter das Gasthaus altersbedingt einfach gerne verkaufen wollte und durch den Windpark besorgt war um die Zukunft und den Verkaufspreis. Kurzerhand entschied mein Aufsichtsrat, das Hotel und Gasthaus auf der Fuchskaute zu übernehmen. Somit konnte die erste Anlage des Windparks errichtet werden. Ich schrieb meine wahre Motivation auf das Maschinenhaus in 100 Metern Höhe: „Bewahre die Schöpfung". Dieser Schriftzug ist noch heute dort sichtbar.

Die Kirchengemeinden unterstützten unser Vorhaben ebenso wie viele andere Menschen. Doch plötzlich wurde ich wegen angeblicher politischer Stimmungsmache bei der Kreisverwaltung des Westerwaldkreises angezeigt. Also wurde meine Botschaft jetzt zwangsläufig politisch, was ich sehr gerne aufgriff.

Die Fuchskaute

Das Hotel und Gasthaus, das wir als Firma erworben hatten, war im Zweiten Weltkrieg einmal eine Funkstation und deutlich in die Jahre gekommen. Unsere ersten Köche, Natale und Vincenzo, putzten und säuberten, sortierten aus und räumten erst einmal auf. Bis dahin wurden wir von Valentino, Mauritius und Giancarlo und ihren Familien in ihrer Pizzeria in Emmerichenhain bestens bewirtet. Sie hatten sogar eine internationale Speisekarte, auch in Chinesisch. Ihr Einsatz, auf unsere vielen internationalen Gäste individuell einzugehen, war bewundernswert. Es war klar, dass wir mit der Fuchskaute nicht zu Konkurrenten wurden. Im Gegenteil, aus Dankbarkeit feierten sie viele ihrer Familienfeiern bei uns. Auch andere Gastronomiebesitzer kamen an ihren Ruhetagen zu uns. Und wir kehrten bei ihnen ein. Das wurde ganz selbstverständlich. Neben vegetarischen und veganen Gerichten gab es auch immer Steaks von den Rindern des Biobauern. Oder man konnte zum Spanier auf den Hof gehen, wo es Biosteaks vom Grill gab. Es ging uns darum, einander zu unterstützen und nicht in Konkurrenz zu treten. Wir wiesen sogar ganz offen auf die anderen Restaurants und ihre Spezialitäten hin. Freunden Konkurrenz zu machen, ist nicht mein Ding.

Unser Betriebsleiter Jürgen Höppner, selbst gelernter Koch, baute mit Auszubildenden Solaranlagen auf das Dach des Hotels und stellte elegante Raumteiler im Gastraum auf. Auch die Elektroinstallation wurde teilweise erneuert. Er hat sich sehr um den Aufbau gekümmert und den deutschen Teil der Speisekarte erstellt und kalkuliert, da er selbst jahrelang ein eigenes Restaurant betrieben hatte.

Die Gäste kamen gerne zur Fuchskaute, und wir mussten anbauen. Wir vergrößerten das Restaurant auf insgesamt 500 Plätze, bauten eine neue Küche, renovierten alle Hotelzimmer und erhielten für unsere Maßnahmen sofort 3 Sterne. Außerdem eröffneten wir einen Biergarten. Zur Fußball-Weltmeisterschaft 2006 kamen fast tausend Menschen zum Public Viewing – unsere erste große Veranstaltung auf der Fuchskaute.

Später wurde die Fuchskaute zu einem beliebten und sehr bekannten Ort für Kultur und Kulinarisches, wie auch die gleichnamige Sendung des Evangeliums-Rundfunk (ERF) mit Liedermacher und Musiker Jürgen Werth hieß. Zahlreiche Künstler – Liedermacher, Musiker, Komponisten und Sänger – aus verschiedenen Bereichen wie Siegfried Fietz von Abakus mit Texten von Johannes Hansen und Dietrich Bonhoeffer,

Christoph Zehendner, Helmut Jost, Die Mütter, Barry McGuire, John York, Kris Kristofferson, Angelo Branduardi, Revolverhelden, Jennifer Rostock, Die Happy und mehr waren bei uns zu Gast und erfreuten das Publikum mit ihrer Musik. Neben diesen Konzerten und Vorträgen veranstalteten wir auch Motorrad-Gottesdienste mit bis zu 1.200 Teilnehmern. Viele Fernsehbeiträge zu den verschiedensten Themen wurden mit und bei uns produziert.

Unsere internationale Küche, besetzt mit zwei italienischen und drei deutschen Köchen, war vorzüglich und lockte immer mehr Besucher auf die Fuchskaute. Nicht selten hatten wir zehn oder zwölf Nationen am Tisch sitzen. Dann wurde über Kultur und Lebensweisen geredet, nicht aber über das Geschäft. Meine Köche bereiteten alles mit Liebe vor. Die italienische Küche bietet eine Vielzahl an vegetarischen und veganen Gerichten, die vor allem unsere indischen Gäste wünschten. Aber auch chinesische, türkische und arabische Gerichte sowie brasilianische und deutsche Speisen wurden zubereitet. Gewürze und Zutaten dafür bezogen wir von Fachgeschäften oder brachten sie von unseren Reisen mit. Manchen Rat holten wir uns auch von Mitarbeitern, wie meinem treuen Freund, Dr. Anzhong Wang, ein.

Ein guter Freund aus Baoding schenkte uns einen großen runden chinesischen Tisch mit 15 Stühlen, den wir im Gasthaus aufstellten, dies unterstrich den internationalen Charakter. Wir waren gute Freunde geworden, nachdem er eine Lizenz für eine Windkraftanlage gekauft hatte. Immer wieder besuchten er und seine Familie uns. Seine Frau kam sogar einmal alleine nach Deutschland und traf ihren Sohn für eine Woche bei uns. Er kam gerade aus England, wo er studierte. Sie fühlten sich bei uns ein Stück weit zu Hause.

Achtzig Mitarbeiter, davon weit über die Hälfte Auszubildende, sorgten für eine Atmosphäre zum Wohlfühlen und dafür, dass unsere Kunden und Gäste bestens bedient wurden. Ihr Einsatz erweiterte die Anzahl unserer Ausbildungsberufe im Gesamtunternehmen auf sechzehn.

Mir persönlich war es ein Anliegen, auf die zweite Seite der Speisekarte einfache Tischgebete zu setzen, die vielleicht den ein oder anderen Gast dazu anregten, sie leise nachzubeten oder einfach nur zu lesen. Vielleicht erinnerte sich der eine oder die andere dabei an seine beziehungsweise ihre Kindheit. An der großen weißen Kopfseite des Restaurants, in der sogenannten Scheune, platzierte ich zudem ein Kreuz. Es war schlicht und einfach gehalten und circa 1,50 Meter hoch. Gäste wunderten sich oft darüber und fragten dann etwas überrascht unser Mitarbeiterteam, ob es sich denn hier um eine Kneipe oder eine Kirche handele.

Von der Fuchskaute aus konnte man sehr gut den laufenden Windpark sehen, und so wurde zu meiner großen Freude das Thema Windkraft sehr oft thematisiert. Wir versorgten und bedienten unsere Kunden, Lieferanten und Interessenten also im besten Sinne ganzheitlich. Auch ich selbst arbeitete gerne in der Gaststube mit. Sonntags habe ich die Tische abgeräumt, das Buffet bestückt, Gläser gespült und Bier gezapft. Ich zeigte gerne, wie man mit offenen Augen durchs Restaurant geht, schmutziges Geschirr mitnimmt und ansprechbar ist für Gäste. Das kam nicht von ungefähr: Dienen ist meine große Leidenschaft, und ich habe den Wert des Dienens vielen jungen Menschen in der Ausbildung vorgelebt und ihn hoffentlich als wertvoll vermitteln können.

16. Von Tagelöhnern in Brasilien, Beruf und Berufung, Work-Life-Balance und viel Freizeit

Er war ein Franziskaner, Pader Beda, und kümmerte sich um die Kinder in den Armenvierteln Brasiliens. In 2008 reiste ich mit ihm nach Olinda und Recife. Dort, in einer der Favelas, die wir tagsüber besuchten, sah ich in einer kleinen erbärmlichen Hütte ein Baby auf einer Matte liegen. Diese Matte teilte sich die sechsköpfige Familie zum Schlafen, erzählte mir der Pader Breda. Es gab noch eine Kochplatte und einen kleinen Schrank mit wenig Geschirr darauf. Doch weder konnte ich ein Waschbecken noch einen Wasserhahn, geschweige denn einen Tisch sehen. Dafür war kein Platz da. Selbst eine Toilette gab es nicht, erklärte man mir auf meine Nachfrage. Ein schmutziger Teppich bedeckte eine kleine Luke im Boden. Schob man ihn beiseite, sah man ein Loch, über das man sich hockte. Ganz einfach. Ein strenger Geruch stieg auf, als der Vater die Luke kurz öffnete, und ein ganzer Schwarm Fliegen füllte die Hütte, der jedoch schnell durch die offene Tür nach draußen ins Licht flüchtete.

Irgendjemand hatte ihnen einen alten Fernseher geschenkt, der an der Wand hing und wohl den ganzen Tag lief. Auf dem Bildschirm sah man Werbung für Kosmetikprodukte, Waschpulver, Schokolade, sanftes und duftendes Toilettenpapier sowie Autos. Schick gekleidete Menschen sprachen darüber, wie wichtig es sei, solche Dinge zu besitzen und welchen Genuss sie bereiteten.

Mobiltelefone waren ebenfalls allgegenwärtig. Überall auf den Wegen und Stegen, zwischen den wackeligen Holzbauten und Blechhütten spielten die jungen Menschen damit, unterhielten sich und lachten. Wer kein eigenes Handy hatte, galt aus „out". Schließlich musste man erreichbar und in den sozialen Netzwerken präsent sein, um mit der ganzen Welt in Kontakt zu bleiben. Eigentlich eine wunderbare Entwicklung …

So verhält es sich also. Selbst in den ärmsten Vierteln der Erde wird man auf unseren westlichen Wohlstand und den Konsum unserer Gesellschaft aufmerksam gemacht, denke ich mir. Wie wir leben und was wir alles kaufen können. Das weckt Begehrlichkeiten. Verständlicherweise! Was sonst? Die Bilder machen hungrig auf unseren Luxus, auf ein Leben in Wohlstand, wie wir es heute in Europa führen. Dieser Wohlstand wurde durch die Industrialisierung ermöglicht. Statt auf den Feldern zu säen und zu ernten, begannen die Menschen gegen Geld in Fabriken, auf den Baustellen und in immer mehr Büros zu arbeiten. Heute zeigt die Werbung, wie Mütter und Väter schick gekleidet ins Büro gehen, niemand ist mehr schmutzig. Doch hier in Brasilien bleiben viele einfach nur Tagelöhner.

Für das Büchlein „Der Himmel auf Erden" von Pfarrerin Ivonne Heinrich habe ich einmal den folgenden Beitrag geschrieben, der meine brasilianische Hüttenerfahrung mit dem Gleichnis aus der Bibel von den Arbeitern im Weinberg in Verbindung bringt:

Auch wer noch spät kommt, hat ein Recht auf Leben

Das stehen sie: jeden Tag, auf dem Marktplatz. Und sie sind alle ohne feste Arbeit, vielleicht auch ohne Ausbildung, jedenfalls alle ohne geregeltes Einkommen, ohne Sozialversicherung und ohne Altersversorgung. Aber Familien haben sie ja – und Kinder.

Und hier auf dem Marktplatz ist ihre Chance, ihre einzige Chance, denn hier suchen sich die Hausherren und Landeigner ihre Arbeiter, Tag für Tag. Und wer gerufen wird, hat Glück. Wer hört, dass er angesprochen wird und arbeiten darf, hat Brot. Wenigstens mal wieder für diesen einen Tag. Denn so hoch ist der übliche Lohn. Mindestens. Wie gut, dass sie dabei sein dürfen. Ja, sie können heute nach Hause gehen und stolz sein. Sie haben es geschafft – wenigstens für heute. Und so fühlen sie sich auch – sie haben den Tag im Griff.

Und wer nicht angesprochen wird? Nun, der muss weiter warten und hoffen. Manche von ihnen gehen auch von Tür zu Tür, von Landbesitzer zu Landbesitzer, denn sie suchen auch ihr Glück für heute – und sie klopfen, sie fragen, sie bitten. Und dann gehen sie wieder zurück, zurück zum Marktplatz. Wohin auch sonst. Vielleicht kommt ja noch jemand und fragt nach Arbeitern. Aber, es wird immer später und die Möglichkeiten immer geringer. Was sagen sie zu Hause? Was sagen sie ihren Frauen und wie halten sie die fragenden Blicke ihrer Kinder aus?

Ja, sie beneiden die, die jetzt schon arbeiten dürfen. Den ganzen Tag. Sie haben einen sinnvolleren Tag erleben dürfen – die anderen –, bis jetzt. Sie werden gebraucht und können sich nützlich machen. Sie wurden zuerst ausgesucht. Sie sind kräftig und fleißig – und morgen werden sie wohl wieder dazugeholt werden. Wahrscheinlich wieder als die Ersten. Vielleicht sogar mit einer festen Stelle.

Aber dann kommen sie doch noch an die Reihe. Niemand hatte damit gerechnet. Nicht wirklich. Vielleicht nur gehofft. Und sie werden gerufen. Sie dürfen arbeiten.

Und sie bekommen einen Tageslohn. Unglaublich. Sie müssen nicht als Versager nach Hause gehen mit leeren Händen, weil niemand sie wollte. Sie werden hart arbeiten, sie werden schuften wie die Tiere. Sie werden zeigen, dass sie fleißig sind – und willig. Ohne Pausen und ohne Fehler. Versprochen!

Und dann kommt der Feierabend. Jeder bekommt seinen Lohn, wie vereinbart und mindestens genug für diesen Tag. Und er wird morgen wieder kommen, der Inhaber des Weinberges. Und er wird sich wieder Arbeiter aussuchen. Das wissen sie, denn die Arbeit ist längst nicht fertig.

Aber plötzlich gibt es Unruhe unter ihnen. Man hört ein Murren, sie stecken die Köpfe zusammen. Sie reden von Ungerechtigkeit und zeigen sich unzufrieden.

Warum bekommen wir nicht mehr?

Warum bekommen die anderen nicht weniger?

Der Eigentümer des Weinberges nennt sie immer noch seine Freunde, als sie ihn kritisieren und sich beschweren. Und er bleibt nahbar und ruhig. Er duldet ihre Kritik und hält sich an seine Versprechen. Und er gibt ihnen morgen wieder eine Chance. Aber sie wollen mehr. Sind sie nicht besser gewesen? Haben sie nicht mehr geleistet? Aber er spricht von Güte. Ja, gütig ist er, aber nur zu den anderen, meinen sie und gehen ihren Weg.

Aber auch sie, die Unzufriedenen, werden morgen wieder da sein – wie alle – auf dem Marktplatz. Da, wo es Chancen auf Arbeit gibt. Und sie werden froh sein, wenn sie gerufen werden. Denn eigentlich wollen sie – ja müssen sie – wieder dabei sein. Für einen Tageslohn. Mindestens wieder einen Tageslohn. Denn bezahlt wird gut – eigentlich und im Großen und Ganzen. Und sie werden sich Brot kaufen können. Und vielleicht am Wochenende, wenn sie hoffentlich jeden Tag dabei sein konnten, auch eine Kanne Wein …

*

Man kennt das doch, oder? Genug ist nicht genug. Immer ist es zu wenig, oder es könnte ein wenig mehr sein. So sind wir doch geworden. Es bleiben immer Wünsche offen. Ja, uns meine ich! Und ich mich selbst auch.

Aber ich sehe auch die Bilder vor mir – aus China im Landesinneren, aus Vietnam, aus Brasilien oder aus Ländern in Afrika. Hütten, meist aus altem Blech, mit nicht mehr als 25 Quadratmetern für sechs Personen. Aber einen Fernseher haben sie bekommen. Damit sie zufrieden sein sollen. Und damit sehen sie, wie wir leben – in Europa und USA. Auch die Werbung sehen sie, die uns immer wieder selbst beeinflussen soll. Das weckt Begehrlichkeiten und macht wirklich unzufrieden. Denn allzu oft reicht es bei den meisten in diesen Ländern nicht einmal für eine Mahlzeit am Tag. Aber warum dieser Vergleich?

Nun, es ist leicht sich an dem zu orientieren, wo man mehr sieht und mehr vermutet. Immer wieder glauben wir, dass es dem anderen besser geht und er besser behandelt wird! Von außen betrachtet wenigstens. Aber es gibt auch die Kehrseite. Die wirkliche Armut auf dieser Welt. Oder die wirkliche Not meines Kollegen. Manchmal könnte ich sie sehen, wenn ich nicht immer weggucken würde!

Oder ich würde sie sehen, wenn ich mir selbst nicht immer so wichtig wäre und meine Sensibilität nicht immer nur vor meinen Füßen enden würde. Trotzdem sind wir uns sicher: Wir haben das Bessere verdient! Zweifellos! Denn wir haben doch mehr geleistet, sind nicht negativ aufgefallen, sind pünktlich und tüchtig und zuverlässig. Also, kein Grund zur Kritik. Immerhin haben wir uns mehr angestrengt als andere, ja eigentlich sogar gequält.

Und so plagt uns der Neid, ergreift uns die Eifersucht, fühlen wir uns ungerecht behandelt. Ungerecht, ja das ist das Wort, das uns auch in dem Gleichnis der Arbeiter im Weinberg ständig begleitet. Bei uns im täglichen (Arbeits-)Leben geht es längst nicht mehr um den Tageslohn für das tägliche Brot. Hier geht es um mehr Freizeit, höhere Gehälter und Prämien, um Weihnachtsgeld und Firmenwagen, um bessere Referenzen, Zeugnisse und mehr bezahlten Urlaub. Das ist schon ein ganz anderes Niveau, auf dem wir die Waagschale bemühen! Es geht nicht um die Existenz, es geht um Prozente und mehr Anerkennung.

Und was denkt der Besitzer des Weinberges?

Jeden Tag ist er da, auf dem Marktplatz. Und er sucht sich seine Leute. Zuerst immer gerade so viele, wie er heute benötigt. Wegen des Ablaufs und der Organisation. Und dann geht er wieder hin und holt mehr Arbeiter zu sich. Auch, weil die anderen bei der Hitze schon müde werden und Unterstützung brauchen. Bis abends geht er dort hin. Und bis die Arbeiten für diesen Tag erledigt sind. Und er zahlt jedem den gleichen Lohn. Natürlich! Denn es ist ja ein Tagelohn, der die Familie einen Tag ernährt. Weniger geht nicht. Und mehr wäre unwirtschaftlich. Denn auch am nächsten Tag will er möglichst vielen eine Arbeit und Brot geben können. Wieder genug für jeden, wieder für eine ganze Familie und wieder für einen ganzen Tag!

Aber, was soll der Text eigentlich? Muss man das verstehen? Soll das ein Gleichnis von einem gerechten Gott sein? Wenn ja, woran erkennt man es – gerade bei der ganzen Armut und Ungerechtigkeit weltweit, die Gott ja anscheinend zulässt? Oder kann ich es genau daran erkennen? Was soll ich nur glauben? Will ich überhaupt darüber nachdenken? Geht mich das etwa was an? Und zählt bei Gott überhaupt, was ich leiste? Sieht er überhaupt, dass ich doch alles tue, um gut zu sein?

Als ich den Text las, war ich herausgefordert. Bin ich etwa einer der Tagelöhner, der früh begann, froh war, eine Arbeit zu haben, sich auf zu Hause freute und dann einen für ihn ungerechten Chef vorfindet? Oder bin ich einer der anderen Tagelöhner, die mehr als froh waren, doch noch Arbeit gefunden zu haben, als der Tag verloren schien und die dann auch noch so viel Lohn erhielten, dass die Familie leben konnte?

Oder bin ich der Besitzer des Weinberges, der weiß, wie es um die Leute steht, der seine finanziellen Verhältnisse kennt, der auch morgen wieder lieber ein paar Leute mehr einstellt und auch dann wieder alle bezahlen kann, damit ihre Familien leben – auch die, die zu spät kommen, weil sie woanders gesucht haben?

Mir ist klar geworden, dass alle unsere selbst gemachten Maßstäbe nicht mehr passen, wenn wir uns mit Gott beschäftigen. Mir ist auch klar geworden, dass Leistung und Entlohnung zwar wichtig sind, aber nicht den einzigen Sinn geben, für das, was wir tun und sind!

Und ich sehe, dass er viel weiter denkt, dieser Gott. An den nächsten Tag und darüber hinaus. Und dass er allen die gleichen Chancen gibt, die wir alle immer wieder suchen – für heute und morgen. Und das sollte uns öfter mal genügen! Denn es ist immer mehr, als wir wirklich brauchen.

Heutzutage sprechen wir oft von der Work-Life-Balance, also einer Balance zwischen Arbeit und Leben. Leider beeinflussen wir damit junge Menschen in einer unglaublich schlechten und unfairen Weise. Denn es wird ihnen damit vermittelt, eingeredet und vorgegaukelt, die Arbeit sei kein Leben. Dies führt zwangsläufig dazu, dass sie bereits morgens schon auf den Feierabend warten, montags auf das Wochenende und sich zwischendurch auf die verlängerten Wochenenden durch kirchliche Feiertage, obwohl sie ja mit Kirche nichts mehr am Hut haben, und im Januar schon auf den Sommerurlaub freuen. Dann kommt die Rente – endlich. Und irgendwann ist das Leben vorbei. Man liegt im Sterben und stellt fest, dass man gar nicht wirklich gelebt hat, bis auf ein paar Partys und abendfüllende Videospiele.

Wenn Unternehmen die Option anbieten, bei Unlust zu Hause bleiben zu können, Menschen immer mehr von flexibler Arbeitszeit und einer Vier-Tage-Woche reden, dann kann eine kürzere Arbeitswoche für Familien mit Kindern sicher gut und nützlich sein, insbesondere in städtischen Gebieten, falls die Freizeit nicht zur Gefahr wird und auch sinnvoll genutzt werden kann. Dennoch sollte jeder so viel arbeiten, wie umgerechnet zur Deckung seiner Grundbedürfnisse nötig ist.

Wir arbeiten jedoch hauptsächlich für Geld und überlassen den Nahrungsmittelanbau anderen, oft hart arbeitenden Menschen auf der ganzen Welt. Das ist sozial ungerecht. Fairtrade hilft da zwar etwas, aber nicht genug. Es beruhigt dennoch unser Gewissen.

Menschen mit überwiegend Bürotätigkeiten können flexible Arbeitszeiten fordern, ein Beispiel dafür sind auch die Planer von Windparks. Doch beim häufig praktizierten Homeoffice sollte der Grundsatz nach Bedürftigkeit oder Bequemlichkeit gelten. Wenn es erforderlich ist, macht es Sinn. Dient es aber nur der eigenen Bequemlichkeit, kann es zu geringerer Leistung und höheren Kosten führen. Das ist nun einmal so.

Nur diejenigen Arbeitnehmer, die die Windkraftanlagen montieren, aufbauen und anschließen, müssen pünktlich und als Team mit acht bis zwölf anderen Personen auf der Baustelle erscheinen. Da werden alle Hände für eine sichere und schnelle Errichtung benötigt. Selbst schlechte Wetterbedingungen und niedrige Temperaturen hindern diese Teams nicht an ihrer Arbeit. Bei Offshore-Projekten auf dem Meer ist die Herausforderung noch eine Nummer größer, ja widriger. Wer da nicht mitzieht und teamfähig ist, kann nicht Teil eines Teams sein, bei dem man sich hundertprozentig aufeinander verlassen muss. Wir haben es erlebt, wohin Nachlässigkeit da führen kann: So wurden zuweilen Arbeiter aus Teams verwiesen, weil sie durch Unpünktlichkeit und mangelnde Motivation einfach unkollegial gehandelt hatten.

Landwirte beispielsweise, ich nenne sie gerne und stolz „Bauern“, die unsere Nahrung anbauen, sie pflegen und ernten, können sich nie eine beliebige Arbeitszeit oder gar eine Tätigkeit im Homeoffice aussuchen. Sie arbeiten wetterabhängig und müssen zudem den Jahreszeiten folgen. Und bei einer Tierhaltung müssen die Kühe, Schweine, Pferde etc. an 365 Tagen gefüttert und es muss sich um sie gekümmert werden. Landwirte haben da keine Option. „Null-Bock-Tage“ würden letztlich am Ende der Versorgungskette bedeuten, dass es im Supermarkt oder Bioladen nur leere Regale gibt.

Einer meiner Cousins, der als Stadtkind auf Landurlaub im Westerwald war, wurde von meiner Großmutter gebeten, mit ihr und uns auf das Kartoffelfeld zu gehen, um die Erde mit der Harke aufzulockern und das Unkraut zu jäten – also eine Handarbeit in gebückter Haltung auszuführen. Mein Cousin antwortete: „Ach Oma, ich esse doch nur Reis“ und zog sich zurück. Sein Satz erinnert mich bis heute in vielen anderen Situationen an die dahinterliegende Haltung.

Ich möchte eine Frage dazu stellen: Wie (un)sozial sind diese Forderungen nach Work-Life-Balance angesichts von zwei Millionen offenen Facharbeiterstellen und zu wenigen Handwerkern? Wir befinden uns in einem globalen Wettbewerb und verlieren eher den Anschluss, wenn wir stets nur auf uns selbst und unsere Befindlichkeiten schauen.

Beruf und Berufung

Für mich steckt dahinter die Frage, die man sich selbst beantworten muss: Wie spannend kann meine Arbeit eigentlich sein? Denn Beruf kann immer etwas mit Berufung zu tun haben, allein das Wort macht das deutlich. Vor allem, wenn ich meinen Beruf so verstehe: Ich bin dort an einen Platz gestellt, und genau dort bin ich dazu berufen, etwas zu tun, etwas zu produzieren, etwas zu gestalten, etwas zu reparieren, etwas zu unterrichten, etwas zu pflanzen und zu ernten oder Menschen zu helfen. Ich darf dort ein Schöpfer sein. Jemand, der etwas durch die Aufgabe, die er ausführt, in die Entfaltung bringt. Und zwar nicht nur, weil ich dafür bezahlt werde. Unsere Arbeit gehört unmissverständlich zu unserem Leben dazu, sie ist ein großer Teil davon. Und ja, wir verbringen viel Zeit in unserem Beruf. Nur warum betrachten viele sie oft so isoliert von ihrem sonstigen Leben?

Arbeit als Berufung zu verstehen und ihr auch so nachzugehen, ist etwas wunderbar Sinnvolles. Auf diese Weise schenkt sie nämlich Befriedigung. Sie stärkt das Selbstwertgefühl, bringt Anerkennung mit sich und fördert so sogar die eigene psychische Gesundheit. Mit dem Ergebnis, dass sich plötzlich Arbeit nicht mehr nach Last, sondern nach Lust und einem authentischen Leben anfühlt.

Mir persönlich war schwere und schmutzige Arbeit nie lästig. Doch ich habe nie eine Arbeit von meinen Mitarbeitern erwartet, die ich nicht selbst bereit gewesen wäre zu tun. Mir war immer wichtig, dass sich die Mitarbeiter in unserem Betrieb wohlfühlten, vor allem aber, dass sie für sich in ihrer Arbeit einen Sinn und ein Ziel sahen sowie die Kollegen als Familie betrachteten und nicht als Konkurrenten.

Natürlich darf man nicht außer Acht lassen: Es gibt manch physisch anstrengende Berufe, die Menschen ausüben müssen, um ihre Familien zu ernähren. Und dennoch habe ich es schon miterlebt, wie auch diese Menschen mit ihrer Arbeit zufrieden waren, sofern sie gerecht entlohnt wurden. Sie sahen den anstrengenden Beruf als ihren Weg, als ihre Berufung. Gerade in Pflegeberufen sind Idealismus, Selbstlosigkeit und Hingabe Voraussetzungen, die als Haltung gebraucht werden. Es sind also ganz besondere Menschen, die sich für diese Art von Arbeit, die ständig mit den Grenzbereichen des Menschseins zu tun hat, berufen fühlen. Dienen, Grundpflege, Seelsorge, Sterbebegleitung, Assistenz bei Operationen und Untersuchungen, Notaufnahme, lange Dienste, ständig Überstunden und Schichtdienst, Personalmangel, immer in Berührung mit Krankheiten und eine hohe Verantwortung – all diese Herausforderungen erleben sie täglich. Allerdings ist die Entlohnung in der Pflege noch immer ungenügend. Sie ist in keiner Weise vergleichbar mit dem, was Leute verdienen, die einem ruhigen 35-Stunden-Job im Büro nachgehen. Doch jeder, der eines Tages gesundheitlich in Not gerät, ist auf die pflegerischen Dienste dieser Menschen angewiesen und nimmt sie im Bedarfsfall ganz selbstverständlich in Anspruch. Meiner Meinung nach fehlt hier – immer noch, selbst nach den lehrreichen „systemrelevanten" Erfahrungen während der Akutphasen der Corona-Pandemie – eine klare Kursänderung in der Pflege seitens der Gewerkschaften und Politik.

Für mich war die Alten- und Krankenpflege ein Traumberuf, den ich aber damals nicht erlernen konnte. Warum? – Es gab Anfang der 1980er-Jahre keine offenen Stellen. Ich erhielt Absagen. Kaum zu glauben angesichts der heutigen Situation auf dem Pflege-Arbeitsmarkt.

Ausbildung vs. Studium

Liegt nicht genau darin das Problem, dass heute viele Menschen eher einen Job suchen, anstatt einen Beruf zu erlernen und auszuüben? Und verlernen wir es nicht in unserer Gesellschaft, an Berufe behutsam herangeführt zu werden? Dies beginnt meines Erachtens bereits bei der frühzeitigen Abgabe der Erziehung unserer eigenen Kinder, wodurch Eltern die Talente und Begabungen ihrer Kinder oft nicht mehr selbst mit entdecken und gezielt fördern. Priorisiert wird eher das Aufrechterhalten eines gewissen Lebensstils, der es erfordert, dass beide Elternteile berufstätig sein müssen. Die Quintessenz davon: Die Familie wird „gemanagt". Man sollte sich prüfen, welche Verantwortung aus der Hand gegeben wird.

Ein weiterer Aspekt ist der gefühlte Zwang zum Studium. „Ich mache nur eine Ausbildung", sagte vor einiger Zeit eine junge Frau zu mir. In Afrika ist ein Ausbildungsplatz ein Traum. Und hier bei uns? Versteht man hierzulande eine Ausbildung gegenüber einem Studium nicht mittlerweile eher als einen Makel? Doch wäre es nicht für manche Heranwachsende vom Typ her vorteilhafter, sich ausbilden zu lassen anstatt ein Studium zu beginnen? Oder anders ausgedrückt: Ist es wirklich besser, sich im Laufe des Studiums mehrmals umzuorientieren, weil es scheinbar nicht richtig passt, dann einen anderen Studiengang zu wählen und schließlich die Regelstudienzeit zu überschreiten, nur weil man einen so großen Stress hatte? Wäre es nicht vielleicht von Anfang an besser gewesen, eine Ausbildung zu absolvieren?

Wir brauchen zweifellos gute Ingenieure, Ärzte, Physiker, Betriebswirte, Wissenschaftler, Forscher, kluge Unternehmer, Führungsleute und Spezialisten. Aber ebenso besonnene und menschliche Polizisten mit Handlungsspielräumen, versierte Automechaniker, Maurer, Elektriker, Zimmerer, Schreiner und Heizungsbauer – um nur einige zu nennen. Männer wie Frauen gleichermaßen. Durch ihr praktisches Wissen und ihre pragmatische Umsetzung werden sie alle zu wichtigen Säulen unserer Gesellschaft.

Immer mehr junge Menschen leiden unter psychischen Erkrankungen. Dies ist meines Erachtens eindeutig das Ergebnis von gefühlter Nutzlosigkeit und Ohnmacht. Sie wissen nicht, was sie wirklich tun sollen und wo ihr Wert liegt, insbesondere angesichts der täglichen Flut an schlechten Nachrichten. „Wir wird unsere Zukunft einmal aussehen?", fragen sie sich. Und es bleibt die Frage: „Was kann ich schon tun?" Ein ehrenamtliches Engagement, neben dem eigentlichen Beruf, ist für viele da immer weniger im Blick, weil andere sagen, dass sie erst einmal Geld verdienen sollten. Und nicht selten wird mit Kopfschütteln reagiert, wenn sich einer traut und preisgibt, dass für all die Stunden seines ehrenamtlichen Engagements kein Geld im Spiel ist. Dabei ist es doch die innere Zufriedenheit, die hier der Seele wirklich guttut und sich in Euros nicht aufwiegen lässt.

Unser Leben ist leider übermäßig gesättigt, und alle Hochkulturen in der Geschichte sind exakt am Wohlstand, an der Dekadenz und dem Formalismus zugrunde gegangen. Doch wer heute immer noch von einer möglichen Steigerung des Wohlstandes, von einem „Schneller – Höher – Weiter" spricht, der ist weit weg von der Realität.

Darum möchte ich junge Menschen ermutigen, aufzustehen. Gerne würde ich ihnen einfache Botschaften mitgeben:

- Du bist gewollt. Sei dir dessen immer bewusst.
- Du hast ein Recht, auf der Welt zu sein.
- Du bist begabt und talentiert. Finde es heraus!
- Nimm dir frühzeitig Zeit, dich zu orientieren.
- Nimm dir nach der Schule etwas Zeit und mache einen sozialen Dienst.
- Versuche für sechs Monate oder ein Jahr ins Ausland zu kommen.
- Ein soziales Jahr macht dich in kurzer Zeit sehr reich an Erfahrung.
- Erweitere deinen Horizont spürbar und du bist anderen weit voraus.
- Lerne bewusst andere Kulturen außerhalb deines Kulturkreises kennen.
- Lerne Sprachen.
- Lerne zu dienen und sei hilfsbereit.
- Sei pünktlich und zuverlässig. Dir kann man vertrauen.
- Lerne dich zu benehmen und gehe auf andere Menschen zu.
- Übe dich in Diplomatie. Aber nicht um jeden Preis. Sag, was du denkst.
- Lerne Konflikte auszuhalten und wage den Widerspruch.
- Bilde dir eine eigene Meinung und stehe dazu.
- Werde nicht radikal, sondern besonnen.
- Kontrolliere deine Wünsche, wenn man dich beeinflussen will.
- Misch dich ruhig ein. Deine Meinung ist wichtig.
- Stecke dir Ziele und gehe entschlossen deinen Weg.
- Vergiss es nie: Du bist heute die Zukunft der Welt.

Erneuerbar bedeutet auch, dass Menschen sterben und neue Menschen geboren werden. Aber was geben wir der nächsten Generation mit in ihr neues Leben? Was hinterlassen wir ihr? Oder denken wir gar nicht darüber nach und beruhigen uns selbst damit, dass ja Wohlstand alles ist.

Jeder junge Mensch auf der Welt hat ein Recht auf eine lebenswerte Zukunft und auf Hoffnung. Jeder! Doch es herrscht eine große Ungerechtigkeit. Viele junge Leute auf der Welt haben keine Chance auf eine fundierte Ausbildung, sind arbeitslos oder müssen sich als Hilfsarbeiter durchschlagen. In vielen Ländern findet das amerikanische System der angelernten Jobs Anwendung, was bedeutet, dass man nach wenigen Wochen oder Monaten der Mitarbeit als qualifiziert gilt. Hier schätze ich das deutsche duale Ausbildungssystem, das es sonst nur noch in Österreich, der Schweiz und Südtirol gibt und somit weltweit einzigartig ist. Wir werden es erstmals ab 2024 in Ghana einführen und mit unserem neuen Unternehmen praktizieren.

Eine fundierte Berufsausbildung ist weltweit von großem Bedarf. Doch sowohl in Südamerika, Südostasien als auch in Afrika werden junge Menschen oft einfach als Tagelöhner eingestellt. Eine feste Anstellung ist höchst selten und eher ein Glücksfall. Es mangelt an sozialer Absicherung, Krankenversicherungen sind äußerst unzureichend und eine Altersversorgung ist selten vorhanden. Über Unfallversicherungen muss man kaum sprechen. Sie werden nur sehr selten abgeschlossen. Im Falle einer Erkrankung muss der Betroffene meist selbst zahlen.

Eine unserer ghanaischen Mitarbeiterinnen beispielsweise musste aufgrund plötzlicher starker Bauchschmerzen in die Notaufnahme eines Krankenhauses in Accra, der Hauptstadt. Sie wurde dort auch aufgenommen, aber wir mussten für jeden Ultraschall, jede Infusion und jede Untersuchung in bar extra bezahlen, obwohl es eine staatliche Einrichtung war.

Fällt ein Tagelöhner aufgrund eines Arbeitsunfalls krankheitsbedingt aus, dann fällt auch sein Verdienst aus und er muss zusehen, wie seine Familie weiterhin ernährt werden kann. Doch ich sehe in Afrika sehr oft, dass Menschen einander helfen, selbst wenn sie nur sehr wenig zur Verfügung haben. Sie teilen miteinander und rechnen nicht auf. Doch viele junge Menschen in den afrikanischen Ländern sehnen sich nach Ausbildung und Arbeit, egal unter welchen Umständen.

17. Mein Traum von jungen Menschen, die aufstehen

Was hat Deutschland so wohlhabend gemacht? Es waren Frauen, die unser Land nach einem sinnlosen und durch uns verursachten Weltkrieg wieder aufgebaut haben. Es waren die Arbeiter in den Fabriken, die oft unter schwierigsten Verhältnissen produzierten, basierend auf den Erfindungen und Konstruktionen praktisch orientierter Ingenieure. Handwerker und Mittelständler gingen hohe finanzielle Risiken ein und investierten aus eigener Tasche, um Werkstätten aufzubauen, weil sie Chancen und Möglichkeiten erkannten. Sie schufen stabile Arbeitsplätze und beschäftigten Menschen, die später eigene Häuser bauten und sogar in den Urlaub fahren konnten.

Nur was macht unsere Gesellschaft derzeit aus? – Wir verfügen über reichlich Zeit und Geld, um uns mit Belangen zu befassen, die uns spontan in den Kopf kommen. In der Politik, bei den Behörden und Verwaltungen gibt es Stellen, die selbst dann bestehen bleiben, wenn keine wirklich bedeutenden Aufgaben anfallen. Täglich werden neue Probleme und Aufgaben gefunden, zusätzliche Ressorts geschaffen, Verwaltungen künstlich aufgebläht, und man versucht, sich wichtig zu machen. Ein dringend notweniger Abbau von Bürokratie wird zwangsläufig genau an den überbesetzten Stellen in den Behörden und Verwaltungen ansetzen müssen, wenn er ernsthaft betrieben wird.

Das Abschaffen von Meldescheinen in Hotels oder die generelle Umstellung auf digitale oder Online-Verfahren können in einigen Fällen tatsächlich zu noch komplexeren Abläufen führen. Stattdessen wäre es sinnvoller, das Beantragen von Starthilfen für junge Unternehmensgründer oder das Vereinfachen von Genehmigungsverfahren bei Solar- und Windkraftanlagen zu erleichtern, auch wäre das sicher ertragreicher. Doch die wirklich wesentlichen Dinge zu ändern, das ist schmerzhaft und wird oft vermieden. Ein unternehmerischer Ansatz, um neue Ziele zu erreichen, könnte eine spürbare Erneuerung für alle Bürger bedeuten. Leider bewegen wir uns jedoch in die falsche Richtung, auch wenn scheinbare Anpassungen vorgenommen werden.

Über das Thema Gendern beispielsweise hat früher niemand wirklich nachgedacht. Es kam niemandem in den Sinn, so etwas zur Diskussion stellen zu müssen. Frauen der Nachkriegszeit waren sich ihrer Stärken und Leistungsfähigkeit bewusst. Während des Wiederaufbaus nach einem verheerenden Krieg waren sie den Herausforderungen unermüdlich gewachsen, weil ihre Männer leider dem Krieg zum Opfer gefallen waren. Mit der ganzen Trauer saßen sie mitten in einem zerstörten Umfeld. Es gab keinen Anlass, jemanden zu diskriminieren, zu verachten oder zu mobben. Alle packten gemeinsam an.

In Afrika wird das Thema Gendern nicht vorrangig behandelt. Viel wichtiger sind dort die Sicherung von Arbeitsplätzen, angemessener Wohnraum anstelle von Hütten und hygienische Toiletten, um Krankheiten zu verhindern. Wir sehen: Es geht um grundlegende Bedürfnisse, anstatt sich mit selbstgeschaffenen Problemen zu befassen.

So haben denn auch alle Wortungetüme, ob mit Sternchen oder großem I – natürlich um mehr Gleichberechtigung in die Sprache zu bringen –, bisher noch keine wirkliche Gleichberechtigung in der Entlohnung und Positionierung von Mann und Frau erreicht. Gerechte Beschäftigungsquoten werden so auch nicht erreicht. Was bedeutet das? – Sollten wir uns lediglich mit sprachlichen Veränderungen zufriedengeben? Ich sehe darin eher eine Form des Diskriminierens im Vergleich zu meiner erlernten Sprache, die die Worte Respekt, Gleichberechtigung, Toleranz und Frieden kennt. Die ursprünglichen göttlichen Zusagen über dem Regenbogen finde ich zudem wunderbar erneuernd: Saat und Ernte, Frost und Hitze, Tag und Nacht sollen nicht aufhören.

In unserem Fuhrländer-Unternehmen haben wir nie über Quoten und Gendern nachgedacht. Wir hatten einfach immer mindestens genauso viele Frauen wie Männer in leitenden Positionen. So waren wir nicht darauf angewiesen, unseren Respekt in Wortendungen zu dokumentieren. Wir hatten Respekt und Anerkennung für jede Person und haben dies bis heute. Ich halte das Einüben von Toleranz und Respekt für wesentlicher als das Schaffen immer neuer Beauftragten-Positionen in Unternehmen und Verwaltungen.

Wenn junge Menschen wieder auf die Straße gehen

Ich möchte gerne dazu beitragen, den Zyklus von Ermüdung und Gleichgültigkeit zu durchbrechen. Es freut mich sehr, wenn junge Menschen wieder auf die Straße gehen und auf ihre Situation aufmerksam machen sowie auf ihre Zukunft hinweisen – gerne auch freitags und ohne Gewalt.

Es ist ermutigend, dass weiter gegen Atomkraft gekämpft wird. Denn nach dem Abschalten in Deutschland geht es um den Ausstieg aus der Atomkraft in Europa und der ganzen Welt. Selbst wenn wir damit zunächst alleine in Deutschland stehen, zeigen wir, dass die Verbraucher von ehrlicheren Preisen profitieren, wenn wir uns von der Kernenergie verabschieden. Denn Brüssel liegt mit seiner Bewertung von Atomkraft meiner Meinung nach völlig falsch und hat eine Entscheidung gegen die kommenden Generationen getroffen. Es ist wieder einer dieser politischen Langzeitfehler! Atomstrom ist schlichtweg sehr teuer.

Zudem sprechen wir hier von Strahlung, die Jahrtausende anhält, und nicht von ein paar Monaten Laufzeitverlängerung. Dies ist etwas, das wir nicht einfach hinnehmen sollten, um den Unmut der Bürger zu vermeiden. Es geht um weit mehr als das. Die Gefahr und Folgekosten sind unvorhersehbar und werden zwangsläufig auftreten. Nachhaltig ist nur die Strahlung. Und ein auf Jahrtausende verantwortbares Endlager ist nicht in Sicht und wird es wahrscheinlich nie geben. Die Energiekonzerne und Politiker verschweigen uns dies jedoch. Eins steht aber fest:

Ich habe Angst vor dieser Energie. Im Gegensatz dazu ermutigen mich erneuerbare Energien.

Ich begrüße es auch, wenn wir weiterhin für den Frieden kämpfen und Ideale wieder zur Sprache kommen. Frieden entsteht nur durch das Aufeinander-zu-Gehen, Reden und Verhandeln – niemals durch Waffen. Denn Waffen werden auch benutzt, wie wir sehen können. Die Friedenstaube ist mehr als ein Symbol. Seit den 1970er-Jahren sprechen wir vom Wettrüsten, Abschreckung und der notwendigen Anerkennung der Grenzen von Militärbündnissen. Daher können Kriege nur verhindert werden, wenn Hoheitsgebiete respektiert und Provokationen von allen Seiten vermieden werden. Dies erfordert hoch qualifizierte und sensible politische Maßnahmen, die auf permanenten Dialog und Früherkennung setzen müssen. Wir sind nicht die Herren der Welt und müssen die Geschichte, Kultur und Sicherheitsbedürfnisse eines anderen Staates berücksichtigen, respektieren und einbeziehen. Es bringt nichts, als vermeintlicher Gewinner aus Verhandlungen hervorzugehen. Man gewinnt nur, wenn man einen Krieg wirklich vermeiden kann. Um erfolgreich zu verhandeln, muss man den Horizont und die Absichten eines Aggressors verstehen. Diese Aufgaben können nur von international erfahrenen Diplomaten in einem Team gelöst werden und nicht von einzelnen Politkern aus einzelnen Staaten.

Die Themen Frieden, Rüstung und Krieg haben wieder neue Dimensionen bekommen. Beim Wettrüsten zur Abschreckung produzierte Waffen werden auch eingesetzt. Wir sehen es in der Ukraine, in Israel und anderswo auf der Welt. Eine weltgemeinschaftliche Rüstungskontrolle ist unvermeidlich. Der Terror kennt keine Grenzen, egal ob aus Machtstreben, Gier oder religiösem Wahn. Wir haben nur die Chance der Entwaffnung.

Eine starke Weltgemeinschaft könnte dies erreichen und Konfliktparteien in die Schranken weisen, wenn entschlossen aufgetreten wird. Allerdings spielen auch hier Eigeninteressen oft eine größere Rolle. Im Kriegsfall ist der erste Weg hin zu zielführenden Verhandlungen ein Waffenstillstand, der nur durch Verhandlungen erreicht werden kann, nicht durch Eskalation. Im Krieg sterben Väter, Mütter, Töchter und Söhne – keine Helden. Und das Ausmaß eines Krieges durch Zerstörung und Wiederaufbau ist in seinen Auswirkungen auf die Umwelt kaum zu fassen.

Ich bin mir bewusst, dass das alles recht einfach klingen mag, vielleicht sogar besserwisserisch und träumerisch. Die richtige internationale Politik, die ja auch wieder nur Menschen machen, neigt dazu, die Welt in Gut und Böse aufzuteilen, in den Osten und den Westen, in den ärmeren Süden sowie Asien und China. Und genau hier beginnt das Problem ...

Das Engagement für den Widerstand gegen die globale Klimapolitik ist ebenso von größter Bedeutung. Denn es kommen weltweit Veränderungen auf uns zu. Natürlich wird die Natur sich erneuern und das Klima sich verändern, aber unsere Generation wird diese Veränderungen nicht mehr vollständig erleben. Stattdessen kommt auf uns eine hohe Rechnung zu. Energieversorger nutzen das bereits aus und profitieren davon. Doch damit ist es nicht getan. Die Auswirkungen beginnen gerade erst, und wir spüren sie von Jahr zu Jahr stärker.

Schlimm ist für mich, wenn junge Menschen erwarten, dass andere sich um ihre Belange kümmern und ihre Lebenssituation verbessern sollen. Sie werden möglicherweise leider eines Tages erschrocken aufwachen. Sie wollen immer mehr Freizeit und weniger Stress. Aber haben sie wirklich Stress und wissen sie, was das bedeutet? Vielleicht handelt es sich ja eher um Ängste, die sie haben.

Typische und luxuriöse Freizeitaktivitäten sind oft kostenintensiv und für viele nur schwer erschwinglich, dennoch werden sie heutzutage vielen als hippe „Must-haves“ suggeriert. Doch Reisen, Segeln, Fliegen, moderne Autos sind nach wie vor für viele ein utopischer Traum. Deshalb flüchten viele in Aktivitäten, einige beispielsweise in Computerspiele – eine Branche, die gerade boomt. Denn irgendwie muss die Zeit ja gefüllt werden, also wird stundenlang gespielt, geschossen, gesiegt. Dabei werden künstliche Strategien entwickelt, die aber letzten Endes niemandem wirklich nutzen. Die Nächte werden oft zum Tag gemacht, und der natürliche Lebensrhythmus gerät aus den Fugen. Das beeinflusst wiederum die sozialen Kontakte, die sich zwangsläufig auf WhatsApp, Instagram und andere soziale Medien beschränken. Man trifft sich immer seltener persönlich und vereinsamt unmerklich. Eine ganze Generation erlebt Kommunikationsprobleme und gestörte Beziehungen, all das Zwischenmenschliche wird virtuell und abstrakt. Doch das kann und darf geändert werden, insbesondere in den Städten und Ballungszentren, wo sich das Leben und die Menschen schnell verändern.

Es gibt jedoch auch junge Menschen, die gesellschaftlich Verantwortung übernehmen und aktiv werden. Man findet sie in den verschiedensten Vereinen, sozialen Diensten, Musikgruppen, Kirchengemeinden oder politischen Organisationen. Oder man begegnet ihnen bei friedlichen Demonstrationen für eine lebenswerte Zukunft und gegen Ungerechtigkeit und Gier. Diese Menschen sind überall zu finden, und mit ihnen bleibt das Leben erneuerbar.

18. Eine alte Vietnamesin und die Fürsorgepflicht des Unternehmers

Als Karl Schmidt, der im Jahr 2010 für die Erwachsenenbildung im Dekanat Bad Marienberg zuständig war, mir von seiner Einladung an den Benediktinerpater Anselm Grün aus Münsterschwarzach erzählte, war ich einfach nur begeistert. Anselm Grün gilt als recht unkonventionell. Auf der Fuchskaute, in unserem Restaurant, wollte er seinen Vortrag zum Thema Wertschöpfung durch Wertschätzung halten. Anselm Grün bietet zahlreiche Impulse und Denkanstöße zum Umgang miteinander sowie zum Umgang mit sensiblen und nach außen hin weniger starken Menschen. Insbesondere der Umgang miteinander in Institutionen, Verwaltungen, Kirchen, Politik und Unternehmen wird stark von ihm hinterfragt und kritisch betrachtet. Die Anfrage an ihn geschah nicht zufällig. Das Thema Wertschätzung im Arbeitsleben war und ist mir als Unternehmer immer wichtig gewesen. Wir waren und sind dafür bekannt.

Gelebte Wertschätzung unterscheidet den Unternehmer im Handwerk und Mittelstand deutlich vom Manager eines Konzerns. Während der Unternehmer seine Menschen im Betrieb sieht und ihren Wert kennt, der Einzelne also eine wichtige Rolle spielt, ist der Mitarbeiter im Konzern für Manager oft lediglich eine Kostenstelle und wird als Zahl benannt. Es schmerzte mich, als ich zuletzt nicht mehr alle 700 Mitarbeiter und Auszubildenden unseres Unternehmens in den 32 Ländern beim Namen kannte.

Manager unterscheiden sich meiner Erfahrung nach zudem durch Egoismus von Unternehmern. In Bezug auf sich selbst und das anvertraute Unternehmen leben sie nach dem Punkt und Komma in Verträgen, die möglichst umfangreich und kompromisslos sein müssen, um ja keine Angriffspunkte zu liefern. Sie verstecken sich gerne hinter Vorschriften. Manager erkennt man sofort an ihren Geschäftsmanieren. Sie neigen eher dazu zu verwalten und zu rechtfertigen. Es mag jedoch auch gute Manager geben, aber ist es fair, Mitarbeitende zu entlassen und sich selbst dicke Boni auszuzahlen?

Der Unternehmer und Firmeninhaber hingegen schätzt die erbrachte Leistung, rechnet nicht immer akribisch nach und unterstützt seine Geschäftspartner nach besten Möglichkeiten. Er arbeitet pragmatisch, ehrlich und zuverlässig. Auftretende Schwierigkeiten werden offen besprochen, und es werden Lösungen gefunden. Mitarbeiter wertzuschätzen und ihnen gegenüber fürsorgend zu sein, ist für ihn eine Herzensangelegenheit.

Die Fürsorgepflicht gegenüber dem gesamten Team bedeutet jedoch auch, die Menschen wahrzunehmen, die bewusst gegen die Gemeinschaft arbeiten, oft krank sind, ihrer Arbeit schlecht nachgehen und ihre Kollegen im Stich lassen. Sie müssen klar angesprochen werden, um sie möglichst wieder auf den richtigen Kurs zu bekommen. Das kann mitunter auch bedeuten, dass jemand nicht mehr länger Teil eines Teams sein kann.

Häufige Erkrankungen können aber auch bedeuten, dass Mitarbeiter körperlich oder seelisch überfordert sind, den täglichen Herausforderungen nicht gewachsen sind, keine Kraft mehr haben oder ihren gewählten Beruf nicht mehr ausüben können oder wollen. In solchen Fällen kann möglicherweise eine Kündigung in Erwägung gezogen werden, um den Mitarbeiter zu schützen und in seiner Verantwortung gegenüber ihm gerecht zu werden. Dies ist auch eine klare Pflicht von Personalräten und Arbeitnehmervertretern, diesen Prozess zum Wohle des Angestellten zu unterstützen.

Neben fairer Bezahlung und zumutbarer Arbeit ist der Umgang miteinander ein zentrales Thema. Immerhin verbringt man auf der Arbeit oft mehr Zeit mit Kollegen als mit der eigenen Familie. In diesem Zusammenhang können die Möglichkeiten des Arbeitens im Homeoffice und mehr Freizeit hilfreich sein, sofern auf der anderen Seite Angst und Druck nicht überhandnehmen.

Einer unserer Mitarbeiter, der seinen Abschluss nicht machen wollte, da er immer wieder kündigte und wir ihn dann wieder einstellten, wenn er eine neue Chance brauchte, fragte eines Tages, ob seine arbeitslose Freundin bei uns arbeiten dürfe. Sie hatte keinen Beruf erlernt, wollte aber in der Werkstatt schweißen und schlossern. Sie war äußerst geschickt und fleißig, wenngleich sie etwas blass wirkte und oftmals müde war. Ich befürchtete, dass sie ernsthaft erkrankt sei und bat sie darum, einen Arzt aufzusuchen. Sie weinte und kündigte, ohne auf meine Fragen zu antworten.

Nach gut zwei Jahren stand dann eines Tages unangemeldet eine strahlend hübsche junge Frau vor mir. Zuerst erkannte ich sie nicht. Sie sagte mir, dass sie sich nur bedanken wollte. Die Chance, die sie bei uns damals erhalten hatte, hätte ihr Mut gemacht, ihr Leben zu ändern. Jemand hatte an sie geglaubt und ihr etwas zugetraut. Sie erzählte weiter, dass sie eine Strafe wegen Drogenbesitz und Drogenhandel verbüßen musste und auf Bewährung entlassen worden war. Auch einen Entzug hatte sie gemacht und so ihr Leben wieder in den Griff bekommen.

Mein Credo ist: Unternehmen sind gut und wichtig, dass sie jungen Menschen Vertrauen schenken. Uneingeschränkt.

Dirk war sehr niedergeschlagen. Tränen standen in seinen Augen, als ich ihn in der Justizvollzugsanstalt besuchte. „Hol mich bitte hier raus. Du hast doch Beziehungen“, flehte er mich an. Dirk war angeklagt und verurteilt wegen Körperverletzung bei einer Demonstration gegen rechte Gruppierungen, auf der Seite der Gegendemonstranten. Er hatte die Kontrolle verloren, und seine politisch sehr rechte Gesinnung war mit ihm durchgegangen. Kahlköpfig, laut schreiend und äußerst aggressiv war er unterwegs gewesen. Nichts sollte ihn aufhalten können.

Seine Eltern, seine Geschwister waren im CVJM, im Posaunenchor in der Kirchengemeinde tätig. Und nun das. Was werden die Leute sagen? Scham breitete sich aus. Seine Schwester bat mich, mit dem Staatsanwalt zu sprechen, was sie bereits versucht hatte. Doch dieser blieb zunächst hart: Dirk sollte noch etwas im Gefängnis bleiben. Fuhrländer würde ihn ja sowieso wieder einstellen. Etwa drei Monate sollte seine Strafe dauern, vielleicht auch sechs, je nach seiner Entwicklung.

Natürlich würde ich Dirk wieder einstellen, wann auch immer er freikäme, versicherte ich seiner Schwester. Selbst wenn er vorbestraft wäre, oder vielleicht gerade deshalb. Denn ohne Chancen sind wir chancenlos. Er sollte seine Strafe absitzen und dann nehme ich ihn zurück in die Firma. Punkt.

Das Zusammenleben mit Menschen aus anderen Ländern und Kulturen in der Zelle war eine Herausforderung für Dirk. Er hat sehr darunter gelitten. Das erzählte er mir unter Tränen. Es sei unerträglich gewesen. Er brauchte aber diese Zeit im Gefängnis – um sich zu ändern. Er musste nachdenken, sich selbst verstehen lernen und sich neu orientieren. Das tat er. Er dachte nach und verstand. Und er kam frei.

Dirk kehrte zurück. Verändert. Anders. Selbstbewusster. Ich habe ihn mit Kollegen zuerst in die Ukraine und dann nach Vietnam geschickt. Ins Mittelland zwischen Hanoi und Ho-Chi-Minh-Stadt, dem früheren Saigon. Dort haben wir den ersten Windpark errichtet. Dirk war Teil eines Teams von Monteuren, stark und besonnen, zuverlässig und treu. Ich bin bis heute sehr stolz auf ihn, denn er hat Großartiges geleistet. Er hat sich aktiv verändert und an sich gearbeitet. Er ist heute ein starkes und zuverlässiges Vorbild für andere.

Als ich nach Vietnam kam, um meine Mitarbeiter und auch Kunden zu besuchen, traf ich zuerst auf eine ältere Vietnamesin vor ihrem Haus, die in ihrem Schaukelstuhl schlief. Sie trug eine einfache weiße Bluse, bunte weite Stoffhosen und Sandalen. Sie hatte etwas geruht, als sie auf uns wartete. Als sie uns sah, kam sie mit weit ausgebreiteten Armen auf uns zu und begrüßte uns herzlich.

Unter dem Vordach ihres Hauses, wo ihr Schaukelstuhl stand, wurde gekocht und Gäste wurden bewirtet. Auch meine Mitarbeiter aßen dort, sowohl morgens als auch abends. Sie sprach nur Vietnamesisch, kein Englisch oder gar Deutsch, aber irgendwie verständigten sich doch alle miteinander. Sie war eine offene und sehr freundliche Frau. Wir Ausländer wurden von ihr von Herzen willkommen geheißen, das konnte man förmlich spüren. Bei ihr wohnten wir in kleinen Häusern direkt am Meer mit einem traumhaften Ausblick. Jedes Haus hatte zwei Zimmer und ein Badezimmer. Und diese Vietnamesin war unsere Hausmutter, von allen liebevoll ‚Mama' genannt.

„Und wie geht es euch hier in Vietnam?", fragte ich die Männer.

Ihre Augen strahlten: „Hervorragend! Die Menschen sind super nett, hilfsbereit, freundlich, ohne Argwohn und Vorbehalte. Einfach nur liebenswert. Dabei war der Krieg zwischen dem Vietkong und den Amerikanern noch allgegenwärtig in Erinnerung. Und wenn wir abends ausgingen, um ein bisschen zu feiern, saß ‚Mama' in ihrem Schaukelstuhl vor dem Haus unter dem Dach. Dort hat sie auf uns gewartet. Jeden Abend und jede Nacht. Bis wir alle zu Hause waren. Und später ging sie leise von Hütte zu Hütte, in jedes Zimmer, richtete die Bettdecken und streichelte uns über die Wange.

„Was? Habt ihr euch von ihr streicheln lassen?", fragte ich nach. „Ihr seid doch Muskelpakete, Bodybuilder, Männer mit Stolz und Stärke. Und ihr lasst euch von einer alten Vietnamesin streicheln?"

Ein Mitarbeiter brach in Tränen aus und er sagte leise: „Ja, denn das hat noch nie jemand bei mir gemacht, auch nicht früher, als ich noch ein Kind war."

Heute ist Dirk mit einer Frau aus der Ukraine verheiratet, er hat eine wundervolle Familie und lebt im Westerwald. Er hat Hilfstransporte durchgeführt und Flüchtlinge gerettet, als im Februar 2023 der Krieg ausbrach. Zusammen mit seiner Frau hat er sich um Menschen gekümmert, ihnen geholfen, Mut gemacht und Wohnungen für sie eingerichtet. Und sie sind selbst im Haus zusammengerückt und haben Platz für Frauen mit ihren Kindern geschaffen. Ich bin stolz auf ihn, und er kann stolz auf sich sein. Es sind besondere Menschen, die sich erneuern lassen und solche Veränderungen und Wandlungen durchmachen. Sie können als Vorbilder dienen und haben viel zu erzählen.

19. Von Steinewerfern, einem Abendessen in Teheran und was beides mit Montana zu tun hat

In unserem Restaurant auf der Fuchskaute hing also dieses große, schlichte Kreuz an der Kopfseite – deutlich sichtbar für alle Gäste. Wenn man durch das Tor hereinkam, war es sofort im Blick. Gut 1,5 Meter hoch markierte es unsere Gesinnung. Menschen waren daraufhin verwundert. Es war größer als die Kreuze in Schulen und Gaststätten in Bayern, eher wie in einer Kirche.

Viele Fragen kamen auf, Fragen an unser Personal – auch zu den abgedruckten Tischgebeten in der Speisekarte. Was soll das hier? Stört das nicht die Gäste? Will der Chef das so? Ist der etwa fromm? Ist das eine Kirche? Kann man das wegmachen, wenn eine Feier stattfindet?

Auch unsere Kunden und Lieferanten sahen es, schwiegen aber häufig dazu. Aber sie machten sich ihre Gedanken. Und manche lobten es ausdrücklich, wie Julius Martini und Sönke Butz von der Firma Contrust aus Karlsfeld bei München, dem ehrlichsten und fairsten Versicherungsmaklerbüro, das es gibt und das ich kenne.

Unser Kreuz wurde sogar bei einem Abendessen mit der Firma Mapna in Teheran erwähnt. Aber wie kam es dazu? Es begann in Montana. Wir hatten die letzten Tage Butte, Bozeman, Billings und Great Falls besucht und waren zurück in der Hauptstadt Helena. Der Gouverneur Brian David Schweitzer begleitete uns und stellte uns seinen Hubschrauber zur Verfügung, den alten Vietnamhubschrauber Bell UH-1 Huey.

Wir besichtigten Flächen für mögliche Windparkprojekte und sprachen nun beim Abendessen über Arbeitsplätze und Teilfertigungen in Montana. Der Gouverneur lud mich in sein Haus ein, um bei seiner Familie zu übernachten. Nach dem Abendessen nahm er mich zur Seite, schenkte einen Whiskey ein und fragte, was er tun solle, um energieunabhängiger zu werden. Wir sprachen lange und ausführlich über die schrittweisen Möglichkeiten und meine Ideen dazu.

Danach fragte er, ob er etwas für mich tun könnte. Ich erzählte ihm, dass wir gerne den Iran in der Nutzung von erneuerbaren Energien unterstützen würden, damit weniger Öl verbrannt und auch Kernenergie nicht weiter vorangetrieben werden soll. „Iran is not a good idea", sagte der demokratische Gouverneur. Ich erklärte weiter, wer unsere möglichen Partner dort sein könnten, dass wir nichts Schlechtes unterstützen wollten oder gar Sanktionen untergraben würden. Uns ging es einfach um „Friendly Energy – Friendly World". Er sagte, dass er das bei der nächsten Gouverneursversammlung mit Hillary Clinton besprechen müsse. Er würde sich kurzfristig melden.

Einige Wochen vergingen und, ehrlich gesagt, hatte ich kaum geglaubt, dass man uns wirklich in Bezug auf den Iran wirklich ernst nehmen würde. Ich war gerade aus Lissabon zurückgekehrt, wo ich ein Treffen mit unserem international erfahrenen Steuerberater Sergio aus Angola hatte. Wir saßen gerade beim Abendessen in dem kleinen Dorf Santo Antonio bei Barreiro mit unseren Freunden Emidio und Hannelore, als mein Telefon klingelte. „Hi, here is Brian", sagte die Stimme am anderen Ende. „Who is Brian?", fragte ich zurück. „Hey, I'm the Governor from Montana, your friend."

Er erklärte mir, dass es etwas gedauert habe, da die Tochter der Clintons geheiratet hätte und er jetzt erst mit der Außenministerin reden konnte. Wir hatten ihre Zustimmung erhalten, weiter mit dem Iran über erneuerbare Energien verhandeln zu können. Aber nur darüber. Und es sollten keine Produkte aus den USA eingesetzt werden. Eine Bedingung und wichtig wäre darüber hinaus, dass ich auch in Deutschland eine offizielle Zusage der Behörden erhalten würde. Das hat Dr. Volker Weiß in den Wochen danach bestens organisiert. Wir kommunizierten alle Informationen regelmäßig, offen und ehrlich an Hendrik Hering, den Wirtschaftsminister in Rheinland-Pfalz, und an Bundeswirtschaftsminister Rainer Brüderle.

Dann saßen wir in Teheran in einem Restaurant an einem großen eingedeckten Tisch. Die Vorspeisen waren bereits angerichtet. Wir kamen von der Besichtigung der Firma Mapna, die ja einen fairen Vertrag mit uns abgeschlossen hatte. Gasturbinen von Siemens wurden dort seit Kurzem als Lizenzfertigung hergestellt. Auch das schien also möglich. Und neue Fahrzeuge aus den USA standen auch auf großen Parkflächen im Industriegebiet.

Bei unserer Ankunft am Flughafen hatte man uns in einen separaten Raum geführt und uns Früchte, Speisen und Getränke an einem weiß eingedeckten Tisch angeboten, während man sich um unsere Pässe kümmerte. Es war Ramadan, der Fastenmonat der Muslime, niemand aß etwas. Wir fühlten uns unwohl, wurden aber immer wieder energisch eingeladen zuzugreifen. „Ihr seid doch Christen und habt diese Regeln nicht."

Im Restaurant warteten wir auf den Chef. Er kam pünktlich um halb neun zum Sonnenuntergang. Den ganzen Tag hatte er gefastet, wie auch seine Mitarbeiter, die er zu dieser großen Runde mitgebracht hatte. Bevor das Essen beginnen sollte, fragte er mich, ob ich ihm erlauben würde, ein Tischgebet zu sprechen. „Du setzt dich ja auch immer unter dein großes Kreuz in deinem Restaurant", sagte er mit einem Lächeln. Er fasste meine Hand und betete auf Farsi, Persisch. Danach drückte er meine Hand fest und sagte: „Eigentlich sind wir doch Brüder."

Längst nicht jeder im Iran stimmt den Gesetzen und Bestimmungen zur Unterdrückung und Erniedrigung von Menschen zu. Das hat nichts mit echtem Glauben zu tun. Das habe ich an diesem Abend erlebt. Dieser Mann als Chef eines großen Unternehmens lebte seinen Glauben, auch vor seinen Mitarbeitern. Und er respektierte meinen Glauben, indem er sich unter mein Kreuz auf der Fuchskaute setzte. Auch das habe ich erfahren: Nicht wenige muslimische Gläubige wundern sich sehr, dass wir ihren Glauben tolerieren und ihnen zu ihren Feiertagen gratulieren, während wir selbst unseren christlichen Glauben verleugnen oder gar nicht mehr wissen, was er bedeutet.

Ein junger Mann aus unserem Bekanntenkreis fragte mich beispielsweise einmal, worum es da an Pfingsten eigentlich gehe und warum das ein Feiertag sei. Ein anderer wurde an Ostern bei uns beim Frühstück von einem jungen Musiker aus Spanien gefragt, warum wir denn Ostern nicht so feiern würden wie in Spanien, wo sie am Ostermorgen Umzüge veranstalten und auf den Straßen von der Auferstehung zeugen. „Das ist in Deutschland nur was für Kinder, mit Osterhasen und so", war die bescheidene Antwort des Gefragten.

Wenn ich Menschen nach christlichen Feiertagen frage, wird oft von ihnen behauptet, intelligent und aufgeklärt zu sein und dass sie es nicht mehr nötig haben, an einen Gott zu glauben, der in sieben Tagen die Welt geschaffen hat und mit Strafe und Hölle droht, wenn man mal was falsch gemacht hat. Zudem seien das alles alte Geschichten für Leute von gestern. Heute wisse man mehr. Und Sexualität sei ja eh zu einem verklemmten Fremdwort durch die Frommen geworden. Tja, so kann man sich irren.

Weiß man heute noch, dass der christliche Glaube, dem unsere Zeitrechnung zugrunde liegt, fast ein halbes Jahrtausend älter ist als der muslimische Glaube? Ich glaube: Aktueller und intelligenter als die Geschichte von diesem Nazarener, Jesus, ist kaum etwas. Konkret und verständlich gibt er Antworten und teilt seine Gedanken zum praktischen Leben mit. Er räumt mit alten und selbst erdachten Gesetzen und Vorschriften auf. Er verurteilt Diskriminierung und Herabsetzung generell. Und ungeteilten Reichtum, Gier und Geiz benennt er klar als falsch. Eine Beispielgeschichte, wie er das gemacht hat, hier exemplarisch:

Zur Zeit Jesu gab es eine bemerkenswerte Situation, in der eine Gruppe Männer eine junge Frau herbeischleppte. Unter den Männern befanden sich hochrangige Geistliche und gesellschaftlich angesehene Gelehrte. Die junge Frau hatte mit einem anderen Mann geschlafen und somit Ehebruch begangen. Dies war von Zeugen beobachtet worden. Gemäß dem damaligen Gesetz gab es dafür eine sehr harte Strafe: Sie sollte so lange mit Steinen beworfen werden, bis sie starb – eine drakonische Vorschrift, die festgeschrieben war.

Die aufgebrachten Männer brachten die Frau zu einem Mann, der als Außenseiter aufgefallen war und den man als störend empfand, da er ihre etablierten Ordnungen nicht Wort für Wort akzeptierte. Tatsächlich widersprach er den Theorien der Geistlichen und predigte stattdessen von unbedingter Vergebung, Versöhnung, Gleichheit und Gnade. Er sprach sogar von einem anderen Willen ihres Gottes. Und er erzählte den Menschen, dass sie geliebt sind, genau so, wie sie sind. Dieses neue Verständnis passte den Gelehrten nicht in das alte Schema von Rache, Macht und Reichtum, das die Gesellschaft geprägt hatte. Daher beschlossen sie, diesen Mann endlich zum Schweigen zu bringen und ihn loszuwerden. Ihre Absicht bestand darin, ihn auf die Probe zu stellen.

Würde er jetzt die Steinigung der Ehebrecherin ablehnen, verstieße er ganz klar gegen das Gesetz. Würde er aber der Tötung zustimmen, widerspräche er seinen eigenen Auslegungen, Ausführungen und Reden. Damit wäre alles, was er den Menschen gesagt hatte, unglaubwürdig und töricht.

In dieser heiklen Situation saß nun dieser Mann da und malte mit einem Stock in der Hand in den Sand. Hatte er die Männergruppe nicht kommen hören? Er blickte nicht einmal auf und tat so, als wären sie nicht da. Die Männer wiederholten ihre Frage mehrmals, nachdem er nicht direkt reagierte.

Hatte er plötzlich Angst bekommen, weil er keine Antwort wusste? Hatten sie ihn endlich kleinbekommen? Hatte sein Einfluss ein Ende? Denn immer mehr Menschen hingen an seinen Worten und glaubten seiner Botschaft. Sie schätzten die Idee der Vergebung, wenn sie Fehler begangen hatten. Doch wie würde das in die bestehenden Gesetze passen, die Strafen vorsahen? Strafen standen doch im Gesetz.

„Nun sag schon, was wir mit ihr machen sollen!“, sagte einer aus der Gruppe. Die Steine hielten die Männer bereits in ihren Händen. „Frei lassen und vergeben, wie du immer sagst, oder steinigen, wie es in unseren Gesetzen steht?“ Der Mann, der weiter in den Sand malte, konnte nur falsch antworten, das war allen ringsum klar.

Schließlich antwortete er, ohne aufzublicken: „Wer von euch in seinem Leben noch nie einen Fehler gemacht hat, der soll den ersten Stein auf sie werfen.“ Diese Worte trafen ins Mark. Denn wer nun von ihnen einen Stein werfen würde, würde sich selbst als makellos darstellen – eine unerträgliche Selbsterhöhung in den Augen der anderen Gelehrten. Sie erstarrten, ließen nacheinander die Steine fallen und verließen leise Ort und Stelle. Ohne es vollständig zu begreifen, hatten sie eine revolutionäre Erneuerung ihrer selbst gemachten und selbst auferlegten Regeln erlebt: Von nun an galt Gnade anstelle von Strafe.

Nach einer Weile frage der Mann die Frau, wo alle geblieben seien, denn er hörte keine Stimmen mehr. „Sie sind alle weg“, sagte sie. „Hat dich niemand verurteilt?“, fragte er nach. „Nein“, antwortete sie. „Nun, ich verurteile dich auch nicht. Du kannst nach Hause gehen. Aber mach das mit dem Ehebruch besser nicht wieder.“

Diese Begebenheit aus der Bibel diente mir als Grundlage für die vielen neuen Chancen, die ich immer wieder geben wollte, geben musste und auch gegeben habe. Deutlich wurde dies auch nach außen auf der Fuchskaute, durch die Darstellung des Kreuzes – eines Symbols für den Mann, der Gnade höher stellt als jeglichen Makel oder gar Strafe. Außerdem wird an der Geschichte klar, dass dieses Beispiel die herrschende Männerwelt in die Schranken verweist und allen, hier insbesondere der Frau, Gleichheit verliehen hat. Die gleichen Rechte beider Geschlechter wurden durch diesen einfachen Vergleich aufgezeigt.

Er richtet sich mit einem eindringlichen Appell an Menschen in Machtpositionen und warnt vor den Gefahren, die von Macht ausgehen können. Und er erhebt Anklage gegen Ungerechtigkeit, Ausbeutung, Mobbing und Benachteiligung.

Er gibt klare Leitlinien und Orientierung mit auf den Weg. Zuerst wendet er sich an diejenigen, die unter den Taten anderer Menschen leiden. Es sind die Schwachen, die Armen, die Beschuldigten, die Kranken, die Gedemütigten, die Benachteiligten, die Traurigen, die am Rande der Gesellschaft Stehenden und diejenigen, die an sich selbst verzweifeln. Er spricht ihnen ihr uneingeschränktes Recht auf Leben zu, betont immer wieder die Hoffnung und fordert eine gesamtgesellschaftliche Verantwortung, die Veränderungen herbeizuführen und für Erneuerung zu sorgen hat.

Dieser Typ spricht von Liebe, einem Wort, das heute abgenutzt klingt. Von der Liebe zu sich selbst, der Liebe füreinander und der Liebe zu Gott. Denn wer sich selbst nicht liebt, kann auch nur sehr schwer andere lieben. Sich selbst zu lieben, das bedeutet weder Egoismus noch Gier. Sie bedeutet, sich so anzunehmen, wie man ist, die eigenen Fehler und Schwächen, die Vergangenheit, aber auch Talente und Stärken zu erkennen und sich an dieser Einzigartigkeit zu freuen.

Er spricht von Vergebung und Versöhnung, von Großherzigkeit und dem Teilen. Er klagt nicht an und verurteilt niemanden. Stattdessen ermutigt er die Menschen zur Wiedergutmachung, zur Vergebung und auch Freude.

Selbst hat er schwierige Zeiten durchlebt und Dinge erfahren, die auch uns Menschen von heute passieren: Er wurde als uneheliches Kind geboren. Seine Eltern mussten fliehen. Er arbeitete als einfacher Handwerker und kannte Hunger. Er hat gegen Vorschriften verstoßen und Ablehnung erfahren.

Er zeigte Zorn und trieb gewinnorientierte Händler aus dem Tempel. Er musste standhaft bleiben und widerstehen. Er hat Courage bewiesen und sich gegen Ungerechtigkeit gestellt. Er hat Gleichberechtigung gefordert und andere ermutigte. Er verstand die Menschen mit ihren Nöten und Anliegen. Er wurde geliebt, gefeiert und bejubelt. Er hat den Mächtigen widersprochen. Er wurde zum Staatsfeind. Er hat gestört.

Er wurde beleidigt und geschlagen. Er wurde gehasst. Er hatte menschliche Gefühle, Ängste. Man hat ihn schließlich hingerichtet.

Im guten Miteinander leben

Wenn ich versuche zu begreifen, dass Jesus zugleich Gott ist, der uns als Mensch auf Augenhöhe begegnet und damit seine Nahbarkeit und sein Interesse an uns zeigt, wird der Glaube zu einer hochintelligenten und doch einfach verständlichen Sache. Er hat uns vorgelebt, wie er sich eine wunderbar lebenswerte Welt für uns Menschen vorstellt – in guter Beziehung zueinander und zu ihm, Gott.

In unserer aufgeklärten Welt vermisse ich solche Worte. Es sind klare Regeln, die für jeden gelten, unabhängig von seiner Position – sei es in der Politik, Wirtschaft oder im globalen Miteinander. Kriege, Versklavung, Umweltverschmutzung, Ausbeutung von Menschen, Tieren und der Natur, das Streben nach Macht, Geiz, Gier und Hass sind nicht das, was Gott für uns vorgesehen hat.

In jedem Land auf der Erde, auch bei uns, gibt es Menschen, die nach Macht über andere Menschen streben, ohne dass sie den Charakter einer Führungsperson haben oder gar die Eigenschaften. Getrieben von innerer Blindheit und Verkümmerung müssen sie sich in ihrer vermeintlichen Stärke behaupten, um überhaupt vor sich selbst bestehen zu können.

Religiöse Extremisten sind ebenfalls gefährlich, wie die Geschichte von der Ehebrecherin deutlich macht. Selbst bei uns wurden im Namen Gottes Menschen gefoltert und getötet. Menschen wurden und werden ausgenutzt, während die Kirche Geld mit der Angst vor göttlichen Strafen verdiente.

Für mich persönlich sind Religionen nur akzeptabel, wenn sie den Frieden fördern, alle Menschen und Völker gleichberechtigt sehen, jedem Menschen ein Recht auf ein unversehrtes Leben und eine hoffnungsvolle Zukunft zugestehen und die Schöpfung als Lebensgrundlage bewahren. Das Prinzip ist ganz einfach und für jeden verständlich:

Wir sind geschaffen, um zu leben, und jeder hat das Recht, auf der Welt zu sein. Menschen werden in unterschiedliche Religionen und politische Strukturen hineingeboren. Das haben unsere Eltern und Großeltern im sogenannten Dritten Reich zur Zeit des Nationalsozialismus erlebt: Sie wurden damals in eine verheerende und verlogene Ideologie hineingezogen, der alles geopfert wurde – bis alles in Schutt und Asche lag. Und es wurde dem geglaubt, was gelehrt und kommuniziert wurde.

Können wir also Menschen aufgrund ihrer anerzogenen und antrainierten Ansichten verurteilen? – Nein, aber Hass, Diskriminierung und Verachtung müssen wir ablehnen.

Wenn Menschen in einer Umgebung aufwachsen, in der Würde, Moral und Respekt gelehrt werden, statt das Recht des Stärkeren zu betonen, ist das klug und weitsichtig. Dies erlebe ich auch in anderen Religionen. Doch es bedrückt mich, dass diese guten Grundsätze in unseren Familien kaum noch an die nächste Generation weitergegeben werden. Das vermisse ich sehr.

Wir haben unsere Türen weit geöffnet. Das ist gut und wichtig. Menschen anderer Kulturen und Religionen sind hier sesshaft geworden und leben gemeinsam mit uns. Das bereichert uns und erweitert unseren Horizont. Vorurteile können so verschwinden.

Ich reise gerne in andere Länder, um zu sehen, wie die Menschen dort leben und arbeiten, wohnen und essen. Als Gast, Fremder und Ausländer bin ich nach außen kein Westerwälder mehr, sondern passe mich dann an – egal, ob ich dort Urlaub mache oder der Beruf meinen Aufenthalt bestimmt. Ich bemühe mich, mich den Gewohnheiten und Kulturen anzupassen. Diesen Anspruch stelle ich an mich wie auch an andere. Und in diesem Miteinander erlebe ich ungeahnte Herzlichkeit und sehe die Menschen, wie sie wirklich sind – menschlich eben. Leider sehe ich aber auch, dass viele Menschen in anderen Ländern an ihren Gewohnheiten festhalten. Ich kenne Leute, die weltweit immer in die gleiche Hotelkette reisen, sich auf die All-inclusive-Angebote und über deutsches Bier und Essen freuen. Sie bleiben dann meist im Hotelclub und kommen mit den Menschen und der Kultur im Gastgeberland kaum in Berührung.

Viele neigen dazu, im Ausland sehr „deutsch“ aufzutreten und erwarten ein Entgegenkommen, während sie selbst im eigenen Land keine ausländischen Kulturen akzeptieren. Das scheint nicht zusammenzupassen. Wenn in Deutschland eine Anpassung an unsere Kultur gefordert wird, die heute als berechtigt und notwendig angesehen wird, sollten wir als Ausländer außerhalb Deutschlands das Gleiche tun.

Ich sehe, wie sich viele Zuwanderer – die in den 1960er-Jahren noch als Gastarbeiter bezeichnet wurden –, sich erfolgreich integriert haben, obwohl sie anfangs misstrauisch beäugt wurden. Und wir gehen selbstverständlich in griechische, türkische, italienische, indische oder persische Restaurants, wenn wir als Stammgäste erkannt und herzlich begrüßt werden. In unserem Fuhrländer-Unternehmen haben wir vor Auslandsreisen stets Schulungen mit den Mitarbeitern durchgeführt, um sie auf die jeweilige Kultur vor Ort vorzubereiten. Wir sprachen über unterschiedliche Essgewohnheiten, Tischmanieren, den Umgang miteinander und die voraussichtlichen Situationen, in die sie geraten könnten. Selbst das Erlernen von Sprachen und der Umgang mit Dolmetschern waren Thema.

Vor 60 Jahren haben wir Menschen aus Italien, Portugal, Spanien, Griechenland und der Türkei ins Land geholt, weil wir sie als Gastarbeiter dringend brauchten. Heute sind wir aufgrund des Fachkräftemangels in einer ähnlichen Situation. Dennoch fällt es uns schwerer, ihre Integration zu fördern. Es könnte besser gelingen, wenn wir diese Menschen als mündige Bürger verstehen und sie stärker als bisher in unsere Kultur einbeziehen und begleiten würden.

20. Trotz greifbarer Aufträge ein schnelles Ende

Ziad Tassabehji, Gründer und ehemaliger CEO des Unternehmens sowie der gleichnamigen Stadt „Masdar" bei Abu Dhabi, ist heute einer meiner besten Freunde. Im Jahr 2008 bot er mir umgerechnet 500 Millionen Euro für meine Anteile an dem Unternehmen an. Ich lehnte dieses Angebot ab. Geld war mir nicht wichtig genug, um das Fuhrländer-Unternehmen und meine Mitarbeiter „zu verkaufen". Ich wollte auch die Arbeitsplätze meiner Mitarbeiter nicht gefährden. Denn es gab im Masdar-Projekt auch indische und arabische Investoren, die das Unternehmen vielleicht sogar aus Deutschland heraus nach und nach verlagert hätten, sobald das Know-how erst mal übertragen war.

Der Unternehmensverkauf geschah letztlich 2012, nachdem Zusagen und Versprechen nicht eingehalten, das Wissen übertragen und die Firma einfach abgewickelt wurde. Zu diesem Zeitpunkt war es zu spät, um einzugreifen, da die unternehmerische Verantwortung bereits beim neuen Vorstand und seinen Unternehmensberatern lag.

Vier Jahre nach Ziads Angebot kürzte uns die Commerzbank die vereinbarten Kreditlinien und reduzierte damit drastisch und nachhaltig unseren Handlungsspielraum. Unsere Lieferanten und Kunden waren dadurch gewarnt und wandten sich zunehmend ab. Was war der Grund dafür? Man hatte angekündigt, dass die Engagements bei der Windenergienutzung als riskant einzustufen waren und man wollte sie herunterfahren. Darüber hinaus gab es erhebliche Zahlungsverzögerungen und teilweise auch komplette Zahlungsausfälle bei unseren Kunden in Spanien, der Ukraine und anderen Ländern, obwohl Bankgarantien vorlagen. Allerdings erhielten sie dennoch keine Auszahlung der zugesagten Finanzierungen. Dies war eine Folge der weltweiten Bankenkrise.

Trotz dieser Herausforderungen gab es positive Aussichten für unser Unternehmen. Wir hatten bereits ein umfangreiches Windparkprojekt mit einem Wert von 400 Millionen Euro mit Furnas in Brasilien, dem größten Netzbetreiber Südamerikas, in Planung. Daher reiste ich 2011 mit meinem Team nach Rio de Janeiro, um die Direktoren und den CEO, Dr. Flavio Decat, zu treffen.

Allerdings hatte Dr. Decat einen kurzfristigen Termin mit dem Energieminister. Er ließ sich entschuldigen und versprach, nach Waigandshain zu kommen, um unser Treffen nachzuholen. Na ja, die Entfernung von Rio de Janeiro bis in den Westerwald machte dieses Angebot zu einer bemerkenswerten Geste. Doch er hielt Wort. Der Präsident von Furnas reiste nach Waigandshain, begleitet von acht Direktoren. Sie besuchten uns nach ihrem Aufenthalt in China, ehe sie nach Rio zurückkehrten.

Wir empfingen die Gruppe herzlich in unserem Restaurant auf der Fuchskaute und verwöhnten sie ihrer Reise gemäß mit kulinarischen Köstlichkeiten aus China, Europa und Brasilien. Unsere deutschen wie italienischen Köche zeigten ihre ganzen Kochkünste. Es kamen 32 verschiedene Gerichte in kleinen Portionen auf den Tisch. Dazu gab es deutsches Bier aus Hachenburg.

Am nächsten Morgen besichtigten wir nach dem Frühstück die Fertigung der Windkraftanlagen in unserem neuen Werk am Siegerland-Flughafen. Tags darauf wollten sie gerne einen Windpark besichtigen und auch eine Windkraftanlage mit einem 140 Meter hohen Turm besteigen. Ihr Wunsch führte uns 300 Kilometer in Richtung Nürnberg. Ein kleines Team von uns hatte dort einen Zeltpavillon gegen Sonne oder Regen errichtet, einen Grill aufgebaut und Getränke bereitgestellt. Wir aßen, tranken und lachten viel. Obwohl nicht alle Teilnehmer anschließend die Windkraftanlagen bestiegen, erhielten jedoch alle die notwendige Sicherheitsunterweisung und eine persönliche Schutzausrüstung.

Dr. Flavio Decat zeigte sich nach seiner Rückkehr zur Fuchskaute sichtlich begeistert und umarmte mich kurz, ohne Worte. Am nächsten Tag bat er mich um ein Gespräch unter vier Augen in meinem Büro. Er fragte mich, warum wir noch nicht über geschäftliche Angelegenheiten gesprochen hätten, sondern stattdessen sein Team und ihn einfach nur verwöhnt und komfortabel umsorgt hatten, was nach der anstrengenden China-Reise sehr wohltuend gewesen war. Ich erklärte, dass ich immer darauf bedacht sei, Vertrauen aufzubauen, bevor ich über geschäftliche Dinge spreche. Er antwortete: „Dann reden wir nicht mehr lange drum herum, wir machen es! Bitte komm nach Brasilien, damit wir es umsetzen können."

In Brasilen überraschte er mich mit einer großen Zeremonie zum Spatenstich auf unserem mittlerweile erworbenen Grundstück für die Teilproduktion von Anlagen. Nicht nur, dass er ein riesiges Zelttheater und einen Hubschrauber-Shuttleservice beauftragt hatte, um uns alle dorthin zu fliegen, er hatte auch den Energieminister, den Chef des staatlichen Energieversorgers Eletrobràs und die Gouverneure der umliegenden Staaten eingeladen. In Anwesenheit von 120 Gästen unterzeichneten wir unsere erste Vereinbarung.

Mein Nachfolger in der Firma konnte leider nicht das gleiche Vertrauensniveau aufbauen und das Projekt daher nicht erfolgreich umsetzen. Er war offensichtlich zu sehr auf Fakten und Zahlen fokussiert, eher ein Managertyp, dem Partner nicht vertrauten.

Die Bankenlinien wurden also gekürzt. War dies auf eine Marktbereinigung zurückzuführen, weil die Commerzbank das Windgeschäft nicht mehr als zukunftsträchtig ansah? Warum hat das Land Rheinland-Pfalz mit der ISB im Bankenpool nicht widersprochen? Wir hatten ein Finanzierungsvolumen, bestehend aus Krediten und Bürgschaftsrahmen, der zur Absicherung von Kundenanzahlungen genutzt wurde. Hier wurde einfach ein Teil gestrichen und wir konnten unser Tagesgeschäft plötzlich nicht mehr uneingeschränkt führen.

Ja, es gab auch Kritik an mir. Ich besaß beispielsweise eine luxuriöse Segelyacht in Frankreich. Doch wozu überhaupt eine Yacht?

Einige Geschäfte laufen nicht geradlinig, das haben diese Jahre gezeigt. Ein Kunde aus Dänemark, der Hydraulikmaschinen herstellte, hatte schon Windkraftanlagen von uns in Betrieb und wollte nun einen millionenschweren Auftrag vergeben, den wir in dieser finanziell anspruchsvollen Situation auch dringend benötigten. Die Vorfinanzierung der Komponenten stellte eine Herausforderung dar, und Anzahlungen waren üblich. Unser Kunde wusste dies von früheren Geschäften mit uns. Als Anzahlung bot er uns dieses Mal jedoch statt Geld seine Segelyacht an, da er sich eine neue und größere kaufen wollte. Er schlug vor, somit 800.000 Euro auf den Auftrag anzurechnen. Ich betonte, dass ich kein Interesse an Segelyachten hatte, kein Segler war und in der Breitenbachtalsperre bei Waigandshain kaum der Platz dafür ausreichen würde. „Ich benötige keine Segelyacht", war daher meine Antwort.

„Und ich brauche keine Fuhrländer-Windkraftanlage!", erwiderte er. Nach internen Diskussionen und einem Gespräch mit unserem Steuerberater, wie man so etwas in einem Unternehmen lösen kann, haben wir schließlich die Segelyacht doch übernommen. Wir sahen dies als notwendigen Schritt an, um Arbeitsplätze zu sichern. Den Verkauf der Yacht konnten wir allerdings nicht sofort in Erwägung ziehen, da dies zu einem Wertverlust geführt hätte. Das wusste unser Kunde ganz genau.

So mussten wir immer wieder manch unkonventionellen Kompromiss eingehen, um das Unternehmen weiter auszubauen, Arbeitsplätze zu schaffen oder zu sichern und dem Marktgeschehen folgen zu können.

Fuhrländer und die Bankenkrise

In den Jahren 2011 und 2012 blieben dann millionenschwere Zahlungen von Kunden aus, obwohl die Banken diese eigentlich zugesichert hatten. Einige dieser Kunden waren in der Krise zahlungsunfähig geworden oder hatten bereits Insolvenz angemeldet. Zusätzlich kam ein Serienschaden unseres Getriebelieferanten Zollern dazu. Man zeigte wenig Bereitschaft, uns bei der Schadensregulierung zu unterstützen, und schien eher die Schließung des

Unternehmens zu bevorzugen. Wir standen überall in der finanziellen Vorleistung von Projekten und unsere Liquidität schwand zusehends.

Da war ich am Ende meiner Kräfte. Ich hatte geglaubt, dass Windenergie und Ausbildung allgemein politisch und gesellschaftlich unterstützt würden. Offenbar war das nicht der Fall. Die Banken wurden gerettet. Banken, die dann sozialen Zukunftsunternehmen die finanzielle Unterstützung verweigerten. Die Kreditinstitute schätzten die Arbeit von mehr als 700 Mitarbeitern nicht wert.

Obwohl ich die Gewerkschaft sogar eingebunden hatte, war ihre erste Reaktion: „Du brauchst uns doch gar nicht." Ich hatte bereits zuvor eine Mitarbeitervertretung ins Leben gerufen, konnte aber persönlich nicht mehr die Zeit aufbringen, mit allen zu sprechen und zu fragen, wie es ihnen bei uns geht, so wie ich es früher gerne gemacht hatte.

Und so kam es, dass ich schließlich schweren Herzens meine Firmenanteile übergab – zu einem symbolischen Preis an einen ukrainischen Kunden und Investor. Obwohl auch dieser in der Vergangenheit manchmal säumig gezahlt hatte, versprach er nun, die finanzielle Lücke der Banken in Höhe von 15 Millionen Euro zu schließen. Eine neue Hoffnung entstand.

Das tat er dann mit einem jederzeit kündbaren Darlehen, mit dem er die Kontrolle über das Unternehmen behielt, nicht jedoch das vereinbarte Eigenkapital einzahlte. Er versprach, das Unternehmen in meinem Sinne weiterzuführen, da er auch Lizenznehmer in der Ukraine war und unseren Firmennamen nutzen durfte. Leider kam es dann doch ganz anders. Zum Glück ist er heute weiter im Bereich der Windenergie tätig. Über ihn knüpfte ich wunderbare Kontakte zu Yurii, meinem engen Freund und Projektentwickler, zu Andrey, Mitglied der World Wind Energy Association (WWEA) und Vorstandsmitglied der Ukrainian Wind Energy Association (UWEA). Und über Andrey dann wiederum zu Sergey, der derzeit an Konzepten für regenerative Energieversorgung nach dem Krieg arbeitet.

Ein halbes Jahr nach meinem Ausscheiden, im September 2012, stellte die neue Geschäftsleitung einen Insolvenzantrag. Das war für mich überraschend, denn neben dem neuen Vorstand, der von einer großen Unternehmensberatungsgesellschaft aus München kam, wurden über viele Wochen hinweg viele junge Berater eingeflogen, die angeblich alles besser konnten als ich. Und sie wurden außergewöhnlich gut bezahlt. Nur hatten sie von erneuerbarer Energie sowie im Umgang mit Kunden und Lieferanten wenig bis gar keine Erfahrung. Sie hatten nie zuvor Firmen gegründet oder Mitarbeiter motiviert. Jahre später wurde dieser Vorstand aufgrund von Unregelmäßigkeiten in seinem Amt bei uns zu einer hohen Geldstrafe verurteilt.

Zu dieser Zeit hatten wir über 700 Windkraftanlagen unter Vertrag, für die wir die Betriebsführung, Wartung und den Service erbringen mussten. Das allein hätte für millionenschwere und langfristige Einnahmen gesorgt und die meisten unserer Arbeitsplätze dauerhaft gesichert. Leider schien die neue Führungsmannschaft nicht in der Lage zu sein, dies angemessen einzuschätzen.

Alles auf die Windkraft gesetzt

Ich war von mir selbst sehr enttäuscht. Ich fühlte, dass ich versagt hatte. Mein Lebenswerk und mein Traum waren zerplatzt. Denn in Deutschland gilt eine Insolvenz als ein Makel, den man nie verziehen bekommt, und das, obwohl ich nie insolvent war. Dennoch gab ich mir selbst die Schuld dafür, dass es „Fuhrländer“ nicht mehr gab. Ich traute mich nicht mehr unter Menschen und mied jeglichen Kontakt. Selbst in meinem Heimatort ging ich nicht mehr vor die Türe. Ich schämte mich zutiefst und griff zu Alkohol, um zu verdrängen und zu vergessen. Das isolierte mich emotional immer mehr, und ich verlor jeglichen Halt.

Außerdem hatte ich eine sehr hohe Bürgschaft in Höhe von 1,5 Millionen Euro gegenüber den Banken übernommen. Für mich war das viel Geld, da ich entsprechend meiner Philosophie mein gesamtes Vermögen in die Firma investiert hatte, anstatt sichere Rücklagen zu bilden. Sogar meine Rente hatte ich schon in die Entwicklung von Windkraftlagen gesteckt. Die Windkraft war eben meine Mission, und Geld hatte für mich keine Priorität, es war mir persönlich nicht wichtig.

Im Jahr 2021/22 kam es dann zu einer einvernehmlichen Lösung mit den Banken. Immer wieder hatte man mir geraten, eine private Insolvenz anzumelden, aber das lehnte ich ab. Ich fühlte mich meinen Verpflichtungen gegenüber moralisch verpflichtet, konnte sie jedoch nicht bedienen. Eine Insolvenz ließ mein Stolz als Unternehmer nicht zu. Weder für mein Lebenswerk noch privat. Also musste ich einen Weg aus diesem Dilemma finden. Es war dann mein Bruder, der mir maßgeblich dabei geholfen hat, eine akzeptable Lösung mit den Banken zu finden.

In solchen Situationen merkt man plötzlich auch, wer wirklich zu einem steht und wer nicht. Freunde, die sich wohlgefühlt hatten, als sie in meiner Nähe umgeben waren von Pressefotografen und Fernsehkameras, die mit am Tisch saßen, wenn internationale Gäste kamen und hofiert wurden, und neben mir standen als einem angesehenen Menschen, waren plötzlich verschwunden. Einer von ihnen, dem ich eine neue Lebensperspektive geboten hatte, sodass er sogar internationale Erfahrungen sammeln konnte, sagte mir damals: „Mit dir kann man sich seinen Ruf doch nur verbrennen.“ Das hat wehgetan.

Ich musste sehen, dass es grundsätzlich wohl doch mehr auf die äußeren Dinge ankommt. Werte werden oft einzig und allein am Kapital gemessen. Doch in Zeiten des Niedergangs sieht alles wieder ganz anders aus.

Dabei hätte man das Unternehmen Fuhrländer retten können. Es gab Perspektiven, die ich während meiner Zeit erarbeitet hatte und die fast 400 Millionen Euro Umsatz versprachen, auch in Zusammenarbeit mit Juwi, einem Projektentwickler aus Rheinland-Pfalz. Doch all das schien nicht zu zählen. Und letztendlich hatte ich nicht mehr die Kraft dazu.

Mit einem Umsatz von fast 250 Millionen Euro im Jahr 2009 wollten meine Gesellschafter schnell an die Börse gehen und den Wert des Unternehmens vervierfachen. Es schien die richtige Zeit für das Unternehmen zu sein. Doch die Weltfinanzkrise machte diese Pläne zunichte.

Deutschland befand sich damals energiepolitisch auf einem guten und richtigen Weg. Aber es bedurfte politischer Rahmenbedingungen und Gesetze, um dies zu stützen und klar aufzustellen. Wenn wir diesen Weg konsequent weiterverfolgt hätten, hätten wir heute die kostengünstigste Energie überhaupt. Denn Wind als Primärenergie steht kostenlos zur Verfügung. Doch solange viel Geld mit umweltschädlicher Energie verdient wird, solange fehlt oft die politische Courage. Für mich war es jedenfalls unverständlich, dass eine Bank durch eine einzige Entscheidung die Zukunft von 700 hoffnungsvollen jungen und älteren Arbeitnehmern beeinflussen konnte.

21. Wenn man seinen Halt verliert

Anfang 2012 begann für mich die wohl schwierigste Zeit meines Lebens. Mein Lebenswerk war dahin, meine Ehe zerbrochen, und unser Sohn David, der Erneuerbare Energien in Flensburg studierte, hatte einen unglaublichen Druck auszuhalten. Sein Name stand ja in Verbindung mit dem einstigen Vorzeige-Windkraftanlagen-Hersteller aus dem Westerwald, und jeder fragte ihn: „Ist das dein Vater, dessen Firma pleite ist?" Das belastete ihn sehr, und auch unsere anderen Kinder litten sehr darunter. Nur meine Eltern bewahrten Ruhe.

Ich selbst war zwar nicht pleite mit der Firma, aber ich war nervlich am Ende und nicht mehr belastbar. Ich hatte den Halt verloren und hoffte immer noch auf selbst ernannte Retter, doch ich sah nur, wie sie alles völlig zerstörten. Ich konnte nichts mehr machen. Gegenüber unfähigen Beratungsgesellschaften – von den Kreditinstituten unbedingt gewollt –, willkürlichen Bankenentscheidungen und politischen Achterbahnfahrten war ich macht- und hilflos. Das Argument der Arbeitsplatzsicherung und Ausbildungsplätze zählte in dieser Zeit auch politisch nichts mehr, wie uns später ein Vertreter der bundespolitischen CDU bestätigte. Man sagte uns pauschal, dass jeder woanders leicht eine neue Arbeit finden könne, und so hoffte man von politischer Seite darauf.

Dabei hatten wir nur wenige Wochen zuvor neue internationale Kontakte geknüpft und eine neue Technologie mit einem Hybrid-Drive, bestehend aus einem mittelschnell laufenden Generator und einem einstufigen Getriebe, auf den Markt gebracht. Dies war zweifellos eine wesentlich bessere Windkraftanlage als der GROWIAN, die vor 30 Jahren entwickelt wurde. Unsere Anlagen hatten bereits einen Rotordurchmesser von 120 Metern und eine Leistung von 3 Megawatt. Die damalige Bundeskanzlerin Angela Merkel und der damalige chinesische Ministerpräsident überzeugten sich davon im April 2012 auf der Messe in Hannover, wo wir stolz die Zukunft präsentierten.

Besuche von solch hochrangigen Politikern wurden bis ins Detail geplant und vorbereitet. Positionen wurden auf dem Boden mit Klebestreifen markiert, eine Tribüne für die Presse eingerichtet, Reden minutiös verfasst. Ich begrüßte die Kanzlerin mit „Frau Kanzlerin" und den chinesischen Gast als „Herr Ministerpräsident", wie es die Vorgabe verlangte. Ich hielt anschließend einen maximal achtminütigen Vortrag über das Unternehmen, die Kanzlerin erwiderte kurz, der chinesische Ministerpräsident sagte nichts und lauschte nur den Dolmetschern. Ich bedankte mich, und beide gingen weiter. Dieser Ablauf wurde von einer Protokollchefin überwacht, alles war vorgegeben.

Nach diesem disziplinierten Ablauf reichte ich das Mikrofon meinem chinesischen Freund und Mitarbeiter, Dr. Anzhong Wang, damit ich mich mit dem vorgegebenen Händeschütteln verabschieden konnte. Anzhong verstand zunächst nicht, was das Mikro zu bedeuten hatte. Doch plötzlich fühlte er sich dadurch aufgefordert, etwas zu sagen und begann auf Chinesisch zu reden. Das Gesicht des chinesischen Gastes hellte sich sofort sichtlich auf und er lächelte. Das der Protokollchefin hingegen wurde rot. Der Ministerpräsident deutete auf die Kanzlerin, die Dr. Wang in seiner Aufregung nicht begrüßt hatte. Und die Dolmetscher mussten nun umschwenken und für die Kanzlerin übersetzen. Nach dem Beitrag meines Freundes wollte der deutsche Tross endlich gehen, doch nun bat der chinesische Ministerpräsident um das Mikrofon. Ruhig und besonnen sprach er, er war sichtlich erfreut und bedankte sich persönlich mit Dankesworten für unsere guten deutsch-chinesischen Geschäftsbeziehungen, die wir als Fuhrländer-Unternehmen seit 1998 zu loyalen und vertrauenswürdigen Freunden pflegten.

Sollte es also doch eine vielversprechende Perspektive für das Unternehmen geben? Gleichzeitig war es in der Branche ein offenes Geheimnis, dass man einen Wettbewerber weniger haben wollte. Waren wir etwa für die Großen, Branchenriesen wie General Electric, zu einer Bedrohung geworden? Möglicherweise, denn unsere Technologie war führend. So kann ich bis heute nicht nachvollziehen, wie solch verheerende Entscheidungen getroffen werden konnten. Wenn es kluge politische Strategien gab, die den Interessen der Energiemächte entgegenstanden, dann öffneten die Banken bereitwillig die Türen. Aber gab es Entscheidungen gegen den Ausbau der erneuerbaren Energie, Vergütungsreduzierungen oder baurechtliche Einschränkungen, dann schlugen sie diese Türen schnell wieder zu. Leider waren es immer die konservativen Parteien, die den Energiekonzernen folgten und sich hinter die recht unlogische und daher oftmals verlogene Argumentation der Stromverteuerung durch erneuerbare Energien stellten. Die Marketingbudgets der Energiekonzerne sind riesig, und sie können damit Meinungen manipulieren und ablenken von egoistischen Absichten und ihrem Versagen. Es scheint, als könne man auch Politiker auf diese Weise beeinflussen. Als Mittelständler hast du gegen solche Kräfte keine Chance.

Raus aus dem eigenen Unternehmen

Nach der Hannover Messe 2012 schied ich schließlich aus meinem Unternehmen aus. Ich musste meinen Schreibtisch räumen und all meine persönlichen Sachen mitnehmen. Meine Assistentin Daniela, die die gute und stets verbindende Seele der Firma und meine rechte Hand war, organsierte meinen Abschied, was für mich eine Erleichterung war. Meinen Computer mit sämtlichen Kontakten und Daten hatte der neue Vorstand bereits konfiszieren lassen. Ich behielt nichts, was mit der Firma, den Mitarbeitern und Freunden zu tun hatte. Ich fühlte mich überflüssig und störend. Alle Kontakte schienen abgebrochen zu sein.

Anfangs wusste ich gar nicht so recht, was eigentlich passiert war. Ich fuhr mit Emidio, meinem portugiesischen Freund, im Auto nach Portugal, um erst einmal Abstand zu gewinnen. In Frankreich begegneten uns dann Servicefahrzeuge mit dem großen „F" und der Aufschrift „Fuhrländer – Friendly Energy". Das schnürte mir die Kehle zu.

Als ich nach Deutschland zurückkehrte, begann eine sehr depressive Phase, und ich erkannte plötzlich, was ein handfester Burn-out bedeutet. Bis dahin hatte ich immer gedacht, so etwas sei eher Einbildung. Jetzt wusste ich es besser.

Im Rückblich erkenne ich, dass unser Tempo in den letzten Jahren unbeschreiblich hoch gewesen war. Ich versuchte, die politischen Unabwägbarkeiten und Risiken in Deutschland durch eine internationale Marktpräsenz zu kompensieren, und teilweise gelang das tatsächlich.

Innerhalb von zehn Monaten in 32 Länder zu reisen, war sehr anstrengend gewesen. Von Brasilen mit Temperaturen um die 30 Grad nach Frankfurt zu fliegen, dann schnell nach Hause zum Duschen und kurzen Ausruhen, nur um dann wieder nach Frankfurt zu fahren und nach China mit minus 12 Grad zu fliegen. Oder innerhalb von acht Tagen in 12 Länder zu reisen, um Projekte zu besprechen, wozu wir einen kleinen Jet langfristig gechartert hatten. Ich wollte keine Arbeitsplätze verlieren oder aufgeben müssen. Im Gegenteil, es sollten eher mehr werden. Dennoch plagten mich stets Gewissen und Bauchschmerzen beim Fliegen, auch wenn mein Flugzeug zum fliegenden Büro geworden war. Mein Freund Ziad sagte zu meinen Bedenken über die Schadstoffemission der Fliegerei: „Pollute a bit for to save a lot" – übersetzt: Verschmutze ein wenig, um viel zu retten. Das hat mich nicht wirklich beruhigt, aber immerhin haben wir mit unserer Technologie erhebliche Mengen an CO2 eingespart.

Was wollte ich erreichen und was ist daraus geworden? Ich wollte …

- die Welt ein wenig besser machen,
- jungen Menschen gute Chancen und Perspektiven bieten,
- Mitarbeitern ein angstfreies Arbeiten ermöglichen,
- besser sein als alle Gewerkschaften,

- gleichermaßen und gleichberechtigt Frauen und Männer beschäftigen und bezahlen, egal in welchen Berufen oder in welcher Position,
- eine flache Hierarchie,
- dass alle Mitarbeiter ein Mitspracherecht haben,
- inspirieren und mitreißen,
- gerecht sein,
- ein Vorbild sein,
- internationale Ausbildung fördern und erneuerbare Energien voranbringen,
- über alle Grenzen hinweg Brücken bauen und andere verstehen lernen,
- nicht gierig sein, sondern teilen und verschenken,
- dazu beitragen, die Schöpfung zu bewahren,
- und ich wollte dienen.

Anderen zu dienen, das war stets mein Herzenswunsch. Manchmal habe ich in Restaurants einfach für andere Familien oder fremde Menschen mitbezahlt, ohne dass sie es bemerkt haben, obwohl ich sie gar nicht kannte. Und wenn wir mit mehreren Leuten am Tisch saßen, dann zahlte immer nur einer. Getrennte Rechnungen nach einem gemeinsamen Essen, das kam für mich nicht infrage.

Was war mir geblieben von all den Wünschen und Träumen? Nichts. Waren es falsche Ziele? Nein, das waren sie nicht. Ich bin nach wie vor überzeugt, dass das, was ich wollte, richtig war. Und ich hatte in den frühen 80er-Jahren schon recht. Immer waren es die großen konservativen Parteien, die den Ausbau der unabhängigen erneuerbaren Energien behindert oder nicht vorangebracht haben. Heute sieht man das ganz deutlich.

Aber was nützte es mir noch? Wozu sollte ich morgens noch aufstehen? Wenn ich nachts aufwachte und nicht mehr weiterschlafen konnte oder weil der Tag bereits begonnen hatte, an dem ich kein Ziel mehr hatte, half mir der Alkohol, um wieder einzuschlafen Das ging eine ganze Zeit so …

Wäre da nicht noch Fritz Pawelzik, der alte Afrika-Missionar, gewesen, den ich aus Düsseldorf zu mir geholt hatte, weil er im Rollstuhl saß, dann wäre ich nie aufgestanden. Mit ihm sprach ich über alles um mich herum und über Afrika. Er hatte in Chicago Soziologie studiert, war Bergmann im Ruhrgebiet und Soldat im Zweiten Weltkrieg gewesen, kannte den Gründer von McDonald's persönlich und hatte sogar Maslow mit seiner Theorie der Bedürfnispyramide getroffen. Die Gespräche mit ihm waren sehr wertvoll für mich und führten mich durch die Reflexion zu so mancher Erkenntnis. Aber es ging mir einfach nicht besser. Meine Aufgabe und mein Sinn im Leben schienen verschwunden zu sein.

Und dann war da noch Ina. Sie kam fast jeden Tag. Sie hatte mir im Haushalt geholfen, als ich allein wohnte. Sie putzte und machte meine Wäsche. Meine gute Assistentin Daniela Weimer hatte sie kennengelernt, als Ina sich als Kellnerin oder Putzfrau in unserem Restaurant beworben hatte. Für Ina gab es keine Arbeit, die zu schmutzig oder zu minderwertig war. Sie wollte einfach nur helfen, und Daniela entschied, dass sie mir zu Hause assistieren könnte.

Jetzt kam Ina. Als Mutter von vier Kindern und gelernte Krankenschwester kümmerte sie sich um mich, den Mann, der sich als Versager fühlte. Morgens klopfte Ina leise an die Schlafzimmertüre und fragte, wie es mir gehe. Ich war oft betrunken. Sie fragte, ob sie hereinkommen dürfe. Dann holte sie mich aus dem Bett und bat mich zu duschen, damit sie das Bett frisch beziehen konnte.

Frische Unterwäsche hatte sie schon bereitgelegt. Auch eine Suppe hatte sie mir mitgebracht. Sie ging genauso leise, wie sie gekommen war. Bis heute bin ich Ina sehr dankbar für alles, was sie in dieser Zeit für mich getan hat. Sie war wie ein stiller Engel. Und heute laden wir sie gerne zusammen mit ihrem Mann zu uns nach Hause in Niederbayern ein. Wir haben eine wunderbare und niveauvolle Freundschaft. Ina arbeitet bis heute bei meinem Freund, dem Radiologen Prof. Dr. Hans Martin Klein von GreenScan.

Weder Fritz noch Ina haben mich je verachtet oder schlecht über mich gesprochen. Sie waren einfach nur da, an meiner Seite, wenn ich jemanden brauchte. Andere Menschen fanden es viel einfacher, schlecht über mich zu reden und unglaubliche Unwahrheiten zu verbreiten. In den Augen anderer hatte ich so viel falsch gemacht, unter dem sie jetzt zu leiden hatten. Jeder hatte sein Urteil über mich gefällt.

Ich war nicht pleite, aber ich war verantwortlich für das Ergebnis. Ich musste aufgeben und anderen überlassen, was ich mithilfe eines erstklassigen Teams aufgebaut hatte. Ja, wir waren nun mal ein super Team – die große Fuhrländer-Familie, wie sie es selber nannten.

Mein guter Freund und Schreinermeister Gerhold Haas verteidigte mich vehement, wenn es mal wieder zu arg wurde und die Geschichten unerträglich dumm waren. Dies geht teilweise bis heute so weiter. Er hat seinen Standpunkt und seine Haltung bewahrt. Übrigens kannten er und seine Frau Heike Fritz und waren mehrmals sogar mit uns in Ghana.

Ich wollte immer ein guter und zugänglicher Chef sein. Alle duzten mich. Doch ausgerechnet diejenigen, denen wir in der Firma viel geholfen hatten, brachen früher oder später den Kontakt ab, redeten schlecht über mich und verbreiteten unbarmherzig ihre Versionen des Scheiterns und wussten alles besser. Ich zählte sie irgendwann nicht mehr. Damit muss man menschlich umgehen können. Ohne Titel und Mittel wird man schnell ein Niemand. Das fordert einen schon ziemlich zum Nachdenken heraus.

Schlaflose Nächte

Drei lange Jahre dauerte dieser Niedergang, und ich sah kein Licht am Horizont. Ina und Fritz, aber auch mein Bruder und mein Sohn Benjamin standen mir zur Seite. Mein Arzt, Prof. Dr. Klein, schickte mich schließlich ins Krankenhaus. Dort wurde eine Bauchspeicheldrüsenentzündung mit Zystenbildung diagnostiziert. Der Arzt in der Notaufnahme nannte die Zyste „einen Tumor des Pankreas“, was sich später dann doch als falsch herausstellte. Ich telefonierte mit meinem Freund Hans Martin Kleine, der versuchte, mich zu beruhigen. Natürlich kamen da in mir viele Gedanken auf, aber es gab auch ein Gefühl der Gleichgültigkeit.

Denn wieder lag ich ja da, und meine Gedanken fanden weder einen Anfang noch Ende. Ich schien nur noch zu fallen. Ich versuchte, meine Schuld in Worte zu fassen, um zu begreifen. War ich zu arrogant geworden als vielbeachteter Vorzeigeunternehmer, über den die Zeitungen regelmäßig schrieben und der im Fernsehen zu sehen war? Wollte man sich nur mit mir fotografieren lassen, weil eine Bank mich auf ihrem Cover für den Geschäftsbericht haben wollte? War es wegen der Auszeichnungen, wie dem Bundesverdienstkreuz und anderen? War es, weil Politiker regelmäßig zu uns kamen, weil ich ein schönes Restaurant mit kleinem Hotel hatte, in dem sich die Gäste gerne mit mir unterhielten und zeigten?

Ja, das mag schon sein. Ein sehr erfolgreicher Unternehmer sagte einmal zu mir: „Da wo ich bin, da ist ganz oben." Ich fand das damals überheblich, aber es stimmt. Man ist oben angekommen und dort kann man keine Verantwortung mehr weitergeben. Alles hängt an einem selbst, Erfolg wie Misserfolg. Und immer die gleichen Fragen und Existenzängste.

Existenzangst ist etwas Schreckliches und verlässt einen nie. Das versteht wohl nur ein beherzter Unternehmer. Menschen in abgesicherten Positionen und sicheren Gehaltsstrukturen mit Lohnfortzahlung können das kaum nachvollziehen. Sie leben in einer anderen, kleineren Welt. Mir ging es um die Existenz des Unternehmens:

- Habe ich genügend finanzielle Mittel, um die Mitarbeiter gut zu entlohnen?
- Sind die Arbeitsstellen sicher? Kann ich alle behalten?
- Ist unser Sicherheitskonzept ausreichend, damit sich niemand bei der Arbeit verletzt?
- Sind die Mitarbeiter zufrieden?
- Sind die Kunden begeistert und empfehlen uns weiter?
- Bekommen wir genügend Aufträge für das nächste Jahr oder die nächsten Jahre?
- Erzielen wir die notwendigen Einkaufskonditionen?

- Werden die Mitarbeiter immer wieder auf die Internationalität vorbereitet?
- Sind wir mit unseren Produkten auf dem Markt wettbewerbsfähig?
- Ist die Technik ausgereift genug? Sind die Komponenten ordentlich gefertigt?
- Wie können wir ein ehrliches und wirksames Marketing ausbauen?
- Wie begegne ich den politischen und sozialen Veränderungen?
- Welche Länder sind für eine Markterschließung geeignet?
- Wie sieht es in fünf Jahren aus?
- Liege ich noch richtig oder habe ich mich verschätzt?

Fragen über Fragen. Sie alle wiegen schwer und machten mir zu schaffen. Wenn man dickhäutig und abgebrüht ist, tut man sich bestimmt wesentlich leichter als Unternehmer. Solche Menschen kenne ich auch und habe sie sogar manchmal beneidet. Aber das bin ich nun mal nicht. Ich kann nicht Nein sagen. Ich bin ein Gefühlsmensch und eigentlich auch sehr froh darüber, weil man dadurch mehr erkennt und versteht. Menschen und Dinge gehen einem einfach nahe in der intensiven Auseinandersetzung.

Zugegeben, manchmal war ich aber auch sehr ungerecht, wenn Dinge nicht schnell genug vorangingen, wenn ich unter Druck stand und nervös wurde. Hier denke ich an Winfried, der für Europa und Vietnam zuständig war. Er war sehr loyal und stand absolut hinter mir und dem Unternehmen. Es gab nicht nur eine Situation, in der ich ihm falsch und ungerecht begegnet bin, was mir danach total leidgetan hat. Erst viel später konnte ich mich bei ihm entschuldigen, aber er hatte mir längst verziehen, wie viele andere auch.

Es ist wichtig, dass man als Chef die Stärke hat, auch um Vergebung zu bitten. Man ist nicht unfehlbar, selbst wenn sich das manch einer einbildet. Und Mitarbeiter sollten einem dann auch verzeihen können, so wie ich immer wieder verziehen habe, sogar den Bankern.

Ich habe immer die Dinge als Gedanken mit ins Bett genommen und mich damit herumgeplagt. Oft saß ich nachts allein in der Küche und habe nachgedacht. Um wieder einschlafen zu können, habe ich dann ein Glas Wein getrunken. Oder auch zwei.

Ich hatte zwar den Halt verloren, nicht aber meine Haltung. Egal, wie es gekommen war: Die Nutzung von Windenergie war richtig. Die Förderung von Ausbildung war auch richtig. Immer wieder Chancen zu geben und sogar vermeintlich Schwache einzubeziehen, war richtig. Gleichberechtigung war richtig. Werte aufzubauen, war richtig. Motivation weiterzugeben, war richtig. Menschen mit auf den Weg zu nehmen, war richtig. Menschen aus aller Welt als gleichwertig zu betrachten, war richtig. Eine flache Hierarchie war richtig. Verantwortung zu übertragen, war richtig. Wertschätzung war richtig. Machthunger, Gier und Geiz als Ursache von Verderben zu verstehen, war richtig. Und meinen Glauben nicht zu verleugnen oder gar aufzugeben, war richtig. Ich war zwar sehr verzweifelt, ich habe aber nie an meinen Überzeugungen gezweifelt, an Gott schon gar nicht.

In einem Porträt, das Klaus Röseler als ehemaliger Redakteur der Evangelischen Nachrichtenagentur IDEA über mich geschrieben hat, hat er meine Haltung so ausgedrückt:

„Meine Ideen waren doch richtig“

Er hat Windkraftanlagen gebaut, in alle Welt verkauft und 700 Menschen Lohn und Brot geben. Politiker und Promis gaben sich bei ihm die Klinke in die Hand. Als Christ wusste er um seine soziale Verantwortung. Und so gab er auch jenen eine Chance, die sonst oft abgeschrieben werden: Schulabbrechern, Sonderschülern, entlassenen Strafgefangenen. Dann kamen die Finanzkrise, die Firmenpleite, der eigene Absturz. Wie geht Joachim Fuhrländer damit um? Klaus Rösler hat ihn besucht.

Joachim Fuhrländer ist dorthin zurückgekehrt, wo alles angefangen hat – in das alte Büro auf seinem Firmengelände in Waigandshain, einem Dorf mit nicht mal 200 Einwohnern im Westerwald zwischen Limburg und Siegen.

In unmittelbarer Nähe stehen auf den Anhöhen zahlreiche Windkraftanlagen. Viele ziert das große „F“ für Fuhrländer.

Dass es die Anlagen dort gibt, erfüllt ihn bis heute mit Stolz. „Jede Windmühle ist eine gute Windmühle“, sagt er. Denn sie verwandeln Wind in Strom. Das ist gut für die Umwelt.

Eine beispiellose Expansion

Von seinem Büro überblickt er die alten Werkshallen. 1982 ist er hier in den väterlichen Betrieb eingestiegen – als Schmiedemeister und Schweißfachmann. Damals reparierte die Schmiede Landmaschinen und übernahm Aufträge für die Metallindustrie im nahen Siegerland. Es war die Zeit der Protestbewegungen – gegen das Waldsterben, gegen die Atomkraft. Fuhrländer protestierte mit. Doch er wollte mehr – nämlich die Welt verbessern: etwa durch Alternativen zur fossilen Energie wie Öl, Gas und Kohle, aber auch zur Kernkraft. Und weil er nun mal im Westerwald zu Hause war – „da pfeift der Wind so kalt“, wie es in einem Volkslied heißt –, begann er mit Windkraftanlagen zu tüfteln. 1991 stellte Fuhrländer seine erste, kleine Anlage in Köln auf. Was folgte, war eine beispiellose Expansion.

Die Technologie aus dem Westerwald war gefragt. In aller Welt. 2007 nahm die Firma ein neues Produktionsgebäude direkt am Siegerlandflughafen in Liebenscheid in Betrieb. Bis zu 200 Anlagen konnten dort jährlich hergestellt werden. Die größten Anlagen mit einer Leistung von 2,5 Megawatt können den Jahresbedarf von 1.800 Vier-Personen-Haushalten decken. Die Firma erzielte 2009 einen Umsatz von fast 250 Millionen Euro.

Immer die Menschen im Blick

Mit seinem Rauschebart und seinen schulterlangen Locken hat Fuhrländer nie dem klassischen Bild eines Managers entsprochen. Und er war es wohl auch nicht. Denn er hatte nie nur sein Unternehmen, Umsatz und Gewinn im Blick. Immer ging es ihm auch um die Menschen, mit denen er zu tun hatte. So gab er etwa auch Jugendlichen eine Lehrstelle, die keinen Schulabschluss vorweisen konnten oder auf die schiefe Bahn geraten waren. Er wollte, dass sie alle aus ihrem Leben etwas machen. Denn niemand hat sich sein Elternhaus ausgesucht.

Letztlich war dies für ihn eine andere Form der christlichen Jugendarbeit, die er in seinem CVJM-Ortsverband Rennerod-Emmerichenhain kennengelernt hatte. Selbst vor ungewöhnlichen Konzepten schreckte er nicht zurück. So schaffte er eine amerikanische Bisonherde an, um die sich seine bis zu 180 Auszubildenden kümmern mussten. So sollten sie lernen, Verantwortung zu übernehmen. Und weil er davon überzeugt war und ist, dass Bildung der Schlüssel für jede wirtschaftliche Entwicklung ist, wollte er in jedem Land, mit dem er Geschäfte machte, auch Schulen gründen. Doch dazu kam es nicht mehr überall.

Als es die ersten Anzeichen dafür gab, dass sich Windkraftanlagen doch nicht länger wie von alleine mehr verkaufen ließen, weil sich die Wirtschaft weltweit in einer Abwärtsspirale befand, reagierte Fuhrländer auf seine eigene Art: Er arbeitete noch mehr, noch härter. 2010 besuchte er 31 Länder in zehn Monaten, um Projektpartner zu finden.

Doch dann reagierten die Banken: Im Zuge der Finanzkrise 2012 kappten sie der Firma ihre Kreditlinien. Länder wie die Ukraine, China, Brasilien oder Vietnam erschienen plötzlich nicht mehr zuverlässig. Und auf einmal trauten die Banken auch Fuhrländer als Vorstandsvorsitzendem nicht mehr zu, dass er seine Firma erfolgreich durch die Krise führen könnte.

Verzicht auf eigene Firmenanteile

Was erst später herauskam: Der Unternehmer war bereit, auf seine eigenen Firmenanteile zu verzichten und die Verantwortung in andere Hände zu legen – wenn dadurch die Firma und die Mitarbeiter eine bessere Zukunft hätten. Tatsächlich übertrug er seine Anteile an zwei Investoren aus der Ukraine. Das hatte gravierende Folgen für ihn, denn er war nun nicht länger Herr im einst eigenen Haus: „Das ist heftig, nicht mehr gestalten zu können." Doch neue Geldgeber wurden nicht gefunden. Heute ist Fuhrländer davon überzeugt, dass er den Konkurs doch noch vielleicht hätte abwenden können, wenn er mehr Einfluss gehabt hätte. Denn die Firmenpartner im Ausland vertrauten ihm – nicht aber seinen Nachfolgern.

Trauer, Schuldgefühle, Versagensängste

Wie geht es ihm in dieser Situation? Die Beantwortung der Frage fällt ihm nicht leicht: „Was ich jetzt sage, kann ich morgen vielleicht ganz anders sehen." Vieles ist bei ihm im Umbruch. Immer noch. Er räumt ein: Anfangs fiel es ihm schwer, überhaupt noch durch das Dorf zu gehen. Er trauerte. Und er hatte Angst vor den Menschen, weil er sich schuldig fühlte, versagt hatte, weil seine Ideen offenbar nicht funktionierten. Er hatte die Menschen enttäuscht, die ihm vertraut hatten. Trotz seiner beispiellosen Karriere war er für sie zwar immer „der Joachim" von nebenan geblieben. Doch nun hatte er Angst vor ihnen, vor ihren Fragen: „Wie konnte das passieren?" Er zog sich zurück. Und ging anfangs nicht mal mehr in die Kirche. „Es muss geweint, gezweifelt werden, es muss verzagt werden", sagt er etwas umständlich. Das gehöre dazu, das Geschehen zu verarbeiten. Doch dann sei die Angst gewichen. Und wie zum Trotz sagt er: „Meine Ideen waren doch richtig."

Dass er Menschen eine berufliche Chance gegeben habe, die sonst auf dem Arbeitsmarkt wohl gescheitert wären, sei doch nicht verwerflich. Das war ihm nach der Pleite vorgeworfen worden. Er wäre zu weich, hätte ein zu soziales Gewissen. Er sieht das anders: „Ein Drittel meiner Mitarbeiter hätte sonst der Staat durchfüttern müssen. Das habe ich dem Staat abgenommen." Es ärgert ihn mächtig, dass die Politik letztlich so wenig Interesse an den Menschen zeige. Es könne doch nicht darum gehen, Gelder zu verteilen, sondern es müsse mehr unternommen werden, den Zusammenhalt der Menschen zu stärken. Keiner dürfe auf der Strecke bleiben.

Im Glauben gewachsen

Durch die Krise ist er in seinem christlichen Glauben gefestigt worden: „Dieser Prozess hat mich in meinem Glauben nach vorne gebracht.“ Er habe nie daran gezweifelt, dass Gott es letztlich gut mit ihm meine: „Ich bin meinem Gott in keiner Weise böse.“ Dass es im Leben nicht nur aufwärts gehe, sondern Krisen dazu gehörten, sei normal. Sein neues Leben hat Vorteile: „Ich habe mich mit mir selbst auseinandergesetzt, mit meinen Fehlern, mit den Menschen um mich herum.“

Er habe eine gesunde Entschleunigung erlebt. Die freie Zeit nutzt der Vater von drei erwachsenen Kindern, um mehr in der Bibel zu lesen, auch um Kurzandachten und Texte zu schreiben: „Ich finde inzwischen zu jeder Lebenssituation ein Bibelzitat.“

Freundschaften sind wichtig

Besonders schätzt es Fuhrländer, dass er Freunde hat. Dazu zählt etwa der frühere CVJM-Weltdienst-Mitarbeiter Fritz Pawelzik (86), der viele Jahre in Afrika gelebt hat und von dem Ashanti-Stamm in Ghana 1994 sogar zum Häuptling gewählt wurde. Der ist im Ruhestand extra aus dem Ruhrgebiet nach Waigandshain umgezogen – der Freundschaft wegen. Die beiden treffen sich fast täglich, um über alles zu reden – auch über Enttäuschungen und Selbstzweifel. Beide haben zusammen sogar eine Afrikareise unternommen, obwohl Pawelzik auf einen Rollstuhl angewiesen ist. Kein Problem – Fuhrländer hat ihn geschoben.

Der Unternehmer hat seine Firma verloren, nicht aber seine Leidenschaft, die Welt zum Guten zu verändern, und auch nicht seine Kontakte und Freunde in aller Welt. Er ist gut vernetzt. Seine Kontakte nutzt er heute als freiberuflicher Firmenberater. Er möchte Unternehmen Mut machen, ihre Mitarbeiter unbedingt fortzubilden. Probleme würden in Deutschland derzeit „hoch und runter diskutiert – und am Ende ist alles kaputt und deprimiert“. Es könne auch anders gehen: „Wir sollten weltweit wieder ein Vorbild dafür sein, dass man Probleme lösen kann.“ Das nötige Ingenieurswissen dazu sei vorhanden. Darüber hinaus ist er auch als Vortragsredner tätig, in Kirchengemeinden wie in Unternehmen. Ein früherer Lieferant hat ihn eingeladen, über den Umgang mit Krisen zu sprechen. Das hat ihn gefreut.

Lob von der Obama-Schwester

Immer noch beeindruckt ist er von einer Einladung zum Tollwood-Festival 2012 in München. Neben Musik gibt es bei dem Festival auch einen Markt der Ideen. Damals ging es um nachhaltiges Wirtschaften, um die Energiewende, um soziales Engagement. Da kennt er sich aus. Mit dabei war auch Auma Obama, die ältere Halbschwester des US-Präsidenten.

Die in Kenia lebende Germanistin und Journalistin würdigte Fuhrländer in einer Talkrunde als Idealisten, der nur nicht die richtige Unterstützung gehabt habe. Er habe sich aber für „eine gute Sache“ engagiert. Dass er dabei als Unternehmer gescheitert sei, interessierte auf dem Festival niemanden. Fuhrländer räumt ein, dass er sich dort sehr wohl gefühlt habe. Für einige Stunden habe er seine Probleme vergessen können.

Im Westerwald fühlt er sich weiter zu Hause. Inzwischen begegnen ihm die Menschen wieder so wie früher – mit Wertschätzung. Sie danken ihm für das, was er geleistet hat. Und nicht wenige gehen sogar davon aus, dass er als Unternehmer wieder etwas unternimmt. Sie haben ihm zugesagt: „Wenn du etwas Neues tust, vergiss mich nicht. Ich mache mit.“

Beispiele guter Hoffnung

Im April 2012 war ich alleine. Schon länger war ich von meiner Frau geschieden. Ich hatte immer nur meine Firma im Kopf und sie zu meinem Lebensmittelpunkt gemacht. Die vielen Reisen – tatsächlich war ich in einem

Jahr nur 150 Nächte zu Hause und verbrachte den Rest in Hotels rund um die Welt – sowie die Arbeit an den Wochenenden hatten meine Frau und mich in eine Distanz zueinander gebracht. Ich habe meine Familie vernachlässigt, heute bin ich mir dessen bewusst. Meine Frau hat das großartig kompensiert und unsere Kinder zu starken und selbstbewussten Menschen erzogen, die mittlerweile ihre eigenen Familien haben und ihren Weg gehen.

Gerhold Haas und seine Ehefrau Heike waren stets für mich erreichbar, ebenso wie Frank Stahl, der unerschütterlich in Waigandshain nach dem Rechten sieht und Ordnung hält, bis heute. Genauso wie Matthias Hummel, der jederzeit verfügbare IT-Spezialist, der später einige meiner Daten sichern konnte.

Dennoch waren meine Mitarbeiter, die ich sehr schätzte, weit weg. Sie gingen oder wurden zwangsweise von mir abgeschnitten, sie waren unerreichbar. Dabei hatten sie und wir so viel gemeinsam erlebt – bei den Reisen um die Welt, den Begegnungen, Verhandlungen und Gesprächen. Kaum jemand von ihnen war zuvor so viel gereist oder hatte in seinem Leben so viel erlebt und gesehen. Doch das alles gehörte der Vergangenheit an. Und dennoch hielten einige der treuesten Mitarbeiter den Kontakt zu mir aufrecht, trotz aller Geschehnisse.

Ich denke an meine erste Begegnung mit Dr. Jan Roß in Bretten. Er arbeitete in einer Solarfirma, die aber dann aufgeben musste. Beim Kennenlernen saß er auf einem grünen Ball und bot mir aus einem Karottensack eine Möhre an. Jan passte zu uns. Er war als Doktor der Physik unser erster Akademiker und schrieb Briefe an Behörden und Banken, die dort gerne gelesen und auch beantwortet wurden. Er war uns eine große Hilfe, denn in deren Augen war ich ja bloß ein Schmied. Er war am Anfang für alles zuständig, später schwerpunktmäßig für Japan, Südkorea, USA und Kanada, und begleitete internationale Messen. Was er anpackte, führte zum Erfolg. Er arbeitete von früh bis spät, von Dienstag bis Donnerstag in der Firma und sonst von zu Hause aus, denn er wohnte in Baden-Württemberg. Als Marathonläufer hatte Jan Ausdauer.

Zu unserem großartigen Team gehörte auch meine Assistentin Daniela Weimer, die für alles und jeden zuständig und äußerst kompetent war.

Sie begleitete mich auf fast jeder Reise und war eine starke, besonnene und verbindende Persönlichkeit. Kürzlich schrieb sie mir: „Ich habe mich damals jedenfalls gefühlt wie in einem Paralleluniversum, einer ‚besseren' Welt. Das war für viele von uns der Ansporn, glaube ich." Sie hatte ein Backup-Office mit weiteren tüchtigen jungen Frauen, wie Romina und Jacqueline im Büro, die ihr den Rücken freihielten und auch alle Reisen für alle Mitarbeiter perfekt organisierten. Äußerst vertrauenswürdig, belastbar und flexibel waren sie zusammen meine unverzichtbare Stütze.

Zum Team gehörte Dr. Kathrin Färber, die für Projektbegleitung in den verschiedensten Ländern wie Kuba, Mexico und Brasilien zuständig sowie Kommunikationspartnerin für Energieversorger war. Heute leitet Kathrin den elterlichen Betrieb und hat ihr eigenes Coaching-Unternehmen in Ulm gegründet. Sie schrieb vor Kurzen: „Es war eine wunderbare Zeit. Gerne hätte ich das zurück." Auch Eva Schüler, zuständig für China, USA und Kanada, war mit im Kernteam. Ursprünglich wollte sie ihre Zeit bis zum Studienbeginn für das Lehramt als Kellnerin auf der Fuchskaute überbrücken. Doch dann entschied sie sich für ein duales Studium bei uns im Unternehmen. Eine ihrer ersten Reisen führte sie nach China, wie das Reisen bei vielen unserer Mitarbeiter zum Standard wurde, um dadurch motiviert und trainiert zu werden. Auch der eigene Horizont erweiterte sich dadurch und man lernte viel Neues kennen. Viele unserer Mitarbeiter waren vor ihrer Beschäftigung bei uns nie oder selten, und schon gar nicht interkontinental gereist. Bei uns bereicherte sich ihr Leben eindrücklich.

Ebenfalls immer an meiner Seite waren Dr. Volker Weiß, zuständig für China, Iran, Türkei, Aserbaidschan, USA, Lizenzen und Verträge, und Dipl.-Ing. Dieter Lahr, zuständig für Brasilien, China, Russland, Kasachstan, Ukraine, Portugal sowie alle technischen Belange. Mit beiden verbindet mich bis heute eine vertrauensvolle Freundschaft und wir sehen uns regelmäßig.

Die Leitung im Finanzwesen hatte die Kauffrau Gül Dalbay, eine brillante türkische Mitarbeiterin, in ihren Händen. Sie beherrschte die Zahlen und die Technik ausgezeichnet und war von der Windenergie einfach begeistert. Bis heute ist sie im Bereich der erneuerbaren Energien tätig. Alle Bankkaufleute hatten großen Respekt vor ihr und wurden von ihr mit Wissen und Charme überzeugt. Zusätzlich koordinierte sie die Zusammenarbeit mit unserem Steuerbüro. Hier hatte sie an ihrer Seite eine starke Unterstützung durch Irena aus Bulgarien, die ebenfalls menschlich und fachlich perfekt in unsere Philosophie und unser Konzept passte. Sie strahlte eine natürliche Freundlichkeit und Kompetenz aus.

Alle Teammitglieder beherrschten mehrere Fremdsprachen und waren natürlich für alle europäischen Projekte zuständig, die praktisch vor unserer Haustüre lagen – darunter Portugal, Spanien, Frankreich, Belgien, Dänemark, Polen, Schweden, Finnland, das Baltikum, Ungarn, Rumänien, Bulgarien, Tschechien, Österreich, Italien und viele mehr.

Besucher und Gäste wurden von unserer Rezeptionistin Ilona und ihrem Team freundlich begrüßt und bestens bewirtet.

Unsere Marketingexpertin war Nina Brühl. Sie koordinierte alle Messen und Kontakte, wie auch den zum Bundeskanzleramt, und stand in ständigem Kontakt mit mir. Sie verstand die unternehmerischen Emotionen und konnte sich in ihrer Betonung auf das Wesentliche am besten beschränken. Marketing sollte auch nach innen gerichtet sein, damit die Mitarbeiter verstehen, was die Kunden wissen sollten. Nina übernahm all diese Aufgaben mit Bravour. In unserem Team hatten wir auch Janina Jung, unsere eigene Kamerafrau und Filmemacherin.

Ein weiterer wichtiger Unterstützer war mein guter Freund Walter Lutz, ein selbstständiger PR-Experte, der viele Texte und Zeitungsartikel verfasst und die Medien bedient hat. Er war von Anfang an, schon beim Bau der ersten Windkraftanlagen, dabei und hat das Marketing mit aufgebaut. Als gelernter Elektroingenieur wusste er, wovon er sprach, und hielt Vorträge bei Veranstaltungen, vor Schülern, Bürgerinitiativen und hat viele Besuchergruppen durch das Unternehmen geführt. Er erklärte die Technik und die Wirkungsweisen und setzte sich immer für erneuerbare Energien ein. Heute ist er ein aktiver Teilnehmer bei AFREECA.

An seiner Seite arbeitet auch Julian Kähler aus München, der als freiberuflicher Grafiker das Logo von AFREECA entwickelt hat. Nur auf den zweiten Blick entdeckt man das hoffnungsvolle Gesicht einer hübschen Frau darin.

Auch Gabi Kray ist bis heute an meiner Seite und begleitet mich als gelernte Bankkauffrau seit vielen Jahrzehnten. Wir kennen uns seit unserer gemeinsamen Arbeit bei den Zeltlagern des CVJM und beim Posaunenchor.

All diese Menschen sind Beispiele guter Hoffnung und starke Vorbilder. Leider ist diese Auflistung der Teammitglieder längst nicht vollständig. Einige möchten nicht namentlich erwähnt werden, andere haben den Kontakt zu mir abgebrochen. Und von den meisten habe ich keine Kontaktdaten mehr, da meine Daten beim Ausscheiden aus der Firma von den Nachfolgern gelöscht wurden. Einige ehemalige Kollegen haben sich selbstständig gemacht und ihr erworbenes Wissen für ihr eigenes neues Unternehmen genutzt. So setzt sich vieles einfach fort und erneuert sich zum Guten.

22. Kontakte, die in Erinnerung bleiben

In unserer Firma war stets ein professionelles, aber gleichzeitig zugängliches Auftreten unser Markenzeichen. Unser Zusammenspiel war miteinander abgestimmt und spiegelte eine Einheit wider. Die Kunden vertrauten uns und wussten, dass sie bei uns Fairness und Ehrlichkeit erwarten konnten. Zahllose Verträge mit internationalen Konzernen, Großbanken und kleineren Unternehmen zeugen von unserer Reputation.

Vor über 20 Jahren schlossen wir in Portugal unseren ersten sogenannten EPC-Vertrag zur Errichtung eines Windparks mit kompletter Infrastruktur wie Fundamenten und Zugangswegen ab. Wir planten und errichteten ein komplettes Umspannwerk, setzten Masten und verlegten Leitungen im Mittelspannungsbereich. Alle erforderlichen Genehmigungen hatten wir. Etwas später haben wir einen ähnlichen Vertrag in Polen mit einem spanischen Energieversorger für einen schlüsselfertigen Windpark mit 90 Megawatt Leistung abgeschlossen.

Besonders gerne erinnere ich mich an eine bestimmte Vertragsverhandlung, die an einem Sonntag im Büro stattfand. Wir hatten die internationale Freigabe zur Zusammenarbeit mit dem Großunternehmen Mapna aus dem Iran erhalten. Schließlich lieferten wir ja keine Nuklearbauteile, sondern erneuerbare Energiesysteme. Nun konnte also eine Lizenz verhandelt werden. Anwesend waren Dr. Weiß, Dr. Anzhong Wang, unser technischer Leiter Dieter Lahr und meine Assistentin Daniela. Auch unsere hauseigenen Anwälte waren dabei, die zuvor bei internationalen Wirtschaftsprüfungsgesellschaften gearbeitet hatten. Auf Seiten des Vertragspartners saßen der Chef des Unternehmens und sein Team mit einem Dolmetscher. Obwohl der CEO exzellentes Englisch sprach, wurde während der Verhandlungen ins Persische/Farsi übersetzt. Vor der Verhandlung baten sie jedoch darum, in unser Begrüßungszimmer gehen zu dürfen, um zu beten. Dies taten sie vor jeder wichtigen Besprechung.

Wir gingen Seite für Seite die Verträge durch und schauten uns immer in die Augen, wenn wir eine Anmerkung hatten oder eine Änderung wünschten. Wenn der CEO Einwände hatte und der Übersetzer sie uns mitteilte, schaute er immer auf meine Reaktion. Wenn er dann merkte, dass ich seine Forderungen nicht akzeptieren konnte, gab er ein Zeichen und formulierte sein Anliegen abgeschwächt um oder sogar ganz anders. An nur einem Nachmittag kamen wir zu einem einvernehmlichen Vertrag. Es war die fairste Verhandlung, die ich je erlebt hatte. Denn ich kannte so ein Prozedere nur mit lauten oder empörenden Gebärden von Anwälten und Verhandlungsführern.

Im Laufe der Jahre haben wir viele Freunde auf der ganzen Welt gefunden, von Europa über Brasilien und Uruguay bis in die USA (Montana, Texas, Michigan) und Kanada sowie in Afrika (Ghana, Kenia, Kamerun und Südafrika), Asien (China, Vietnam, Japan und Aserbaidschan) und Osteuropa (Russland und Ukraine). Überall auf der Welt gibt es friedliche und ehrliche Menschen, und viele von ihnen haben uns in Waigandshain besucht.

Einfache menschliche Bedürfnisse verbinden Menschen weltweit, unabhängig von ihrer Herkunft oder Kultur. Essen, Trinken, Wärme und menschliche Nähe, Zärtlichkeit, Ruhe und Frieden sind universelle Werte, die uns über Kulturen und Grenzen hinweg verbinden. Wir alle möchten anerkannt werden, wollen wertgeschätzt werden, so wie wir sind. Diese Werte wollte ich in meinem Unternehmen leben.

Chinesisches Neujahr auf der Fuchskaute

In China haben wir bis heute enge Beziehungen und wahre Freunde, von Zhuhai über Beijing bis in den Norden des Landes. Bei einem unserer

Partner aus Shenyang bin ich sogar der Patenonkel seines jüngsten Sohnes, den er Benjamin genannt hat, genau wie meinen jüngsten Sohn. Er hat mehrere Kinder und erzieht sie fantastisch. Denn nach der Ein-Kind-Politik ist in seinem Land eine andere Situation entstanden: Heutzutage sind es überwiegend Söhne, die oft recht verwöhnt aufgewachsen sind und nun Unternehmen in China führen und an Verhandlungstischen sitzen.

Besuche in China sind allgemein schwer vorzubereiten, und die Ziele gehen oftmals aneinander vorbei. Einmal wurden wir beispielsweise sogar des Büros verwiesen, weil der Chef keine Lust mehr hatte, mit uns zu sprechen. Es ging um den Markt in Westafrika und die Energieversorgung von Dörfern mit kleineren Windkraftanlagen, die er herstellte. Doch er hatte kein Interesse daran.

Das war nicht immer so. Wir haben in der Vergangenheit viele faire Verhandlungen und Gespräche mit freundlichen Partnern geführt. Wir verkauften Lizenzen nach China, da dort der Energiebedarf rapide zunahm und es ihnen zu lange gedauert hätte, eine zuverlässige Technik eigenständig zu entwickeln. Die Luftverschmutzung war und ist ein ernstes Problem, und sie hätte sich ungebremst verschlimmert. In vielen Großstädten in China ist es üblich, mit einer Mund-Nasen-Schutzmaske auf die Straße zu gehen, um nicht den ganzen Smog einzuatmen. China musste sich damals und muss sich weiterhin Klimaziele setzen, und Windenergie ist eine der wichtigsten Lösungen dafür. Tausende von Windkraftanlagen wurden dort errichtet, und einer unserer Lizenznehmer, Dalian Heavy Industry, später als Sinovel bekannt, wurde mit unserer Technologie für einige Jahre der weltweit größte Hersteller von Windkraftanlagen. Das Team von Sinovel absolvierte bei uns das übliche Training. Fast zwanzig Mitarbeiter aus China besuchten uns. Sie schlossen die ersten beiden Trainingseinheiten erfolgreich ab, mit hervorragenden Ergebnissen bei den Prüfungen.

Der ursprüngliche Plan dieses Teams war es, nach Abschluss des Trainings vorzeitig nach China zurückzukehren, um das Chinesische Neujahrsfest mit ihren Familien zu feiern. Sie hatten uns daher angefragt, ob sie samstags arbeiten könnten, um eine frühere Abreise zu ermöglichen, und wir hatten dem zugestimmt. Allerdings kam es anders …

Der Chef von Sinovel untersagte eine frühere Heimreise und kündigte bei Nichtbeachtung disziplinarische Maßnahmen an. Trotz meiner wiederholten Versuche, ihn umzustimmen, blieb er bei seiner Entscheidung. Ich versicherte ihm, dass er ein hoch motiviertes Team habe, aber er blieb hart. Was sollte ich jetzt bloß tun? Ich fühlte mich hilflos, da ich die Enttäuschung der Mitarbeiter nachvollziehen konnte.

Also beschlossen wir kurzerhand: Wir feiern das Chinesische Neujahrsfest auf unserer Fuchskaute. Was sonst? Anzhong und seine Frau organisierten alles dafür, sie kauften im Asialaden die notwendigen Lebensmittel ein, auch die Köche waren schnell begeistert und lernten gerne, chinesisch zu kochen. Wir dekorierten den Ort, stellten Tische auf und besorgten Geschenke. Gerd Kreuels, der Elektriker, und sein Schwiegersohn Markus montierten sogar noch eine Satellitenantenne und schlossen einen Fernseher an, damit die mittlerweile zu Freunden gewordenen chinesischen Mitarbeiter die bedeutende Neujahrsfeier aus dem großen Palast in Beijing sehen konnten. Unsere Mitarbeiter, die geschäftlich mit China zu tun hatten, und einige Auszubildende nahmen ebenfalls an der Feierlichkeit teil.

Es gab jedoch eine Sache, die wir nicht ändern konnten: Der Zeitunterschied zwischen China und Deutschland. Er bedeutet, dass es in Deutschland erst Nachmittag ist, wenn in China Mitternacht ist und der neue Tag anbricht. Aber das störte niemanden. Am Nachmittag riefen wird dann vom Festnetz aus unsere Freunde in China an. Es wurde gelacht und geweint, geredet und geredet, stundenlang. Es war ein sehr bewegender Moment.

Am nächsten Tag kamen die chinesischen Mitarbeiter zu uns, um sich zu bedanken. Irgendwie waren sie froh über die unerwartete Wendung, und sie fragten sogar, ob sie nicht bei uns in Deutschland bleiben könnten. Ihren CEO sahen sie nämlich nicht als guten Menschen an, aber bei uns hätten sie viele gute Menschen getroffen.

Als wir dann wieder einmal in China zu Gast waren, wurden wir zu einem Abendessen eingeladen. Üppig und vielseitig wurden immer neue Gerichte aufgetragen und auf die innere Drehscheibe des runden Tisches gestellt. Die chinesische Gastfreundschaft und Zuvorkommenheit sind ohnehin fast grenzenlos. Neben unseren sechs Teammitgliedern von Fuhrländer saßen auch Abgeordnete der Provinz und der Bürgermeister mit am Tisch. Ein Stuhl blieb jedoch frei. Ich saß rechts neben dem Chef. An meiner Seite saß Anzhong, der für meine Übersetzung verantwortlich war, gefolgt von Volker, Dieter, Daniela und Eva.

Während des Essens brachten junge Damen in bunten chinesischen Gewändern immer wieder frische Gerichte und schenkten die Gläser nach. Es gab Bier, Wein und chinesischen Schnaps mit über 60 Prozent Alkoholgehalt. Dann erklang aus allen Mündern das bekannte „Gānbēi", was so viel wie „Trink aus" bedeutet. Demnach sollte man, egal wie groß ein Glas war, das Glas immer in einem Zug austrinken. Plötzlich bemerkte ich, dass die junge Frau, die den Schnaps nachschenkte, zwei Flaschen mit sich führte: eine in der linken Hand für uns und eine in der rechten für die heimischen Gastgeber. Ich sah Eva an und fragte sie leise, ob sie dasselbe bemerkt hätte. Eva hatte auch den Ablauf die ganze Zeit sehr aufmerksam beobachtet. „Ja", sagte sie, „wir bekommen immer aus der anderen Schnapsflasche."

Wir waren neugierig, warum wir unterschiedlich bedient wurden. Wollten sie uns etwa betrunken machen? – Dazu muss man wissen, dass besonders bei Menschen in ostasiatischen Staaten durch mangelnde Enzyme eine erhöhte Alkoholintoleranz möglich ist und sie einfach nicht viel vertragen.

Eva stand auf, nahm ihr Glas und wollte mit einem gegenübersitzenden Mitarbeiter der Partner anstoßen, was in China immer zu großer Begeisterung führt. Sie tauschten aber die Gläser und tranken nach einem beherzten Gānbēi aus. Es war, wie vermutet, Wasser im Glas. Alle entschuldigten sich nun und gaben an, dass es ein Versehen wäre. Man wolle uns damit keinesfalls beleidigen und nun richtig mit uns trinken. Gesagt, getan. Also trank Eva mit allen chinesischen Partnern, dann Daniela, dann Dieter, dann Volker und zum Schluss ich. Und wieder begann die Runde von vorne. Es dauerte nicht lange und man kam zum letzten Gānbēi. Dann bat der Vorsitzende zwei seiner Mitarbeiter, ihn auf dem Nachhauseweg zu begleiten und die Runde wurde von ihm aufgelöst.

23. Der Unternehmer und der Insolvenzverwalter

Eine ganz besondere und für meine spätere Zukunft bedeutsame Reise traten wir im September 2009 nach Ghana an. Es war die letzte Afrikareise von Fritz Pawelzik zu seinem Kontinent, der dort in vielen Ländern gearbeitet und Berufsschulen errichtet hatte. Dieses Erbe wollte ich fortführen, so wie ich es ihm versprochen hatte. Zugleich sollte es mein Einstieg in Ghana werden. In Südafrika, bei Darling neben Kapstadt, hatten wir bereits einen ersten Windpark erfolgreich in Betrieb genommen und kannten daher einige technische Herausforderungen sowie Probleme der unzuverlässigen Energieversorgung.

Für seine Leistungen hatte man Fritz zum Häuptling der Ashanti gekrönt, etwa 20 Prozent der Bevölkerung aus Ghana gehört zu dieser Gruppe. „Nana Kofi Marfu II.“ war sein Titel. In mehreren Büchern hat er seine Geschichten erzählt. Er war vorher Bergmann im Ruhrgebiet, Schalke-Ehrenmitglied, Kampfflieger und Frontsoldat im Zweiten Weltkrieg und schließlich Missionar beim Christlichen Verein Junger Menschen, dem CVJM.

Fritz hatte seit einem Bergsteigerunfall ein versteiftes Knie und konnte nur mit ausgestrecktem Bein sitzen – was bei einem Linienflug eine große Herausforderung darstellte. Die Anreise mit unserem gecharterten Flieger war daher eine willkommene und letzte Möglichkeit, noch einmal nach Afrika zu reisen. Und er wollte mich in seine Projekte einführen und mich mit seinen Teams bekanntmachen.

Fritz gab mir gleich am ersten Tag wichtige Ratschläge mit auf den Weg: „Bitte beginne nie einen Satz mit ‚We in Germany', denn alle Menschen in Ghana und auf der ganzen Welt leben durch und mit ihrer Kultur, aber sie brauchen keine deutschen Klugscheißer und Besserwisser. Denn das ist unser deutsches Problem, dass wir immer alles besser wissen und den internationalen Lehrer spielen wollen und meinen, etwas zu Dingen sagen zu müssen, von denen wir selbst eigentlich gar keine Ahnung haben. Aber es soll immer nach unseren Richtlinien und unserem Denken funktionieren."

Als er am Flughafen in Accra von einer ghanaischen Tanzgruppe und vielen Leuten seines Stammes begrüßt wurde, liefen Tränen über sein Gesicht. Herzlicher habe ich noch nie eine Begrüßung gesehen, und es gab viele Schaulustige, darunter auch andere Fluggäste und Flughafenmitarbeiter, die wissen wollten, welche Berühmtheit mit dem kleinen Flieger aus Deutschland angekommen war.

Wir fuhren zum Hotel, das von einem Mann namens „Mexico" organisiert worden war. So nannte man ihn, weil er immer eine Mütze mit der Aufschrift Mexico trug. Früher war er ein Bandenchef. Schutzgelderpressung und Straßenraub waren seine einträglichsten Geschäfte gewesen. Auch Fritz war in der Vergangenheit von ihm auf der Straße angehalten und am Weiterfahren gehindert worden. Nur gegen Bezahlung ließ man seinen alten VW-Bus damals unbeschadet. Fritz hatte ihn damals gefragt: „Warum tut ihr das?" – „Weil wir Geld zum Leben brauchen", antwortete Mexiko. „Warum arbeitet ihr nicht?" „Weil uns niemand Arbeit geben kann." „Gut", sagte Fritz, „dann treffen wir uns zum Fußballspielen und reden miteinander."

So traf sich Fritz regelmäßig mit Menschen zum Fußballspielen und Reden. Schließlich begann er mit ihnen, einfache Möbel aus Holzteilen zu bauen. Er war zwar kein Schreiner, hatte aber den Kopf voller Ideen. Als der damalige deutsche Bundespräsident Heinrich Lübke von Fritz' Bemühungen erfuhr, sorgte er für eine großzügige Finanzierung, um eine Berufsschule in Accra, Ghana, zu errichten. Somit entstanden in den späten 60er-Jahren dort eine 70 Meter lange Halle, zehn Klassenzimmer, ein großer Versammlungsraum und ein Hostel.

Genau an diesem Ort wollen wir jetzt die erste Akademie für erneuerbare Energien eröffnen, die zunächst zwölf verschiedene Berufsfelder abdecken wird. Natürlich sind umfangreiche Renovierungs- und Modernisierungsarbeiten erforderlich, die einige Investitionen erfordern. In dieser Hinsicht hoffen wir auf die begeisterte Mithilfe von Paten und Investoren sowie auf junge Volontäre, die nach ihrem Abschluss bereit sind, ihr Wissen an junge Afrikaner weiterzugeben. Denn die Jugend Afrikas strebt nach Wissen und will Berufe erlernen, arbeiten und sich selbst versorgen können. Sie möchten in ihren Heimatländern bleiben, wo sie geboren wurden, und Firmen gründen, die Arbeitsplätze für Menschen schaffen. Viele tun das heute sogar schon. Gerade erst habe ich vier Volontäre aus Deutschland vom CVJM getroffen, die nach Ghana geflogen sind. Gemeinsam haben wir in Aburi Garden, das nördlich von der Hauptstadt Accra liegt, gegessen. Sie haben begeistert von ihrer Motivation und ihren Erwartungen erzählt.

Allerdings haben jahrelange Ausbeutung, Versklavung und Bevormundung durch die Kolonialmächte Spuren hinterlassen. In ihre Kulturen, Sprachen und Lebensweisen wurde eingegriffen. Sie sprechen mehr Französisch, Englisch, Portugiesisch und Deutsch als ihre Stammes- und Muttersprachen. Sie mussten sich beugen und dienen, oft über Generationen hinweg. Und vielfach wurden sie als minderwertig und nicht intelligent genug betrachtet – nur weil sie eine dunkle Hautfarbe haben. Man hat ihre Bodenschätze geplündert und ihre Arbeitskraft benutzt, und diese Ausbeutung dauert bis heute an. Staaten kommen, investieren und bauen Infrastrukturen, jedoch oft mit hohen Verschuldungen und übermäßiger Absicherung, ähnlich wie es Banken tun. Es geht nicht um Entwicklungshilfe, sondern um den reinen Eigennutzen, um die Ausbeutung.

Dieser afrikanische Kontinent, den westliche Staaten oft unterschätzen und derzeit oft nur mit Flüchtlingsströmen in Verbindung bringen, ist jung und reich an Ressourcen. Das Durchschnittsalter beträgt aktuell rund 24 Jahre, entgegen rund 45 Jahren in Europa. Diese Zahlen allein machen schon deutlich, wer einmal die Altenpflege bei uns übernehmen wird, zwangsläufig.

Natürlich findet man in Afrika selten den geliebten deutschen Standard. Wer ihn erwartet, sollte besser zu Hause bleiben. Die Menschen dort leben von dem, was ihnen zur Verfügung steht. Dennoch erlebe ich eine Aufbruchstimmung. Ich erlebe eine Dynamik, spüre Motivation und Fleiß. Und ich sehe Lebensfreude und echtes Lachen – ein herzhaftes und aufrichtiges Lachen, das längst an anderen Orten der Welt zu einem übersatten und müden Grinsen verkommen ist.

Afrika verfügt als Kontinent über Unmengen an Bodenschätzen, die begehrt sind und alle möglichen Unternehmen und Organisationen anlocken. Afrika wird so zu einem wichtigen Teil der globalen Gemeinschaft. Doch auch Afrika ist von klimatischen Veränderungen betroffen, die in einigen Regionen das Leben für nächste Generationen unmöglich machen werden. Dürren und Überschwemmungen lassen kein Säen und Ernten mehr zu.

Familien stehen also vor schwerwiegenden Entscheidungen: Bleiben sie und hoffen, dass ihre Kinder in diesem Jahr satt werden und zur Schule gehen können – oder machen sie sich auf einen unbekannten Weg, dessen Beschaffenheit und Ziel sie nicht kennen? – Wenn der Boden nicht mehr genug Nahrung und Lebensgrundlage bietet, müssen andere Lösungen gefunden werden. Mancherorts geht es um die pure Existenz. Das ist bei uns in Europa kaum vorstellbar und gedanklich weit entfernt.

Es gibt afrikanische Staaten, die demokratisch geführt und sehr gut entwickelt sind, mit angesiedelter Industrie, die günstige Arbeiter zu niedrigen Löhnen sucht. Es gibt wunderbar exotische Urlaubsregionen, die massenhaft Touristen anlocken, die dort All-inclusive-Urlaube genießen können. Die Türen in Richtung Afrika stehen weit offen.

Hier wollte ich also eine Ausbildung beginnen und die Arbeit von Fritz fortsetzen. Ein Teil seiner Arbeit hatte bereits unsere Investitionen erhalten. Außerdem hatten wir schon Praktikanten aus Ghana bei uns im Betrieb gehabt. Und Mercy, die Rezeptionistin aus dem Hotel, in dem wir untergebracht waren, wurde 2010 zu einer guten und zuverlässigen Repräsentantin unseres Unternehmens. Sie fiel uns sofort durch ihre professionelle, selbstbewusste und unkomplizierte Art auf und wir fragten sie, ob sie Interesse daran habe, bei uns zu arbeiten. Von da an verbrachte sie drei Monate in Deutschland und dann wieder in Ghana. Sie machte ihren Führerschein, was in Ghana eher unüblich ist, und setzte sich in einer von Männern dominierten Welt hervorragend durch. Von ihr lernten wir viel über die ghanaische Kultur und Lebensweise.

Für mich war es stets lehrreich und motivierend, Menschen aus anderen Ländern und Kulturen im Unternehmen zu haben, durch die ich Verhaltensweisen verstehen und erlernen konnte, ähnlich wie z. B. mein guter Freund Dr. Anzhong Wang mir die chinesischen Anstandsregeln beigebracht hat.

Allerdings habe ich auch gelernt, dass Afrika nicht stehen bleiben wird. Es gibt einen starken Drang nach vorne, und Konzerne aus Europa, den USA, Indien und China drängen auf den wachsenden afrikanischen Markt, sei es in der Unterhaltungsindustrie oder in der Automobilbranche. Jeder will vorne dabei sein. Zwar sind nicht alle Länder gleichauf in der Entwicklung, aber es gibt eine starke Bewegung hin zu einem besseren Leben und anderen Lebensbedingungen. Man möchte aus der Dritte-Welt-Situation herauskommen, insbesondere junge Menschen. Denn gerade sie suchen nach Bildung, Arbeit und Erfolg. Viele suchen Studienplätze außerhalb Afrikas, studieren in Europa oder den USA und kehren dann wieder in ihre Heimatländer zurück, um das Wissen anzuwenden.

Die Gründung von AFREECA

Gemeinsam mit einem Freund und Kenner Afrikas, Michael Beyerlein, haben wir darüber nachgedacht, welche Ausbildungsberufe in Afrika besonders wichtig oder attraktiv sein könnten. Er war zuletzt in Uganda und Ruanda tätig. Natürlich waren es Berufe der Solarenergie-Nutzung. Da wir die Möglichkeiten der Berufsschule des YMCA in Accra nutzen können, wird die Akademie hier entstehen.

Allerdings ist es wichtig, ein Produkt zu haben, denn die Ausbildung in Afrika ist oft kurz und nicht dual, was wir aber unbedingt ändern möchten. Einfach nur Solaranlagen zu bauen, reicht uns nicht aus, da die häufigen Stromausfälle und unzureichende Infrastrukturen ganz andere Anforderungen stellen.

In 2019 gründete ich das Unternehmen AFREECA GmbH, The Power of Independence, mit dem Motto: Energy & Education. Erneuerbare Energie und Ausbildung. Unser Ziel ist die dezentralisierte Infrastruktur-Verbesserung durch eine Kombination erneuerbarer Energien, die Krankenhäuser, die Wasserversorgung, Schulen, die Landwirtschaft, die Lebensmittelproduktion, Hotels, die mittelständische Industrie und ganze Dörfer umfasst. Unsere Werkstatt für praktische Trainings ist in Waigandshain und unser Büro in Pocking in Niederbayern. In der alten Burg in Obernberg am Inn führen wir Marketing- und Vertriebsschulungen durch.

Alle Fachleute und Ausbilder für die Trainings in Afrika bilden wir selbst aus. Die Technik dazu haben wir bereits seit 2017 in China erfolgreich in Betrieb. Wir bieten nicht nur einfache Solarsysteme an. Zur Energieerzeugung außerhalb der Städte kombinieren wir diese mit Windkraftanlagen. Auch Batterien gehören dazu, um Netzausfälle zu kompensieren. Gerade für Krankenhäuser ist das überlebensnotwendig, denn sonst kann man zuverlässig keine Intensivstation betreiben – weder ein MRT, CT noch ein Röntgengerät.

Ein intelligentes Kontrollsystem in unserer „All-In-One-Machine" überwacht dazu jede Solarzelle, jede Batterie, steuert jeden Verbraucher, erkennt die Verschmutzung und überwacht das öffentliche Stromnetz.

Die Produktion erfolgt in enger Zusammenarbeit mit unseren vertrauenswürdigen chinesischen Partnern in unserem Joint Venture „Fuhrländer Science & Technology" und „Beijing Intelligent Power" unter der Leitung von Ingenieur Jian Li Ma und Professor Yongwei Yan. Die Beziehungen bestehen bereits seit 1998, initiiert durch Dr. Anzhong Wang.

„AFREECA, the Energy of Independence" steht für ein freies Afrika. Dafür arbeiten wir und gründen Joint Ventures mit Partnern vor Ort, bei denen wir bewusst nur eine Minderheitsbeteiligung innehaben. Der afrikanische Kontinent hat lange genug unter Kolonialmächten und Ausbeutern gelitten. Wenn allerdings Afrika gerecht aufgebaut worden wäre, dann würden viele Menschen heute nicht fliehen müssen. Bisher wurde nur angenommen, ohne Nachhaltiges zu geben oder Infrastrukturen aufzubauen. Das wollen wir ändern.

Viele Hilfswerke sammeln heute Spenden, investieren Geld und errichten wertvolle Infrastrukturen. Ein wunderbares Beispiel ist die Stiftung „Fly & Help" von Reiner Meutsch. Reiner investiert eigenes Kapital, nimmt Investoren dazu und baut Schulen in ganz Afrika. Es sind bereits mehrere Hundert geworden. Wir durften schon sehr früh eine seiner ersten Schulen mitfinanzieren. Mit AFREECA streben wir an, wo immer möglich, auf Spendenunabhängigkeit hinzuarbeiten. Energie und Ausbildung gehören für uns untrennbar zusammen und bilden ein soziales Geschäftsmodell, das sich jeder Herausforderung stellen wird.

Wenn der Insolvenzverwalter begeistert ist

Der Südwestrundfunk (SWR) hat mich über viele Jahre begleitet. Bereits zu Beginn meiner Tätigkeit im Windkraftanlagenbau haben der Kameramann Uwe Moldenhauer aus Bad Marienberg und sein Vater Aufnahmen in Waigandshain gemacht. Anfangs war es der Redakteur Mario Schmiedecke, der meine Ideen umgesetzt hat und mich sogar unter die „100 größten Rheinland-Pfälzer" aufgenommen hat. Er lud mich in seine Fernsehgala ein, und es war eine besondere Zeit.

Die beiden zuletzt gesendeten Dokumentationen über das Vergangene und Neue wurden von Christian Hattesen umgesetzt. Wir waren gemeinsam in China und wollen auch gerne noch über Afrika und Ghana berichten. Uns verbindet eine gute Freundschaft.

Als Justizrat Prof. Dr. Dr. Thomas Schmidt diese Sendung zufällig sah, schrieb er mir eine E-Mail und erkundigte sich, ob er bei dem Projekt in Afrika mitmachen könne. Es ist immer großartig, wenn jemand beitreten möchte, aber in diesem Fall war es etwas ganz Besonderes. Denn Prof. Dr. Dr. Thomas Schmidt war der Insolvenzverwalter der Fuhrländer AG und er führt eine sehr angesehene Kanzlei in Trier und vielen Städten. Er hätte das Unternehmen damals gerne gerettet, wenn man ihn denn damals rechtzeitig hinzugezogen hätte, wie er sagt.

Mit seiner E-Mail hat sich etwas ganz Entscheidendes verändert: Mit Ruhe, Bedacht und als Anwalt und Vermittler hat er meine Vergangenheit in ein völlig neues Licht gerückt und mir meinen Wert zurückgegeben. Mir kamen die Tränen. In seiner Nachricht schrieb er: „Der Unternehmer und sein ehemaliger Insolvenzverwalter in einer gemeinsamen Firma, was für eine Story!“ Als wir uns dann persönlich trafen, fragte ich nach seinen Beweggründen. Er antwortete nur kurz: „Ich kenne die wahren Gründe der Insolvenz nach deinem Austritt. Du bist und bleibst ein alter Unternehmer.“ Das stimmt, dachte ich bei mir. Da gibt es Regeln des Anstands, Respekts sowie der Fairness und Ehrlichkeit. Thomas ist ein Gutmensch und hilft Menschen und Unternehmen, wo er kann. Er ist ein wahrer Macher.

Bei diesem Treffen saß auch Sahr Senesie am Tisch, ein ehemaliger Fußballspieler und heute Spielerberater aus Sierra Leone. Sahr ist ebenfalls bei AFREECA dabei und hat natürlich Kontakt zu vielen afrikanischen Fußballern. Ein Blick ins Internet lohnt sich. Thomas kennt ihn schon lange. Sahr ist ständig auf der Suche nach Erneuerungen in Afrika. Unsere Motivation und Ziele decken sich hervorragend. Natürlich sind sein Netzwerk und Zugang zur Politik und Wirtschaft in Afrika unübertroffen, und er hilft uns beim Ausbau von Kontakten zu Kunden und Investoren. Besonders der Gesundheitssektor und die Kontakte in die Ministerien werden eine große Rolle spielen. Er verbindet unsere europäische mit afrikanischen Kulturen und überwindet dabei so manche Barrieren.

Auch Helmut Bruno Rebstock ist bei AFREECA dabei, und zwar als Gesellschafter. Obwohl ich mit ihm über ein soziales Netzwerk verbunden bin, wusste ich nicht, dass er es war, der einem kleinen Unternehmen in der Servicebranche für Windkraftanlagen im Auslandsgeschäft eine beträchtliche Summe Geld geliehen hatte, die dann leider veruntreut wurde. In dieser Firma spielte Gier eine große Rolle. Über einen guten Freund erhielt ich den direkten Kontakt zu Helmut. Heute teilen wir die gleichen Ideen und Ideale und sind gemeinsam unterwegs.

Helmut ist der CEO von TGOOD, dem größten Anbieter von Ladestationen für Elektrofahrzeuge. Er ist ein echter Bayer, ein aufrichtiger und ehrlicher Unternehmer, lebt aber meist in China, wo er arbeitet. Denn dort ist für ihn eine höhere Motivation und Leistungsbereitschaft bei den Menschen anzutreffen. Mit Erfolg: Er liefert auch die aktuelle Generation der Vanadium-Flow-Batterie-Technologie. Darüber plant er, in Deutschland eine Fertigung aufzubauen, und sucht nach einem geeigneten Standort. Auf diese Weise könnten 200 Mitarbeiter in einer hochmodernen Technologie einen krisenfesten Arbeitsplatz erhalten. Seine Vanadium-Flow-Speicher sind für den stationären Einsatz konzipiert und können mehrere Tausende Megawatt Leistung aufnehmen. Ihre Lebensdauer beträgt über 25 Jahre. Das Konzept sieht vor, die Speicher als Serviceleistung zu vermieten, sie nach ihrem Lebenszyklus zurückzunehmen und durch Recycling in den Kreislauf zurückzuführen. Dem Kunden wird dann eine neue Batterie zur Verfügung gestellt. Hier wurde konsequent zu Ende gedacht und ein rundes Konzept entwickelt. Die kleinste Einheit hat eine Speicherkapazität von 40 Kilowattstunden und kann konstant 10 kW Leistung abgeben.

Über Helmut durfte ich auch Stefan Dubach und seine kamerunische Frau Francette aus Zürich kennenlernen. Stefan war lange bei der UBS und ist ein Experte für Finanzierungen. Gemeinsam mit seiner Frau führt er ein Waisenhaus, ein medizinisches Zentrum und Obstplantagen in Kamerun. Mit ihm werden wir in Kürze den Grundstein für die „AFREECA Cameroon“ legen. Stefan vereint finanzielles und soziales Engagement, eine leider viel zu seltene Kombination. Mit seinen Werten und seiner Haltung hätte ich ihn gerne schon viel früher kennengelernt, aber jetzt ist er ebenfalls Teil von AFREECA.

Eine Finanzierungsgesellschaft für Projekte in Afrika befindet sich in der konkreten Planung. Gemeinsam verbindet uns mittlerweile eine tiefe

Joachim Fuhrländer bewahrte diesen Mercedes 240 D (W123, Bj. 1985) mit gefahrenen 1,24 Mio. Kilometern vor der Verschrottung. Aufgrund der soliden Technik und Verarbeitung ist der Wagen nachhaltiger als aktuelle Neuwagen.

Als Zivi in der Altenpflege, Herborn 1980: „Bitte noch einmal wie ein Kind auf der Mauer balancieren."

Anfang 2000: Im Maschinenhaus der FL 1000.

Wie sein Vater erlernte Joachim Fuhrländer (l.) das Schmiedehandwerk, ehe aus der Schmiede eine der ersten deutschen Windkraftfirmen wurde.

Echte Handarbeit: Bei der Montage eines Rotorblatts.

Weit sichtbare Motivation: Der Schriftzug „Bewahre die Schöpfung" auf einer FL MD 77 im Windpark Waigandshain, der der Gemeinde Pachteinnahmen sichert.

Windkraftanlagen bedeuten stets aufwändige Logistik: Transport von Rotorblättern auf hoher See.

Aufträge kamen aus aller Welt: Hier Maschinengondeln der Windkraftanlage FL MD 77 im Mittelland in Vietnam, zwischen Hanoi und Saigon, Ho-Chi-Minh-Stadt.

Zwei Fuhrländer-Mitarbeiter in 161 Metern Höhe auf dem Generatorhaus einer FL 2500, die von 2006 bis 2012 im brandenburgischen Vetschau/Laasow die höchste Windkraftanlage der Welt war.

Ein beliebter Ort für „Kultur und Kulinarisches" und wichtige Geschäftsessen: das Gasthaus „Fuchskaute". Hier rasten auch Wanderer des Westerwaldsteigs und Rothaarsteigs.

Interesse aus Schleswig-Holstein: mit Ministerpräsidentin Heide Simonis und Hendrik Hering, damals rheinlandpfälzischer Staatssekretär im Ministerium für Umwelt und Forsten, 2004 in Waigandshain vor einer Rotornabe.

Hannover-Messe April 2012: Der chinesische Ministerpräsident Hu Jintao und Bundeskanzlerin Angela Merkel besuchen die Fuhrländer-Ausstellung.

2007: Das Bundesverdienstkreuz für den Ausbildungsbetrieb von Bundesarbeitsminister Olaf Scholz.

Gemeinsam unterwegs in Sanaa, im Jemen: Joachim Fuhrländer und Jürgen Trittin.

Ghana: auserwählter Häuptling der Ashanti – „Nana Kofi Marfu II." – Fritz Pawelzik.

In Ghana im Rollstuhl unterwegs zu einer Berufsschule.

Besuch in Polen: Bürgermeister a. D. Waigandshain Ernst Theo Jung, Bauamtsleiter Dieter Schwarz, Joachim Fuhrländer, Verbandsbürgermeister Werner Daum, Militärattachè und stellvertretender Aufsichtsrat Klaus Geerdts (v. l.).

Gemeinsame Mahlzeiten schaffen Verbindungen: Das Fuhrländer-Team in Vietnam beim Mittagessen nach einer Lagebesprechung.

achim Fuhrländer im Planungsgespräch mit Verant-
ortlichen aus Konongo/Ghana für die Energieversor-
ıng des Dorfes.

Erster AFREECA-Kunde und guter Freund, Dr. Ebenezer Osei Kofi.

eit 1998 befreundet und nun gemeinsam unterwegs für Afrika: Dr. Anzhong Wang (l.) und Prof.
ngwei Yan (r.) mit Ing. Jian Li Ma mit der 30 kW Afrika-Windkraftanlage.

Familie mit fünf Kindern aus den beiden ersten Ehen: Lili Enikö, Anna Emese, Jona Benjamin, David Jonathan, Sarah Elisabeth (v. l.).

Joachims Ehefrau Anna ist Kapellmeisterin des Kurorchesters in Bad Füssing.

Anna und Joachim Fuhrländer in Lissabon. Das erneuerte Leben bringt sie um die Welt.

und fest Freundschaft. Solche Menschen verändern das Gesicht der Welt zum Guten. Finanziell, technisch und menschlich.

Prof. Dr. Hans-Martin Klein von GreenScan, der sich in meiner Krise sehr um mich gekümmert hatte, betreibt ein Niederfeld-MRT, eine revolutionäre Technik im Diagnostikbereich. Und er versorgt dieses System mit einer Solaranlage. Ein herkömmliches MRT, das er früher ebenfalls in einem von ihm erbauten medizinischen Zentrum integriert hat, benötigt mit fremderregten Magneten und einer aufwändigen Kühlung eine Energiezufuhr von circa 80 kW Leistung. Das Niederfeld-System läuft dank permanenterregter Magnete mit maximal 8 kW, inklusive aller Nebenverbraucher wie Beleuchtung, Computer, Klimaanlage usw.

Mit einer Solaranlage von 40 bis 60 kW Leistung und der kleinsten Vanadium-Batterie haben wir ein System im Portfolio, mit dem wir fast überall auf der Welt diese Diagnostik anbieten können, ohne einen Netzanschluss dafür zu benötigen. Die Möglichkeit somit frühzeitig medizinische Diagnosen durchführen zu können, mittels eines MRT, ist stets der erste Weg zur Heilung und Kosteneinsparung, insbesondere für die ärmeren Menschen in verschiedenen Ländern. Selbst die häufigen Stromausfälle, die in Afrika üblich sind, spielen mit unserem System keine Rolle mehr.

Ziad Tassabehji ist ebenfalls Gesellschafter bei AFREECA. Sein Netzwerk erstreckt sich weltweit. In Sri Lanka zum Beispiel verhandelt er mit der Regierung Einspeisetarife. Mit unserem System beabsichtigt man dort, auf über 5.000 Schulen Solar-Batterie-Systeme zu installieren, die bei entsprechenden Hoch- oder Niedriglasten das öffentliche Stromnetz in Echtzeit stabilisieren und Energie ins Netz einspeisen oder die Batterien aufladen, um später über sie Energie abrufen zu können. Ziad führt auch Finanzierungsgespräche, denn in der Regel bringen wir die Finanzierungspartner für die Kunden mit. Damit bieten wir ein einzigartiges Gesamtpaket an. Als „Lease-to-Own“ kaufen die Finanzierer nach der Installation das Gesamtsystem von uns und verleasen es an die Kunden.

Die ersten Vorzeigeprojekte in Ghana, A 1 Hospitals, Darkofarms und Osko Lodge Guesthouse, haben wir komplett entwickelt, installiert und vorfinanziert. Zwei kleinere Projekte davon hat eine Investmentgesellschaft aus München übernommen, mit den Gesellschaftern Ralph Schneider als Geschäftsführer, Dr. Wolf Dietrich Fugger und Timo Schäfer. Sie haben die Projekte als „Lease-to-Own" endfinanziert und bilden gemeinsam ein aufstrebendes Unternehmen namens EWIA. Im Solarenergiesektor haben sie ihren weiteren Gesellschaftsausbau mit diesem Guesthouse und einem Krankenhaus weiter ausgebaut.

Alle Systeme werden von uns mittels Fernüberwachung gesteuert, wie wir es schon bei unseren Windparks weltweit tun mussten. Zum Service gehören auch Reinigung und Wartung. Im Vergleich zu unserem früheren Geschäft sind das sehr kleine und einfache, aber zweckmäßige Systeme. Als „BOT", Build-Operate-Transfer, übernehmen wir das Risiko der Projektierungs-, Beschaffungs- und Installationsphase, während der Finanzierer die fertige Anlage danach in sein Finanzierungportfolio übernimmt.

Dank dieser Lösung kann A1 Hospitals endlich über eine Intensivstation nachdenken, Darkofarms kann seine Kühl- und Brutanlagen störungsfrei betreiben und das Osko Lodge Guesthouse hat auch nachts Strom für seine Gäste.

Den Inhaber von Osko Lodge, Dr. Ebenezer Osei-Kofi, haben wir aus Dankbarkeit für sein Vertrauen als Pilot-Kunden nach Deutschland eingeladen und ihm eine Augenoperation des Grauen Stars ermöglicht. Schon nach der ersten Kontaktaufnahme erklärte sich Dr. Simon Leicht mit seiner Praxis im Stadtturm in Passau unkompliziert zu dem Eingriff bereit. Sofort am Tag nach der Ankunft von Dr. Osei-Kofi in München wurden in Passau alle vorbereitenden Untersuchungen und Maßnahmen durchgeführt. Die Erneuerung beider Linsen wurde von Dr. Leicht selbst vorgenommen. Nach nur drei Tagen konnte Dr. Osei-Kofi mit beiden Augen wieder sehen. „Ich habe ein neues Leben", sagt er und weinte vor Glück. Wie sich ein Mensch, der jahrelang fast nichts mehr sehen konnte, nach einer bestens organisierten Behandlung verändern und vom ganzen Verhalten her erneuern kann – einfach wunderbar.

Über AFREECA bieten wir interessierten Partnern und Projektpaten eine breite Palette von Projekten in ganz Afrika an, die entweder finanziert oder als Lease-to-Own-Finanzierung realisiert werden können. Die Laufzeiten dieser Projekte betragen zwischen drei und sieben Jahren und werden entsprechend angemessen verzinst. Infrage kommen vornehmlich Krankenhäuser, Schulen, Lebensmittelproduktion, Wasserversorgung und Hotels – und kleine Dörfer. Bei Krankenhäusern haben wir bezüglich der energieunabhängigen Niederfeld-MRT-Systeme bereits eine sehr starke Nachfrage.

Frau Dr. Beatrice Wiafe Addai beispielsweise betreibt eine Klinik für Brustkrebspatientinnen in Kumasi. Ständige Netzausfälle machen ihr allerdings eine herkömmliche Diagnostik unmöglich. Sie plant seit Langem die Anschaffung eines MRT-Geräts, doch herkömmliche Systeme benötigen viel Energie, dazu eine gute Kühlung und den Einsatz von viel Helium. Außerdem schaden Netzausfälle dem Gerät.

Beatrice wird eine der ersten Kundinnen sein, die ein Niederfeld-MRT mit intelligent gesteuertem Solarsystem und langlebiger Batterie nutzen wird. Für das MRT inklusive weiterer Verbraucher wie Licht, Computer, Bildschirme, Kleingeräte etc. liefert unsere Anlage mit 10 kW Leistung genügend Energie. Das GreenScan-Team mit Prof. Dr. Hans-Martin Klein begleitet das Projekt und steht mit Beatrice in engem Kontakt. Sie baut für das Niedrigfeld-MRT gerade einen neuen Bereich an ihre Klinik in Kumasi an, und wir bieten eine Patenschaft zur finanziellen und technischen Begleitung an.

24. Anna, neue Freunde und neue Energie zum Leben

Im Januar 2015 verstarb Fritz. Seiner Trauerfeier konnte ich kräftemäßig nicht beiwohnen. Ich hatte in den Jahren viel von ihm gelernt und mich viel um ihn gekümmert. Ich hatte seine Wohnung bei mir behindertengerecht umgebaut, Möbel und ein Pflegebett gekauft sowie eine Pflegestufe für ihn erreicht. Mehr konnte ich nicht leisten. Seine Beerdigung konnte ich allerdings nicht ertragen. Dennoch, Fritz hatte mich nach Ghana gebracht. Und ich wollte dort seine Sache mit den Berufsschulen fortsetzen. Das war der Ursprung der neuen Idee und des Unternehmens AFREECA, wie ich es ihm versprochen hatte. Doch jetzt schien alles so sinnlos und unmöglich zu sein.

Hinzu kam, dass ich zwei Monate später ins Krankenhaus musste. Die Bauchspeicheldrüsenentzündung machte sich bemerkbar und später kam ein Typ-2-Diabetes als Diagnose hinzu. Ich verbrachte zwei Wochen im Krankenhaus und wurde dort auf Metformin eingestellt, ein Medikament, das den Blutzuckerspiegel senkt und täglich eingenommen werden muss. Dazu gehörte zwangsläufig eine Ernährungsumstellung. Alkohol hatte ich schon länger nicht mehr getrunken, aber nun sollte ich auch Kohlenhydrate, Zucker und Fette meiden. Dies führte zu einer wohltuenden Gewichtsreduzierung von dreißig Kilogramm, wobei auch meine Schuppenflechte verschwand, die sich über die letzten Jahre gebildet hatte. Ich lebte wieder auf, fühlte mich vitaler. Im Krankenhaus wurde mir geraten, eine begleitende Therapie zu machen, die ich in Niederbayern bei einer österreichischen Psychologin und Theologin in Anspruch nahm. Zweimal im Monat fuhr ich in die Nähe von Kirchham, um bereichernde Gespräche über Gott und die Welt zu führen. Zudem genoss ich das Thermalbad in Bad Füssing.

Im Frühjahr 2017 lud mich mein Freund Giuseppe zu einem Kaffee bei ihm in Bad Füssing ein. Bei ihm im Restaurant gingen die Musiker des Kurorchesters ein und aus. Als ich eintraf, war auch die Kapellmeisterin des Kurorchesters vor Ort. Er machte uns miteinander bekannt und wir redeten ein wenig.

Die Kapellmeisterin, Anna, ist Ungarin und eine temperamentvolle Musikerin. Mit vier Jahren begann sie bereits Geige zu spielen und gewann sehr früh viele Wettbewerbe. Sie hat zwei wunderbare Töchter, Lili und Emese. Lili ist eine talentierte Pianistin und spielt gelegentlich in Konzerten mit, wenn sie ihre Familie zu Hause besucht. Zudem arbeitet sie gerne in der Gastronomie, mag das Bedienen und übernimmt gelegentlich Wochenendschichten. Emese hat Gamedesign studiert und arbeitet in einem stark wachsenden internationalen Unternehmen. Wir unterhalten uns oft über ihre Arbeit und die steigende Zahl ihrer Kunden.

Die Gespräche mit Anna und Giuseppe blieben zunächst oberflächlich und freundlich. Giuseppe schlug beim Verabschieden vor, ob wir einmal gemeinsam zum Abendessen kommen wollten. Doch das blieb nur eine Idee, denn wir trafen uns erst einmal nicht mehr. Und klassische Konzerte waren nicht so meine Sache, da ich eher Rockmusik bevorzugte. Dennoch gab Giuseppe mir schließlich Annas Telefonnummer und ermutigte mich, mich mit ihr zu verabreden. Ein paar Monate später fragte ich sie dann, ob wir nicht das Abendessen zu dritt endlich nachholen wollten. Sie sagte zu.

Unser gemeinsamer Abend nahte, doch Giuseppe erschien nicht, aber Anna war da. „Du willst mich wohl heiraten“, sagte ich lachend zur Begrüßung am Tisch. „Ja, das will ich“, antwortete sie spontan.

Wir führten lange und offene Gespräche über unsere Vergangenheit, unsere Erfahrungen und unsere aktuelle Situation. Ich wusste kaum etwas von ihr, aber sie hatte im Internet ein wenig über mich recherchiert.

Recht kurzfristig haben wir schließlich in Passau geheiratet. „Wir sind ja wohl alt genug", sagte sie einfach. Der SWR begleitete uns dabei. Anna nahm den Namen Fuhrländer an, weil sie es ausdrücklich wollte. Ihre Familie war sehr klein, da sowohl ihr Vater als auch ihre Mutter und Schwester an Krebs gestorben waren. Ihr Wohnort in Ungarn lag nahe an der ukrainischen Grenze, und Tschernobyl, wo es 1986 den Reaktorunfall gegeben hatte, war nicht weit entfernt.

Ein neues Leben

Ein neues Kapitel meines Lebens begann, als ich vom Westerwald nach Pocking bei Passau zog. Freunde oder ein soziales Netzwerk hatte ich in dieser neuen Umgebung nicht. Meine einzige richtige Bekanntschaft war der Bürgermeister von Kirchham, Anton Freudenstein, ein Mitglied der CSU, mein erster und einziger CSU-Freund. Außerdem waren mir noch der Hausmeister Schott, der in Pocking wohnt, vertraut sowie die Inhaber von Restaurants und einige engagierte Hausverwalterinnen. Auch Marie und Orlando mit ihrem italienischen Restaurant, die Eisdiele nebenan sowie Bernd und Monika mit ihren vielfältigen Spezialitäten und Vinothek in Bad Füssing waren mir ebenfalls vertraut. Das musste vorerst reichen.

Meine Eltern waren schon seit Langem mit Andreas und Lula, den Betreibern des bekannten „Griechen" in Bad Füssing, gut befreundet. Heute wird das Restaurant von Georg, dem Sohn, geführt zusammen mit seinen Eltern, seinem Onkel Apostolis und Evangelis, einem griechischen Urgestein und gleichzeitig einem Liebling der Gäste. Es beeindruckte mich stets, wie Georg so viele Teller gleichzeitig tragen konnte. Nie habe ich anderswo gesehen, wie man so viele Teller auf einmal tragen kann. Außerdem kannte ich die Tankstelle und Reparaturwerkstatt Augenstein in Eggelfing, da mein Auto ja bereits älter war und schon mal ab und zu repariert werden musste.

So war meine Ausgangssituation – ich musste mich neu orientieren. Michael, der Polizist und Chef vom Jugendblasorchester mit seiner Familie, wurde einer meiner ersten Freunde in der Gegend. Über ihn lernte ich nach und nach immer mehr Leute kennen.

Im Westerwald spricht man bei dickköpfigen Menschen von schwer zugänglichen und sturen Basaltköpfen – in Niederbayern gibt es sie ebenfalls. Und: zugereist bleibt zugereist. Dennoch habe ich festgestellt: Unsere Nachbarn in Niederbayern sind sehr nette Familien und stets hilfsbereit. Nathalie und Roland kümmern sich sogar um unser Haus, wenn wir verreisen. Auch unser verlässliches rumänisches Hausarzt-Ehepaar wohnt gleich um die Ecke. Margret und Gerhard Berger führen eine Autowerkstatt, die von uns bevorzugt wird, und helfen gerne und schnell bei Problemen mit älteren wie jüngeren Autos. Es ist kein Problem, sie selbst des Nachts anzurufen, falls man einmal abgeschleppt werden muss. Für sie ist ihr Beruf kein Job, sondern eine Berufung, der auch ihr Sohn in dritter Generation nachgeht. Und der andere nette Nachbar ist ein begeisterter Harley-Fahrer – was mir persönlich auch viel Freude macht. Mit all diesen Menschen in Pocking zu leben, passt einfach.

Meinen Ideen für unser Energiesystem für Afrika kann ich sowohl zu Hause in Bayern als auch in den Büros beziehungsweise der Werkstatt in Waigandshain gleichermaßen nachgehen. Die Arbeit macht mir wieder Freude und vermittelt mir ein Gefühl von Sinn und Zufriedenheit. Meine ersten Reiseziele waren China, Ghana und Portugal, und endlich spürte ich wieder, wie lebendig das Leben sein kann. Bei der darauffolgenden Ghana- und China-Reise nahm ich dann meine Frau mit, damit sie meine Freunde und Arbeit besser kennen und verstehen lernen konnte – das war nämlich auch ihr Wunsch gewesen. Der Gegenbesuch aus China in Pocking, Passau und Bad Füssing mit Prof. Yongwei Yan, Dr. Anzhong Wang und M.Sc. Jian Li Ma ließ nicht lange auf sich warten. Sie brachten Noten von traditionellen chinesischen Orchesterstücken aus verschiedenen Epochen als Gastgeschenk für meine Frau mit.

2019 organisierte Anna in Ghana ein Benefizkonzert zur Unterstützung der Ausbildung an einer Mädchenschule des YMCA (Young Men's Christian Association, CVJM hierzulande). Bernd Welte und seine Frau

Sara von „Brot für die Welt" waren die treibenden Kräfte und Hauptorganisatoren. Sie hatten drei Jahre lang in Ghana verbracht und dort eine bedeutende Bildungsarbeit mit jungen Menschen aufgebaut. Zur Vorbereitung des Konzertes luden sie unter anderem auch die Mitarbeiter der GIZ ein. Sie besprachen und koordinierten alle Termine, richteten den großen Saal her, installierten die Technik und sorgten für eine gute Bewirtung der Gäste und Künstler. Unterstützung erhielten sie dabei von Samuel Asamoah und Kwabena Nketia Addea vom YMCA. Mit fünf Musikern aus Ungarn, Griechenland, Österreich und Mazedonien sowie einem großen Chor aus Tema und einem Kinderorchester von „Musiker ohne Grenzen", zu denen sie bis heute Kontakt halten, wurde das große Theater der Hauptstadt erfrischend belebt.

In Ghana kann man unmöglich bei Musik ruhig sitzen bleiben. Gleiches gilt umgekehrt, wenn unsere ghanaischen Freunde das Kurkonzert in Bad Füssing besuchen. Aktives Mitmachen, Lachen und ausgelassene Bewegung gehören immer dazu. Allerdings wundern sich die Menschen aus Ghana oft über die vielen ernsten Gesichter vieler Menschen in einem wohlhabenden Land. Übrigens hat Samuel aus Accra Politikwissenschaft in Passau studiert und hat auch eine Familie in Pocking.

Ich gebe zu: Mittlerweile besuche ich fleißig Annas Konzerte. Das ist nicht nur spannend, sondern auch zugleich erholsam. Es ist auch wunderbar, die Musiker, ihre Geschichte und Herkunft kennenzulernen, denn sie kommen aus vielen verschiedenen Ländern wie Polen, Ukraine, Slowakei, Ungarn, Spanien, Portugal, Chile, Australien, Österreich, Argentinien, Italien, Belarus, Japan und Deutschland.

Bad Füssing gehört nicht nur in Bezug auf die Besucherzahlen und Gästeübernachtungen zur Weltklasse, sondern auch die Pflege eines solch niveauvollen Orchesters in dieser Konstellation ist einmalig. Viele Gäste sagen, dass sie nicht nur altersbedingt wegen der Thermen nach Bad Füssing kämen, sondern auch, um den zwölf Konzerten pro Woche zu lauschen.

So kann sich das Leben verändern. Ich lerne viel über Musik und Komponisten. Dennoch, eine fünfstündige Wagneroper in Düsseldorf anzuhören, bleibt eine anspruchsvolle Aufgabe, besser gesagt: schwere Kost. Aber Mozarts Geschichte in Salzburg zu erleben, ist faszinierend, besonders wenn man von einer Musikerin geführt wird. So verbringe ich heute mehrere Abende die Woche im kleinen oder großen Kursaal von Bad Füssing. Im Sommer genieße ich die Konzerte im Freien, im Zuhörerbereich, vor der Außenbühne im wunderschön bunten und gepflegten Kurpark, manchmal auch auf der Terrasse des Feinspitz-Cafés oder im X'avers Café vor dem großen Kurhaus. Dort lausche ich der Musik der zwölf Profimusiker.

Wenn Anna dann in dem wunderschönen Theater in Passau, an verschiedenen Orten in Österreich oder Eggenfelden und Landshut mit anderen Orchestern Operetten spielt, gehe ich, sooft es mir möglich ist, mit und sehe mir die Operetten auch drei- oder viermal an. Jede Aufführung ist auf ihre Weise einzigartig.

Anna ist eine wahre Unternehmerin. Sie arbeitet und organisiert, wann immer es nötig ist, und das bereitet ihr viel Freude. Sie ist fasziniert von ihrer Arbeit und liebt ihr Orchester und die Musik. Und ihre fast dreihundert Jahre alte Geige. Ihr Ziel, als sie das Orchester im Alter von 35 Jahren übernahm, war es, die Menschen in Bad Füssing zu erfreuen. Alle Mitglieder waren älter als sie und hatten bereits einen etablierten Stil. Neue Töne mussten daher erst eingeführt werden.

Sonderkonzerte werden frühzeitig geplant. An langen Abenden umgibt sie sich mit einer Vielzahl an Noten und geht alles wiederholt durch. Danach stellt sie die Musiker zusammen, wobei auch oft Gastmusiker dabei sind. Während ihres Urlaubs und ihres freien Dienstags in der Woche findet sie die nötige Ruhe, um ihre Konzerte und Sonderkonzerte vorzubereiten. Müdigkeit scheint sie nicht zu kennen.

Sie arbeitet gerne für Bad Füssing und den Landkreis Passau, wo sie im Jahr 2024 immerhin schon 20 Jahre zu Hause sein wird und zur Wertschöpfungskette beiträgt. Große Unterstützung und Wertschätzung erhielt sie von dem früheren Kurdirektor, der mittlerweile im Ruhestand ist, sowie vom früheren und aktuellen, jungen Bürgermeister von Bad Füssing, Tobias Kurz. Im Juli 2023 wurden sie und das Orchester besonders geehrt, indem ihnen der Kulturpreis des Landkreises Passau verliehen wurde.

Stundenlang telefoniert sie, besucht und lädt Musiker und Sänger, Tänzerinnen und Tänzer, Ballettschüler und Laienmusiker vom Theater in Passau, Eggenfelden, Linz, Budapest und Szeged ein. Auch befreundete Musiker des Salonorchesters „Sinnfonietta", die regelmäßig die Pramtaler Sommeroperette in Österreich gestalten, unter der professionellen Leitung des weit über Österreich hinaus bekannten Tenors Harald Wurmsdobler, sind in Bad Füssing sehr oft dabei, springen kurzfristig ein und ersetzen manchen Urlaubs- und Krankheitsfall.

Musiker, die eine weite und lange Anreise haben, wohnen obligatorisch bei uns im Haus und sind als Gäste herzlich willkommen. Es kommt nicht selten vor, dass bis zu zehn Personen bei uns zu Besuch sind. Die Stimmung ist stets ausgezeichnet, und sie müssen keine teuren Hotel- oder Verpflegungskosten aufbringen. Annas befreundete Künstler an Flughäfen oder Bahnhöfen in München, Linz, Passau oder Schärding abzuholen, mache ich sehr gerne. Mit ihnen zu frühstücken und sie etwas persönlicher zu erleben, sie dann aber abends in einem völlig anderen Licht auf der Bühne zu sehen, ist einfach nur bereichernd. Selbst neue Musiker, die noch keine Wohnung hier in der Umgebung haben, bleiben zunächst einmal für die ersten Tage bei uns. Aus Gästen werden so Freunde.

Darüber hinaus kommen Menschen auch aus anderen Ländern und aufgrund anderer Beweggründe zu uns: Mitarbeiter von mir aus Portugal, Brasilien, China, Ghana, Burkina Faso oder Mauritius – und Flüchtende aus der Ukraine. Die meisten wohnen und leben bei uns.

Auch einige meiner alten Freunde aus dem Westerwald besuchen uns in meiner neuen Heimat, und wir heißen sie herzlich willkommen. Da ich für die Gästeversorgung und den Haushalt verantwortlich sein möchte, kümmere ich mich gerne um die dabei anfallenden Aufgaben: Ich kaufe ein, putze und koche sehr gerne. Früher hatte ich nie Zeit dafür.

„Ist das keine Last?", werden wir immer wieder mal gefragt. Mit so vielen Leuten im Haus, da könne man ja gar nicht so sein, wie man möchte und man müsse ständig Rücksicht nehmen. Aber nein, es bereichert uns und unser Leben ungemein. Natürlich finden wir auch Zeit für uns, besonders dann, wenn wir in einem der Länder unterwegs sind, die wir gerne bereisen.

Wir sind beide einfach Menschen und lernen gerne die Lebensweise anderer Kulturen kennen. Jeder darf sich bei uns zu Hause fühlen und sich einbringen. Und alle möchten da auch gerne mithelfen. So entsteht dann auch bei gemeinsamen Kochabenden mal ein echtes afrikanisches, chinesisches oder brasilianisches Gericht. Oder wir kochen gemeinsam ungarisches Gulasch, draußen im Garten in großen Töpfen über einem Feuer. Unsere fleißigen Hausmeister aus Bad Füssing sind da gerne mit von der Partie. Sie bringen dann ihre selbstgemachten Wildwürste als Snacks mit und haben in der anderen Hand noch ihr mitgebrachtes Werkzeug. Sie freuen sich einfach auf die gemeinsame Aktion. Nicht selten laden sie uns aber auch zu sich nach Hause ein und präsentieren feinstes Wild, das sie als Jäger selbst erlegen und zubereiten. Gerhard, Udo, Stefan und Thomas sind ihre guten Freunde und immer zur Stelle, wenn die Bühnen geschmackvoll dekoriert, Podeste hergerichtet und Schlagzeug, Flügel, Stühle und Notenständer herbeigebracht und positioniert werden müssen.

Anna und ich teilen übrigens die gleichen Schwächen: Wir sagen nie Nein und geben gerne. Geiz ist nicht unser Freund – die Musik hingegen schon. Neben dem Café Anton in Bad Füssing gehen wir natürlich unbedingt und gerne zu Lorenz Seidl ins Café Duft in Passau, wo es montagsabends Caféhausmusik vom Feinsten gibt: Blues, Jazz, Vocals, Volkstümliches und Klassik wechseln sich ab. Stefan Bauer organsiert das alles und spielt selbst klassisch Kontrabass im Passauer Theater oder Bassgitarre in seiner Rock'n'Roll-Band Phönix. Auch Anna spielt öfter im Café Duft. Wir kennen uns alle und treffen uns nicht nur als Freunde, sondern auch, um uns auszutauschen. Es gibt dort auch Insidergespräche für Unternehmer sowie internationale Sprach-Cafés, die bei gutem Bier und Wein und ausgewählten Speisen stattfinden – eine Tradition, die seit vielen Jahren gepflegt wird.

Allerdings hat der neue Hausbesitzer im Juli 2023 den Pachtvertrag für das Café Duft ohne Vorwarnung und Gespräch gekündigt. Eine langjährige Tradition und Geschichte wurde abrupt beendet. Doch Passau hat immer etwas zu bieten – eine lebendige Stadt mit einer Kirchenorgel, die aus 17.974 Pfeifen besteht. Deshalb werden nicht nur die Stammgäste Lorenz Seidl zu etwas Neuem folgen. Er ist ein Mann voller Ideen und ein Mensch, der Gutes tut. Wir werden uns wiedersehen.

Die Menschen in Bayern haben fleißig im Internet recherchiert, um herauszufinden, wen die Kapellmeisterin da geheiratet hat. Ein Mann hat sie sogar einmal vom Fahrrad aus angeschrien und sie beleidigt, wie doof sie denn sei, weil er meinte, sie hätte einen Versager geheiratet. Das hat sie sehr betroffen gemacht, zeigt aber deutlich das deutsche Verständnis und den verbreiteten Standpunkt. Auch Konzertbesucher sprechen mich oft an und fragen, ob ich nicht der pleitegegangene Windmühlenbauer aus dem Westerwald bin.

Heute sind wir beide gerne Mitglieder der Evangelischen Kirche in Bad Füssing. Seit ich nach Kirchham fahre und Bad Füssing kenne, besuche ich den Gottesdienst hier. Es gibt auch einen offenen Männerkreis, den Karl Lorenzer leitet. Mit Pfarrer und Kirchenrat Norbert Stapfer verbindet uns eine freundschaftliche Beziehung, die auch im Privaten viel Anlass zu spannenden Gesprächen und einem guten Wein gibt. Vielfältig und ansprechend sind die Veranstaltungen, Angebote und Anlässe, die Pfarrer Stapfer schafft. Und immer geht es um das Leben, seine Herausforderungen und die Freude, die in ihm steckt.

Für mich ist die Theologie von Norbert Stapfer ein bereichernder Anknüpfungspunkt zu meinem ehemaligen Pfarrer Werner Speck und zu Karl Schmidt. Bei ihnen habe ich früh gelernt, ein klares Ja zu uns selbst und zu Gottes Schöpfung auszusprechen. Sie haben mir beigebracht, kritisch zu denken, mich einzumischen, Toleranz zu üben und offen zu kommunizieren. Werner Speck hat mir das Reden beigebracht. Im Gemeindehaus hat er mich auf das freie Sprechen im Gottesdienst vorbereitet, anhand von Vorlagen den Blickkontakt zum Hörer aufzubauen und sich vom Text zu lösen. Nach den Gottesdiensten wurde oft über Weltpolitik diskutiert. Von beiden habe ich gelernt, was der Glaube bedeutet und wie befreiend er sein kann, wenn man ihn wirklich auch versteht.

25. Wie junge Menschen Chancen erkennen und Selbstwert entdecken

In 2018 traf ich zum ersten Mal „Banana“ in Ghana. So nennt man ihn hier. Aber eigentlich heißt er Gabriel, Gabriel Ofori Appiah. Er arbeitet beim YMCA, hat jedoch nur ein sehr geringes Einkommen, um seine Familie mit drei Söhnen zu ernähren. Seine Frau ist Lehrerin und bei ihr wurde Diabetes diagnostiziert. Die benötigten Medikamente sind sehr teuer. Zusammen verdienen sie ungefähr 300 Euro im Monat. Eine Krankenversicherung, so wie bei uns, gibt es nicht. Alles muss aus eigener Tasche bezahlt werden. Und der Preis für eine Tankfüllung Diesel beträgt in Ghana fast 80 Euro.

Gabriel wuchs bei Dr. Darko auf, einem bekannten Unternehmer und Nahrungsmittelproduzenten. Dr. Darko setzt sich dafür ein, dass jedes Kind in Ghana einmal am Tag satt wird. Er züchtet Hühner, da Hühnerfleisch erschwinglich ist und unabhängig von Religion und Glauben von allen gegessen wird, soweit überhaupt Fleisch gegessen wird. Die Auswahl an Fleisch ist in Afrika stark eingeschränkt. Fisch wird sonst noch angeboten, aber aus welchen Gewässerbedingungen der kommt, das weiß man oft nicht so genau, da viele Flüsse ungeklärt ins Meer fließen.

Dr. Darkos Hühner laufen frei herum, unter einem Dach und hinter einem Zaun als Schutz gegen die Sonne und andere Tiere. Sie haben viel Bewegungsfreiheit, aber der Preis für Geflügel fällt stetig. Billige Hühnerteile aus der Massentierhaltung in Europa, die man bei uns nicht verkaufen kann, werden zerkleinert und gefroren nach Afrika exportiert und stellen eine große Konkurrenz dar. Die Entsorgung in Europa wäre zu teuer, daher schickt man den „Abfall“ lieber günstig nach Afrika.

Gabriel ist ein Mensch, der immerzu lacht und voller Temperament die Dinge anpackt. Schon früh entwickelte er unternehmerisches Denken: Er hat Business Management studiert, Solaranlagen auf Dächern montiert, sie gereinigt und gewartet und sich persönlich kontinuierlich weitergebildet. Auch arbeitete er in verschiedenen Ländern Afrikas und Europas und sogar in Thailand, das alles ging über den YMCA. Dieser hat ein weltweites Netzwerk in 172 Ländern.

Gabriel ist für mich ein Beispiel für unermüdliche Motivation. Er ist in Armut aufgewachsen, musste früh arbeiten und seiner Mutter helfen, die Familie durchzubringen. Sein Vater ist gestorben, als er noch sehr klein war. Doch das Durchbeißen hat sich gelohnt: Heute ist Gabriel Geschäftsführer bei uns in Ghana, und sein Einkommen haben wir angepasst.

Auch unsere Elektroingenieure und ihre Teams sind hoch motiviert. Sie sind jung und wollen etwas bewegen, verändern und voranbringen. Nur die Rahmenbedingungen sind sehr schlecht, da die Regierung ein solches Engagement nicht besonders honoriert. Dennoch lassen sie sich nicht entmutigen, sie kämpfen, arbeiten und stecken andere damit an, dass man etwas tun kann, was einen weiterbringt. Dabei sind sie finanziell beschränkt, sie reisen, wenn überhaupt, mit Bussen oder mit „Trotros“, den 15-sitzigen alten Kleinbussen, die Menschen, Tiere, viel Gepäck und alles Mögliche transportieren. Oft sieht man sogar noch die Werbung deutscher Handwerksbetriebe auf den Vorder- und Rückseiten. Wenn jemand von ihnen ein Auto besitzt, dann ein sehr altes und heruntergekommenes Fahrzeug aus Europa. Sie kommen zurecht, arbeiten und sind fröhlich, wenn sie Arbeit haben, denn ein Sozialsystem gibt es nicht. Wenn sie aber keine Arbeit haben, dann haben sie auch kein Einkommen.

Wie viele Menschen in Afrika, so ist auch Gabriel mit manchen Entscheidungen seiner Regierung sehr unzufrieden. Ghana ist eigentlich reich und könnte einen großen Entwicklungssprung machen. Das Land verfügt über viele Bodenschätze wie beispielsweise Gold. Damit wird Öl gekauft, um mit Energie den Fortschritt voranzubringen. Gabriel spricht auch von Korruption. Einmal fragte ich ihn, was er denn tun würde, wenn ihm ein Konzern eine große Summe an Geld bieten würde, um einen Vertrag zu deren Gunsten zu unterschreiben, der zwar seinen Idealen widerspricht, ihn aber zu einem reichen Mann machen würde. Damit könnte er dann seiner Frau ausreichend Medikamente und Behandlungen ermöglichen, seinen drei Söhnen ein Studium finanzieren, ein großes Haus und Auto kaufen, vielleicht sogar ein elektrisches, und hätte auch für seine Enkel noch genug übrig. – Er schwieg, aber verstand die Kompromisse und das mangelnde Gewissen in Bezug auf politische Entscheidungen und wie sie leider auch zustande kommen können.

Es ist die Aufgabe junger Menschen, sich einzumischen

Jedes Mal, wenn ich aus Ghana zurückkomme, werde ich traurig, wenn ich hier in die Gesichter schaue. Natürlich betrifft das nicht alle Gesichter, denn ich kenne viele junge Menschen mit Zielen und Perspektiven. Aber immer mehr scheinen desinteressiert, abgestumpft und einsam zu sein, trotz der vielen Follower in den sozialen Medien. Ich verstehe sogar die Mutlosigkeit, die Sorgen und Bedenken der Systemskeptiker. Aber wir dürfen nicht aufgeben, ihnen neue Perspektiven aufzuzeigen, sie zu motivieren, die eigenen Werte und Möglichkeiten der Veränderung zu entdecken und sich aufzuraffen.

Der schwarze Bürgerrechtler Martin Luther King hat in den 1960er-Jahren gesagt: „Nichts auf der Welt wird gelöst, wenn wir träge darauf warten, dass Gott alleine sich darum kümmert." Das stimmt. Dieser Satz war mein Konfirmationsspruch und begleitet mich bis heute. Und es ändert sich erst recht nichts, wenn wir ausschließlich auf die Politik vertrauen. Kaum etwas wird dann passieren. Politiker sind oft zu weit entfernt vom alltäglichen Leben und müssen sich mit der Politik beschäftigten, anstatt Motivatoren und Vorbilder zu sein.

Es ist die Aufgabe junger Menschen, sich einzumischen, denn es geht um ihre Zukunft. Sie müssen aufstehen und ihre Stimme erheben, und wir müssen sie dabei begleiten. Protest soll nicht aus den Fugen geraten oder unsinnig werden, aber Missstände müssen deutlich werden.

Ich spreche hier jedoch nicht von den Nörglern, die immer etwas auszusetzen haben. Ihnen sage ich immer gerne, dass heute jeder ein Recht hat, sich selbstständig zu machen, sein Leben zu gestalten, seine eigene Firma zu gründen und Arbeitsplätze zu schaffen, die seinen eigenen Wünschen entsprechen.

Nein, ich meine die jungen Menschen, die mitreden können und sich auf den Weg machen, die anpacken und sich nicht ständig nur um sich selbst drehen. Denn solche Menschen gibt es wirklich, und sie sind unsere Hoffnung. Es gibt praktische und sinnvolle Wege, um diese Fähigkeiten zu erlernen. Dazu braucht man zunächst einmal viel Engagement, Leidenschaft und wache Sinne.

Als Wehrpflichtiger habe ich damals den Wehrdienst mit der Waffe verweigert. Dies erforderte, dass ich eine lange Begründung schreiben und eine Gewissensprüfung vor einer zum Teil militärischen Kommission in Koblenz ablegen musste. Verschiedene Zeugen mussten zudem schriftliche Stellungnahmen zu meiner Person abgeben, darunter waren auch der Pfarrer und der Bürgermeister. Doch allein der Prozess der Begründungsfindung und das Finden all meiner Argumente, die ich vorbringen wollte und sollte, waren äußerst hilfreich. Mir wurden dadurch viele Zusammenhänge klarer. Sie halfen mir, eine eigene klare Meinung und Haltung zu finden. Und dann führte mich der sich anschließende Zivildient raus aus meinem antrainierten Alltag, es eröffneten sich neue Horizonte und ich gewann eindrückliche Erlebnisse, die mich reifen ließen.

Es ist wichtig, dass junge Menschen die Chance erhalten, sich einmal komplett aus ihrem bisherigen Leben ausklinken zu dürfen. Das landläufige Argument, das einige noch vertreten, dass dies finanzielle Einbußen oder einen Bruch im Lebenslauf mit sich bringe, zeigt den wahren Charakter hinter dem Verharren in der Komfortzone. Dabei bietet sich im Aufbruch die Chance zu einer Horizonterweiterung.

Es gibt viele Organisationen, die ein Freiwilliges Soziales Jahr anbieten. Und es gibt zum Glück auch viele junge Menschen, die das als eine Chance für sich erkennen. Und wenn dann noch diese Zeit in einem außereuropäischen Land absolviert wird, kann man wertvolle Lebenserfahrungen sammeln, die man so in der bekannten europäischen Umgebung wohl nie bekommen könnte. Neben dem Erlenen der Sprache taucht man nämlich tief in die anderen Kulturen und Lebensweisen ein. Zudem wird einem ein anderer Umgang mit unserer Selbstverständlichkeit und dem vermeintlichen Wohlstand bewusst. Denn man erlebt, wie ein frohes Leben auch mit weniger materiellen Dingen funktioniert und alle selbstauferlegten Zwänge weniger werden oder gar verschwinden.

Als ich einmal meinen Sohn in seiner WG besucht habe, war da ein Freund von ihm, der krank war und unter Gelenkschmerzen litt. Gerade im harten windigen Flensburger Winter waren die Schmerzen fast unerträglich für ihn. Er schien untergewichtig zu sein, hatte aber für sich entschieden, konsequent vegan zu leben. Nun wollte er nach Tansania gehen, um dem anstrengenden Winter hierzulande zu entfliehen. Er blieb dann ein wenig länger dort, verliebte sich und kam eines Tages für einen Kurzurlaub zurück. Bei dieser Gelegenheit aßen wir drei gemeinsam Pizza. Ich wollte gerade für ihn vegan, ohne Käse und andere Dinge bestellen, da sagte er, er wolle eine Pizza mit Salami. Erstaunt fragte ich nach dem Grund. „In Afrika wäre ich sonst verhungert", sagte er. „Die Afrikaner haben gelacht, als ich ein rein veganes Essen haben wollte, was dort ja niemand kannte. Man esse, was verfügbar sei, war ihre Antwort." Auch eine interessante Erfahrung.

Es geht um die Zukunft

Ich wünsche mir nichts mehr als eine Aufbruchstimmung unter jungen Menschen. Es geht um ihre Zukunft, um ein lebenswertes Leben. Es geht um Hoffnung und Perspektive sowie um pure Lebensfreude. All das ist möglich und nötig.

Was also können wir tun, um zufriedener zu sein? Solange wir uns über Überstunden im Beruf aufregen, wird sich meines Erachtens wenig ändern. Solange wir immer darauf schauen, was wir noch haben könnten, werden wir unzufrieden bleiben. Solange wir unsere Arbeit als Job und unseren Alltag als Last empfinden, wird alles sinnlos erscheinen.

Wenn ich damals meinen Mitarbeitern gesagt habe, dass sie ohne Angst zur Arbeit kommen dürfen, haben einige das ausgenutzt, andere aber waren dadurch hoch motiviert. Auch immer wieder zweite Chancen zu bekommen, wurde von manchen gerne ausgenutzt. „Mir kann ja bei Fuhrländer nichts passieren", war ihr Gedanke. Gerade diese Mitarbeiter waren dann unzufriedener als andere Kollegen – mit den Aufgaben und letztlich wohl mit sich selbst. Doch es gibt empfehlenswerte Beispiele und Tipps für mehr Zufriedenheit und Engagement:

- Nimm dir Zeit für dich, bewusst ohne Smartphone und Internet.
- Gehe raus und spüre die Natur.
- Schau bewusst nach den schönen Dingen eines Tages.
- Erlebe deine Arbeit als sinnvoll oder wechsle sie, entscheide.
- Mach praktische Erfahrungen mit deinen Händen und baue etwas.
- Engagiere dich ehrenamtlich, z. B. im Ausland oder beim Besuchsdienst.
- Begegne Menschen persönlich.
- Bilde dich weiter.
- Erlerne Sprachen, wenn es möglich ist.
- Erlebe andere Menschen aus anderen Kulturen und höre ihnen zu.
- Stell dich immer auf Veränderungen ein.

Erst wenn du selbst aufstehst und nicht darauf wartest, dass dich jemand trägt, wirst du wieder das Leben spüren. Ablenkung zu suchen ist keine Lösung. Sei endlich mal zufrieden mit dem, was du hast, und nehme all das bewusst wahr. Wir leben in einer Zeit des unzufriedenen Überflusses. Brich aus diesem Denken heraus und werde ein Beispiel für andere! Mach dich nützlich für andere! Setze dich für andere ein und finde so einen neuen Sinn in deinem Leben! Denn leider geht es ja vielen Leuten so. Daher mein Rat: Öffne deine Augen für die Welt um dich herum.

Oft möchte man nicht an dem Ort, an dem man sich gerade befindet, stehenbleiben. Aber wohin sollen wir gehen? Wer kann noch eine Orientierung geben? Denn das, was wir heute oft landläufig hören, sind Botschaften von Karriere und Vermögen, von stressfreier Arbeit und immer mehr Freizeit. „Meine Kinder sollen es später einmal besser haben", lautete einst ein Spruch der 70er-Jahre. Dann kam die 5-Tage-Woche, später die 35-Stunden-Woche. Heute versucht man, die Produktivität mit 4-Tage-Jobs zu steigern und die Attraktivität der Arbeit dadurch zu erhöhen. Aber hilft so etwas wirklich? Und wohin führt das?

Erziehung und das soziale Umfeld spielen eine entscheidende Rolle, wie unsere Einstellung ist, gerade beim Thema Arbeit und Lebensführung Wenn wir unseren Kindern, den nächsten Generationen, viele Herausforderungen abnehmen, dann werden sie nie stark und entscheidungsfreudig. Sie werden immer abhängig bleiben von Menschen oder Umständen, wenn wir ihnen nichts zutrauen. Doch auch hier ist Erneuerung möglich und gefragt. Denn es gibt sie immer wieder, die Jungen und Junggebliebenen, die ihren Sinn im Leben entdeckt haben. Sie arbeiten oder studieren, gehen selbstbewusst ihren Weg und wissen mit sich und dem Leben etwas anzufangen.

Selbstwert und sinnvolle Grenzen

Ein Beispiel: Unser Ausbilder Uli kam einmal zu mir und war sehr verärgert. Einige Auszubildende hatten in Mathematik Schwierigkeiten und waren in ihrem Leistungsstand abgerutscht. Er wollte nach der Arbeit mit den jungen Leuten daran arbeiten und die Wissenslücken schließen. Einigen Eltern aber passte das überhaupt nicht. „Wenn das nicht als Überstunden angerechnet und bezahlt wird, lasse ich mein Kind das nicht machen.“ Wir fragten uns nur: Würde sich der Jugendliche mit der nötigen Nachhilfe tatsächlich überarbeiten oder hätte er durch das Wissen nicht langfristig den nachhaltigeren Effekt, dass seine Arbeit leichter, angenehmer und kürzer würde?

Andere Eltern hingegen kümmerten sich überhaupt nicht mehr um ihre Kinder, Hauptsache sie hatten eine Lehrstelle bekommen. Das zu erreichen, war genug Pflichterfüllung in ihrer Rolle als Eltern, dachten sie. Alles andere war nun Aufgabe des Betriebes. So hatten sie die Aufgabenverteilung schon immer gedacht und gelebt. Denn vorher hatten die Kinderkrippe, die Kindertagesstätte und die Schule die Erziehung ihrer Kinder übernommen. Aber ist dieses „Durchreichen“ der Kinder der richtige Weg? Sollen die eigenen Kinder nur noch von anderen Menschen erzogen und beeinflusst werden, von denen man als Eltern selbst nicht einmal weiß, was diese Personen denken, fühlen, wissen oder glauben?

Wer vermittelt unseren Kindern ihren eigenen Selbstwert? Wer zeigt ihnen sinnvolle Grenzen auf und weist ihnen den Weg? Wer bringt ihnen Zusammenhänge bei und lehrt sie, ihre Begabungen zu entdecken, wenn nicht die Eltern? Wir jedenfalls haben diese Jugendlichen bedingungslos akzeptiert, haben sie gefördert und in ihren Werten bestärkt. Wir haben an sie geglaubt und ihnen etwas zugetraut.

In Workshops mit Tieren im nahegelegenen Windpark konnten sie beispielsweise lernen, verantwortlich mit Lebewesen umzugehen. Wir hatten amerikanische Bisons, aber auch Esel, Pferde, Schafe, Ziegen und Alpakas angeschafft. Das Füttern, Reiten, Streicheln sowie das Bauen von Schutzhütten, Ställen und Zäumen gehörten zur Ausbildung, ebenso wie das Heumachen und Fahren mit dem Traktor. Hier spürten wir bei den Jugendlichen stets eine Begeisterung und Lebendigkeit, die größer war als beim täglichen Aufräumen des Arbeitsplatzes und Fegen in der Halle.

Allerdings missfiel manchen Eltern ebenfalls diese Herangehensweise von uns. Und Kinder können sich ihre Eltern nun mal nicht aussuchen.

Wir hatten Joseph Hülder als unseren Sozialarbeiter und Christine als Pädagogin im Team. Beide waren eine gute und vertrauenswürdige Anlaufstelle für alle, die etwas auf dem Herzen hatten. Sie waren auch da, wenn es darum ging, zwischenmenschliches Fehlverhalten zu korrigieren. Denn Konflikte blieben bei so vielen Auszubildenden und Kollegen nicht aus. Insbesondere bei all jenen nicht, die von Haus aus nie ein friedliches Zusammenleben, Versöhnung und ein Aufeinander-Zugehen konsequent erlernt oder eingeübt haben.

Auch Klaus Wagner war Teil unseres Teams. Er war der frühere Dorfschullehrer in Waigandshain, und ich bin auch in diese Schule gegangen, ehe ich ans Gymnasium nach Herborn wechselte. Damals saßen wir noch in der sogenannten Volksschule mit neun Klassen aus zwei Dörfern in einem Klassenzimmer beisammen. Klaus hat in Workshops mit den jungen Leuten alte Maschinen und Baumaschinen repariert und ihnen die jeweilige Funktionsweise erklärt, sogar ein alter Traktor war dabei. Auch neuere Maschinen wurden instandgesetzt. Unsere Auszubildenden waren sehr stolz, wenn alles wieder einwandfrei funktionierte.

Unser erklärtes Ziel war es, den jungen Menschen eine Perspektive, Zukunft und Hoffnung zu geben. Und das haben das Ausbilderteam und die Unternehmensgemeinschaft in den allermeisten Fällen auch geschafft.

Unter den drei Stichworten „Chancen – Perspektiven – Lebensmut" habe ich einmal als Ausbildungsmotto folgendermaßen formuliert: „Einem jungen Menschen immer wieder die Hand reichen und einen Weg aufzeigen und mitgehen, der eine lebenswerte und kreative Zukunft ermöglicht, das ist unser eigentliches Ziel als Ausbildungsbetrieb!"

Joseph Hülder hat es großartig vermittelt, was es heißt, den eigenen Wert zu erkennen und Lebensmut zu haben, dabei aber immer auch kritisch zu bleiben und sich nicht beirren zu lassen. Ich war dankbar, ihn als Freund und Mitarbeiter dabei zu haben.

Dennoch gab es zwei Gruppen von jungen Menschen: diejenigen, die sich motivieren ließen und nach vorne schauten, und diejenigen, die gleichgültig blieben, Selbstmitleid entwickelten und auf der Stelle stehen blieben.

Eine der möglichen Ursachen für diese Unbeweglichkeit und Resignation scheint mir die Übersättigung in unserer Gesellschaft zu sein. Alles ist verfügbar und man muss es sich nur nehmen. Panik bricht schon aus, wenn das Internet ausfällt. Die Welt um einen herum ist sehr klein und dennoch über das Internet wiederum sichtbar sehr groß geworden. Und was da draußen los ist, scheint für den Einzelnen unveränderlich zu sein. Es macht Angst, unzufrieden, weckt Begehrlichkeiten und lässt einen vermeintlich alleine und einsam zurück. Das ist aber überall auf der Social-Media-Welt mittlerweile so und gilt für viele jungen Menschen.

Vivien und Fabiano

Eine meiner Mitarbeiterinnen, neben den beiden Assistentinnen Sandra und Maria, war Vivien. Sie arbeitete im Büro in Fortaleza in Brasilien. Fortaleza im Bundesstaat Ceará liegt knapp unterhalb des Äquators. Die Temperaturen schwanken das Jahr über zwischen warmen 20 und 30 Grad. Vivien hatte eine Tochter, Danieli, die sie als 25-jährige Alleinerziehende mit zur Arbeit bringen durfte.

Unser Büro in Brasilien lag am Rande einer Favela, eines Armenviertels. Wie alle Gebäude war unseres von einer hohen Mauer umgeben, auf der auch zusätzlich noch Stromdrähte zur Abschreckung installiert waren. Kopfseitig lagen die Büros, rechts waren Übernachtungsmöglichkeiten für Mitarbeiter und Helfer. Im Hof neben dem Eingangstor befand sich eine überdachte Kochstelle, denn das Leben spielte sich meist draußen ab.

Sehr oft kam Vivien mit ihrer Tochter zum gemeinsamen Barbecue, wozu wir die Mitarbeiter regemäßig einluden. Manchmal kamen sogar einige Großeltern mit. Wir hatten viel Freude und lachten ausgelassen. Es war wunderbar, solch zuverlässige Mitarbeiter zu haben und auch ihre Familien zu treffen.

Doch eines Tages erschien Vivien nicht bei der Arbeit. Sie war ermordet worden. Ein sogenannter Motorbike-Hunter hatte sie auf dem Weg ins Büro von hinten erschossen. Bewaffnete Polizisten üben teils solche Jobs – Auftragsmorde – aus, um nebenbei etwas Geld zu verdienen. Doch was war der Grund, dass Vivien sterben musste? Wir vermuteten Eifersucht als Motiv.

Auch unser Hausmeisterjunge Fabiano wurde getötet, er wurde von einem Auto überfahren. Dabei hatte seine Freundin gerade ihr erstes gemeinsames Kind zur Welt gebracht. Den oder die Täter fand man nie, die Polizei machte sich auch keine große Mühe. Das ist wohl bis heute so.

Brasilien ist einfach eine völlig andere Welt, voller Bedürftigkeit und Elend, besonders in den Favelas. Dort haben wir zwei sehr geschätzte Menschen durch brutale Gewalt verloren. Dabei wollten wir mit ihnen und für sie selbst Chancen, Perspektiven und Lebensmut entwickeln und aufbauen.

Ich denke, wir sind gesellschaftlich im wohlhabenden Westen mit jungen Menschen auf falschen Wegen unterwegs. Wir brauchen dringend eine Erneuerung, eine Neuausrichtung unseres Denkens. Es muss beispielsweise eine Gleichbehandlung von akademischen und handwerklichen Berufen geben.

Akademiker treten wesentlich später ins Berufsleben ein als ein Handwerker. Sie verdienen dann mehr, obwohl viele bis dahin nur Kosten verursacht haben, und gehen nach weniger geleisteten Arbeitsjahren als ein Handwerker in den Ruhestand. Von den Sozialleistungen her betrachtet hat der Handwerker definitiv mehr geleistet. Wer und was also bestimmt den Wert dieser Leistung?

Für mich ist klar: Es wird immer bedeutender, zunächst einen praktischen Beruf zu erlernen, der auf die individuellen Begabungen zugeschnitten ist. Wir sollten damit aufhören, uns nach den Vorstellungen anderer zu richten, die meinen, was gut oder schlecht für uns ist. So entsteht nämlich bereits die erste Einschränkung in eine fremdbestimmte Richtung.

Wenn mir die Schule in oder nach der Pubertät überhaupt nicht liegt und ich eher ein praktisch veranlagter Mensch bin, warum sollte ich dann auf die Universität gehen, nur weil es so erwartet wird? Bin ich nur mit Studium ein angesehener Mensch? Warum werden in unserer Gesellschaft so viel Druck und Zwang ausgeübt?

Ein weiteres Beispiel sind Ärzte. Ihr Studium dauert lange. Und immer weniger Medizinstudenten wollen Landärzte werden, da dies viel Engagement und eine hohe Motivation erfordert, in einem vielleicht strukturschwächeren Raum viele Patienten zu behandeln, oft mit zusätzlichem Dienst als Notarzt.

Medizin kann jedoch auch anders aussehen und andere Wege beschreiten, zum Beispiel durch eine Ausbildung im Rettungsdienst. Warum stellt man nicht eine Ausbildung im Rettungsdienst dem Medizinstudium erst einmal voran, sodass junge Menschen, die an einem Medizinstudium interessiert sind, dort Erfahrungen sammeln können? Ich möchte es mal etwas überspitzt so ausdrücken: Ich würde ungern von einem brillanten Abiturienten mit hoch qualifiziertem Medizinstudium operiert werden, wenn dieser motorisch oder handwerklich zwei linke Hände hat. Gute Noten allein helfen hier wenig weiter.

Es ist eine Tatsache, dass das Erlernen eines Berufes nach der Schule hilft, das eigene Selbstwertgefühl zu steigern und die eigenen Fähigkeiten zu erkennen. Es stabilisiert den jungen Menschen ganzheitlich, an Körper, Seele und Geist. Danach kann man immer noch studieren oder sich weiterbilden, wenn man das möchte und die Voraussetzungen erfüllt. Doch die solide berufliche Grundlage und die gesammelten Erfahrungen kann einem niemand mehr nehmen.

26. Meine Einstellung und Philosophie als Unternehmer zur Politik und aktuellen globalen Situation

Ich wollte immer als Unternehmer zeigen, dass man als Unternehmer anders sein kann. Das gängige Klischee lautet, dass der Arbeiter arbeitet und der Chef scheffelt. Die Leute sagen das oft, ohne zu verstehen, was es wirklich bedeutet, ein Chef aus Berufung zu sein. Es bedeutet nämlich, sich um seine Mitarbeiter aufrichtig zu kümmern, aber nur wenige Menschen um einen herum verstehen das wirklich. Mein Buchhalter Uli kam beispielweise einmal zu mir und sagte, dass ich weniger verdiene als unser neuer Geselle. Das hatte ich gar nicht bemerkt.

Ein anderes Beispiel: Noch bevor das Thema Windenergie in den Fokus rückte, kam ein Vertreter für Schweißelektroden und andere Zusatzmittel zu uns, betrat durch das offene Tor in Waigandshain unsere Halle und fragte nach dem Chef. „Wir arbeiten hier in einer Anarchie", sagte ich. Er schien mich nicht zu verstehen und fragte erneut nach dem Chef und wo er seine Produkte präsentieren könne. „Aber ich würde mir das schon gerne ansehen", sagte ich. Dennoch schien er meinen Worten nicht vollständig zu vertrauen, wahrscheinlich kam das auch wegen meiner damals schon langen Haare und dem Bart. Mir gefielen solche Situationen sehr.

Ein weiteres Erlebnis war die Begegnung mit einem portugiesischen Lastwagenfahrer, der an einem Samstagnachmittag auf den Werkshof fuhr, wo ich gerade gedankenversunken unterwegs war. Er fragte mit wenigen deutsch-portugiesischen Wortfragmenten, wer ihm den Lkw denn jetzt noch abladen könnte, denn er müsse am Montagmorgen im Ruhrgebiet ganz dringend Ladung aufnehmen und habe in Spanien und Frankreich sehr lange im Stau gestanden. Es dauerte einen Moment, bis ich alles verstand, aber die Aufgabe war ja klar. Da meine Mitarbeiter längst verdienten Feierabend und Wochenende hatten, holte ich einen Gabelstapler und half ihm beim Abladen. Er hatte Transportgestelle dabei, die von unserer Baustelle in Vila do Bispo am südwestlichsten Ende Europas kamen. Schnell waren wir fertig und er konnte die Plane seines Sattelschleppers wieder verschließen.

Anschließend holte er zwei Dosen Sagres, sein portugiesisches Lieblingsbier, aus dem Fahrerhaus. Wir stießen auf unsere neue Freundschaft an und er sagte auf Englisch: „Please tell your boss, that you are a good guy“, bevor er sich verabschiedete.

Immer wollte ich zeigen, dass man als Unternehmer anders sein kann. Ich hatte mir daher ein soziales Unternehmen vorgestellt, in dem jeder Mitarbeiter wissen sollte, was vor sich ging und ohne Angst und hoch motiviert arbeiten konnte. Denn letztlich kann niemand mehr essen, obwohl er satt ist, und die meisten von den acht Milliarden Menschen auf unserem Globus können sich noch nicht einmal das leisten. Wozu brauchte ich also Reichtum? Ich war ja auch nur ein ganz normaler Mensch.

Macht macht Geld, und Geld regiert überall. Wir benötigen einen Geldfluss, das ist logisch. Und Firmen brauchen Kapital und Stabilität, aber das ist nicht alles. Wenn die Mitarbeiter nicht hinter dem Unternehmen und der Vision stehen und ernst genommen werden, kann es teuer werden. Ich wollte einen sozialen Kapitalismus, also finanzielle Stabilität, verbunden mit dem Menschen würdigen Strukturen und gerechter Mitbestimmung. Der gerne propagandierte Kommunismus funktioniert nicht, da es immer Machthaber gibt, die unterdrücken und sich bereichern. Die Menschen sind einfach nicht zum Teilen und gemeinschaftlichen Miteinander in der Lage. Neid und Missgunst tauchen immer auf und überwiegen oft.

Leider gab es einige Enttäuschungen auf menschlicher Ebene. Nicht jeder kann angemessen mit Nähe und Gutmütigkeit umgehen. Viele verstehen diesen Führungsstil oftmals als Schwäche. Sie nutzen ihn aus und ruhen sich darauf aus: „Mir kann doch nichts passieren", „Hier wird man ja nicht gekündigt", „Man bekommt ja immer wieder Chancen". Aber was ist, wenn diese Haltung auf Kosten des Teams geht? Es ist leichter, ein Unternehmen mit Härte und straffer Hierarchie zu führen, als den Mitarbeitern das Du anzubieten. Natürlich beherrschte ich auch diesen Führungsstil, aber ich wollte ihn nicht anwenden. Einfach kann jeder.

Heute gibt es in Deutschland in der Industrie kaum noch wirklich unzumutbare Arbeitsbedingungen – verglichen mit gefährlicher Schwerstarbeit beim Ausgraben von Bodenschätzen für unseren Wohlstand. Wenn es hier einen Arbeitszweig geben sollte, in dem wirklich schwere Arbeitsbedingungen noch vorherrschen, dann ist dieser eine Ausnahme. Wohl am ehesten sind hier pflegerische Berufe zu nennen Dennoch begegne ich im Allgemeinen immer häufiger einem großen Jammern, aber auf hohem Niveau, wie man so sagt, denn die meisten Menschen leben hierzulande nicht annähernd an der Armutsgrenze.

Alle wollen mehr Wohlstand, aber woher soll dieser kommen und wohin führt er? Oder weniger Arbeit für mehr Geld? – Welche Folgen hat das? Im internationalen Vergleich arbeiten wir in Deutschland relativ wenig, da wir meinen, dass mehr Freizeit uns Zufriedenheit bringt. Leider ist das ein Denkfehler. Und aus der Masse der Studierenden stechen kaum noch Vordenker heraus, viele bleiben nur akademische Mitläufer. Beherzt engagierte und mitarbeitende Führungspersonen, die sich tatkräftig einbringen, sind immer seltener zu finden. Denn vielen ist die Verantwortung oft zu groß.

Wir werden uns daran gewöhnen müssen, dass vorerst andere Länder die Führung übernehmen werden. Da hilft es nicht, wenn wir uns in Europa wieder abgrenzen und nur auf uns besinnen. Die Welt ist global geworden, und die Uhr lässt sich nicht zurückdrehen. Unsere Augen sind nach vorne ausgerichtet, und unsere Füße sind nicht dafür gemacht, rückwärts gerichtete Schritte zu unternehmen. Doch wir sind langsamer geworden, und andere haben uns überholt. Wir haben falsche Wege beschritten und an Tempo und Qualität verloren. All dies war vorhersehbar.

Unehrliche Stromkosten und eine Energiebranche mit begrenzten oder gar gefährlichen Produkten, das Schaffen konsequenter Maßnahmen zur Nutzung erneuerbarer Energien sowie die Anwendung von Wasserstoff als Speichermedium – wir haben versäumt, all dies in die richtigen Wege zu leiten. Doch Versäumnisse wie diese haben uns in die aktuelle Lage gebracht.

Auch haben wir den Ausbau der ökologischen Landwirtschaft vernachlässigt und zahlen den Erzeugern keine angemessenen Preise. Lebensmittel sind zu Nahrungsmitteln geworden, oft ergänzt mit Zusätzen wie sie sonst in Pillen oder Tropfen zu finden sind. Auch stiegen die Preise allgemein im Supermarkt, aber die für Fleisch blieben lange preiswert, obwohl die Fleischproduktion mit seinen gravierenden Folgen für Umwelt und Klima hohe Produktionslosten hat. Manche Forscher fordern daher schon eine CO2-Steuer auf Lebensmittel.

Wir haben unsere Produktionskapazitäten reduziert und sind zu reinen Dienstleistern geworden. Dadurch sind wir zunehmend von anderen Ländern abhängig, da wir viele unserer Produkte im Ausland erst einkaufen müssen. Solaranlagen, Bauteile für Batterien und Elektroautos sowie Elektronikteile werden längst aus China importiert, genauso wie das Gas aus den Arabischen Emiraten. Hinzu kommen Rohstoffe wie Neodym für Elektroautos und Mobiltelefone sowie Lithium und andere Bodenschätze aus Afrika. Man muss gute Beziehungen pflegen, um diese Lieferketten nicht instabil werden zu lassen. Und sich gleichzeitig fragen, von welchen zuliefernden Verbindungen man im Falle einer global-politischen Ausnahmesituation nicht abhängig sein möchte. Der Russland-Ukraine-Krieg hat hier wirtschaftlich wie politisch eine Lektion erteilt, Produktionskapazitäten auch im eigenen Land zu behalten.

Woher können wir Wohlstand erwarten, wenn wir nicht mehr wettbewerbsfähig sind? Es ist längst an der Zeit, Logistikzentren an Bahnstrecken statt an Autobahnen zu errichten. Schiene statt Straße wäre die richtige Lösung. Container könnten per Bahn ins Logistikzentrum transportiert und von dort mit dem Lastwagen zu den Firmen verteilt werden. Die Deutsche Bahn ist jedoch weit entfernt, ein flexibler, zuverlässiger Mobilitätspartner zu sein. Dass dies aber gelingen kann, machen andere Länder uns vor. In China beispielsweise glänzt der Bahnbetrieb durch Zuverlässigkeit und Pünktlichkeit.

Globale Zusammenhänge und unsere Kinder

Wir müssen uns vergleichen lassen, ja, auch mit Ländern aus Asien, Südamerika und Afrika. Wir müssen uns mit Ländern vergleichen lassen, in denen junge Menschen vorwärtsstreben und mehr erreichen wollen. Denn dazu haben sie ein Recht, wie wir auch. Diese Menschen möchten nicht zwangsläufig als Flüchtlinge und Asylsuchende nach Europa, allen Ländern voran Deutschland, kommen. Dabei vergessen wir schnell, dass jemand um Asyl bittet, weil er in seiner Heimat nicht mehr sicher leben kann – sei es aufgrund von Not, Kriegen, politischer Verfolgung oder religiöser Diskriminierung.

In der Zuwanderungspolitik sehe ich zwei Aspekte: Kommt jemand aus Bedürftigkeit oder aus Bequemlichkeit? Das ist ein großer Unterschied. Aus der Bedürftigkeit heraus wollen sich Menschen sehr gerne engagieren. Wir benötigen derzeit Arbeitskräfte, ähnlich wie in der Zeit der Gastarbeiter in den 1950er- und 1960er-Jahren.

Wir müssen unsere Herzen und Türen öffnen, anstatt uns abzuschotten und einzumauern. Unser Wirtschaftssystem funktioniert schon lange nicht mehr als „Inselbetrieb". Wir stecken global längst in wechselseitigen Abhängigkeiten, doch darüber wird zu wenig gesprochen. Stattdessen rühmen wir uns unserer vermeintlichen Stärke und Politik, dabei stehen uns gemeinsame globale Aufgaben und Herausforderungen bevor, die nur gemeinsam und global gelöst werden können. Weltfrieden, Klimaschutz und -stabilisierung sowie der Ausstieg aus der Atomkraft gehören dazu ebenso wie das Bekämpfen von Krankheiten, Seuchen und

Naturkatastrophen sowie eine weltweite Versorgung mit Lebensmitteln. Der Erfolg hier hängt allerdings davon ab, was wir unseren Kindern, den nächsten Generationen, heute beibringen.

Ein Beispiel: Wenn Präsidenten und Politiker sich Maskenlieferungen während der Covid-19-Pandemie vor der Nase wegschnappen und teils Prämien dafür kassieren, fällt es schwer nachzuvollziehen, wie man solche Personen allen Ernstes wählen kann. Ich hoffte, dass die Weltgemeinschaft in dieser Zeit der Pandemie lernt, zusammenzuhalten und gemeinsam gegen das Virus vorzugehen. Doch selbst die Patentierung von Impfstoffen zeigte, wie stark Interessenslagen und Gier in Zeiten der Not ausgeprägt sind.

Schon im März 2020, zu Beginn der Pandemie, hatte ich, zusammen mit Ziad, über unsere Kontakte zu Freunden in China Maskenangebote erhalten. Logistisch war sogar bereits Luftfracht bei FedEx für eine schnelle Lieferung reserviert worden. Der Preis betrug 1,73 US-Dollar für FFP2/KN 95 Masken und 0,36 US-Dollar für medizinische Masken, ab Werk zuzüglich aller Transportwege, die zu dieser Zeit sehr knapp waren. Alle Produkte waren geprüft und trugen ein TÜV-Süd-Zertifikat. Wir haben keine großen Zuschläge berechnet und die Masken den Landesbeschaffungsstellen in Fürth und Mainz angeboten. Von dort wurden Krankenhäuser, das Deutsche Rote Kreuz, das Bayerische Rote Kreuz, Pflegeheime und Apotheken ausgestattet. Wir hatten innerhalb weniger Wochen Zugriff auf bis zu 10 Millionen Masken.

Wir schlugen vor, dass die Bezahlung im Voraus erfolgen sollte, was bei internationalen Lieferungen außer Landes und in Übersee üblich ist. Dies lehnten die Beschaffungsstellen jedoch ab. Wir haben daraufhin nachverhandeln müssen und uns bei den Lieferanten verbürgt, dass die Zahlung gesichert sei. Dennoch gab es seitens der Beschaffungsstellen Bedenken hinsichtlich der Qualität und Zulassungen. Also baten wir um Alternativen. Daraufhin wurden uns zwei weitere Lieferanten genannt und die dazugehörigen Unterlagen umgehend zugesandt. Aber auch hier wurden Bedenken geäußert, was mich angesichts der allgemeinen Versorgungslage sehr verwundert hat. Wir handelten stets transparent und nannten alle chinesischen Hersteller und Lieferanten, die die Vorfinanzierung, den Transport und die Abwicklung übernehmen sollten.

Durch diese Verzögerungen und die stark gestiegene internationale Nachfrage stiegen die Preise dann auf 2,59 US-Dollar für FFP2-Masken und auf 0,57 US-Dollar für medizinische Masken, zuzüglich der Lufttransporte und aller Logistik – was aber immer noch günstig war.

Ein Notarzt aus Burghausen erzählte mir damals, dass er sich eine Maske mit mehreren Ärzten teilen müsse, indem sie diese abends auswaschen und nachts zum Trocknen aufhängen. Gleiches hörte ich von unserem Sohn Benjamin, der beim DRK als Notfallassistent arbeitete, damit ein Kollege die Maske danach wiederverwenden konnte und umgekehrt.

Später war ich sehr überrascht, als Masken von „unseren" chinesischen Herstellern in München am Flughafen ankamen, namhafte Politiker sich damit fotografieren ließen und der gezahlte Preis fast doppelt so hoch war wie in unseren Angeboten. Doch wir durften nicht helfen. Heute weiß ich, was ich falsch gemacht habe. Denn ich hatte den Behörden einfach unsere Kontakte ohne große Provisionsvorstellungen vermittelt und nicht über ein Unternehmen mit Risikoübernahme abgewickelt. Wir wollen einfach und schnell helfen. Dass es dann ein derartiges Geschäft im politischen Umfeld wurde, habe ich nicht verstanden.

27. Wo es unbedingt und schnell Erneuerung braucht

Als mich ein Fernsehteam des Südwestrundfunks (SWR) auf dem Dach eines Windkraftanlagen-Maschinenhauses fragte, welche drei Dinge ich auf eine einsame Insel mitnehmen würde, antwortete ich: eine Gitarre, da ich sehr gerne Gitarre spielen lernen möchte, dann einen Stift und einen Block, um über die Gier von Mächtigen und Banken zu schreiben, die oft die Ursache ist für viele Fehlentwicklungen.

Warum betone ich so sehr die Banken? Ich habe viel von Bankern gelernt. Ich habe durch sie die Erfahrung gemacht, dass eine sorgfältige Planung der Anfang eines guten Geschäfts ist. Denn je besser du weißt, was du in zwei, fünf oder in zehn Jahren tun willst und wo du stehen möchtest, und je gründlicher du dies durch ordentliche und belastbare Marktanalysen und eine umsetzbare Technologie belegst, desto besser kennst du dein Unternehmen und deinen Weg. Dies wiederum zieht weitere Mitarbeiter und Unterstützer an, die in deine Idee investieren möchten. Selbstverständlich spielt ein gutes Team ebenfalls eine wesentliche Rolle. Jeder Mitarbeiter muss hinter dem Unternehmen stehen und Freude an dem haben, was du planst.

All das habe ich gerne gemacht und immer wieder angepasst. Denn ich dachte, dass man auf den konsequenten Ausbau der erneuerbaren Energien weltweit angewiesen sei. Jeder intelligente und logisch denkende Entscheidungsträger konnte das eigentlich erkennen und verstehen. Immerhin ist die erneuerbare Energie mit Abstand die günstigste Energie überhaupt, wenn man eine wirklich ehrliche Kosten-Nutzen-Rechnung in Ansatz bringt, was die großen Energieversorger aus Eigeninteresse nie gemacht und gewollt haben. Der Ausbau von Wind- und Solarenergie wurde oft fälschlicherweise als Grund für Strompreisverteuerungen angeführt, die jedoch den Energieriesen, mit politischer Unterstützung, meist einen erheblichen zusätzlichen Gewinn einbrachten.

Dies erinnert stark an die Entlastung wegen der hohen Energiepreise, die Spritpreis-Bezuschussung, den sogenannten „Tank-Rabatt" des Bundes in der zweiten Hälfte des Jahres 2022. Ursprünglich sollten so 20 Cent dem Bürger zugutekommen. Allerdings wurden die Tankstellen von den Mineralölkonzernen angewiesen, die Preise zunächst um 25 Cent zu erhöhen, um dann die 20 Cent Nachlass zu gewähren. Das Ganze blieb ohne Kritik und Konsequenzen.

Dieses Muster wiederholt sich immer wieder. Die Preise für gesunde Lebensmittel sind zu niedrig, aber faire Preise und Preissteigerungen bleiben weltweit im Handel stecken und erreichen nicht die Bauern. Dabei muss der Nahrungsmittelanbau, also die Landwirtschaft, das Herz jeder Nation sein. Denn wenn wir nicht in der Lage sind, uns selbst zu ernähren und alles importieren müssen, werden beziehungsweise bleiben wir abhängig und kontrollierbar.

Leider sind die wenigsten Menschen in Mitteleuropa noch in der Lage, sich selbst durch die Arbeit ihrer Hände zu ernähren. Größere Felder oder Gärten mit Kartoffeln, Salat, Gemüse findet man kaum noch. Und wenn, bewegt sich die Kenntnis darüber im Hobbybereich. Eine junge Frau sagte mir vor einiger Zeit, dass es für sie kein Problem sei, sich selbst zu ernähren. Denn sie habe ja einen kleinen Garten, in dem sie ihren Salat und auch Möhren anbaut. Sie hatte jedoch keine Ahnung und Erfahrung darin, was man braucht, um über den Winter zu kommen.

Wir mussten mit unserer Familie schon so manche Säcke an Kartoffeln und Getreide ernten und Anhänger voll mit Gemüse und Obst einfahren. Und dann war da noch die Arbeit, die das Pflügen, Pflanzen und Ernten mit sich brachte. Zudem mussten wir mehrfach im Jahr die

Felder von Unkraut sauber halten. Das bedeutete stundenlanges gebeugtes Harken und Aufsammeln von Wurzeln. Danach waren wir damals sehr dankbar für ein kleines Stück Speck, etwas Milch, Butter und Käse.

Heute gibt es einen starken Trend zu einem vegetarischen und veganen Lebensstil – ein Verzicht aus Gründen des Tierwohls und ein Zeichen gegen die Massentierhaltung. Dies ist unterstützenswert, wenn der Verzicht denn fundiert und konsequent ist und wir mit weniger Chemie, Verpackung und Nahrungsergänzungsmitteln auskommen. Massentierhaltung und Massenproduktion von Lebensmitteln sind eine Überflusserscheinung und nicht nachhaltig. Beides kannte man früher in dieser Form nicht. Damals lebte man einfach im Einklang mit der Natur und den Tieren, artgerecht.

Was ich oft beobachte, ist eine starke Tendenz zur Extremisierung: alles oder nichts, links oder rechts, schwarz oder weiß. Wir neigen stärker als früher dazu, in vielen Dingen keine Mittelwege mehr zu finden. Wir verbieten oder legen Vorgaben basierend auf Statistiken fest und ziehen dabei die Kreise eng. Auch ein Extremismus in Bezug auf die Ernährung ist nicht ausgewogen. Und Nahrungsergänzungsmittel sind keine dauerhafte Lösung.

Notwendige Veränderungen hinsichtlich der Klimapolitik, der sozialen Absicherungen, der Friedenspolitik und der wirtschaftlichen Entwicklung werden leider immer noch primär an den Maßstäben des Eigennutzens und des Profits festgemacht. Hier zeigt sich der negative Einfluss des Kapitalismus.

Banken haben die wichtige Aufgabe der wirtschaftlichen Stabilisierung und der Überbrückung von Krisen. Das habe ich von Friedrich Wilhelm Raiffeisen gelernt. Doch leider sind viele Banken auf Abwege geraten. Das Prüfen von Krediten und Vereinbarungen ist zwar existenziell wichtig, jedoch scheinen sich viele Kreditinstitute fast ausschließlich auf Macht und Profit konzentriert zu haben. Sie sind Unternehmen geworden, die ihre ursprünglichen Aufgaben aus den Augen verloren haben: Chancen zu sehen und diese zu ermöglichen, natürlich gegen Zins und Tilgung. Stattdessen haben sie ein System von Sicherheit und Controlling entwickelt, das aber eben den ursprünglichen Zweck verändert hat.

Verträge sind zu umfangreichen Dokumenten, fast Büchern, geworden, egal, ob sie den eigentlichen Geschäftsvorgang betreffen oder allgemeine Aussagen enthalten, nur um juristisch bestmöglich abgesichert zu sein. Es kommt nicht mehr darauf an, Vertrauen zu schaffen und einen Vertrag darauf auszurichten, dass man sich verträgt, sondern man bereitet sich auf einen eventuellen Streit vor, den man so angeblich vermeiden möchte – nicht auf Frieden oder Einigung, sondern auf Misstrauen und rechtliche Vorsorge.

Heutzutage erlebe ich viele Mitarbeiter großer Banken als recht eingeschränkte Fachleute, die aus der Denkweise ihrer Sicherheitszwänge einfach nicht mehr herauskommen. Sie tun mir leid und die Zusammenarbeit mit ihnen gestaltet sich unangenehm und schwer. Selbst grundlegende Dinge müssen schriftlich festgehalten und nachvollziehbar geklärt werden. Bei vielen erleben ich den Horizont als bedauerlicherweise stark eingeschränkt, und sie können unternehmerische Entscheidungen, Flexibilität und Prozesse oft nicht nachvollziehen. Es ist jedoch nicht ihre Schuld, sie sind Opfer einer gesellschaftspolitischen Entwicklung geworden.

Ein gegebenes Wort ist kein Wort mehr und ein Handschlag hat an Wert verloren. Moral ist für viele ein Fremdwort geworden, stattdessen gibt es Richtlinien und Vorgaben. Banker mit Entscheidungskompetenz sollen möglichst keinen direkten Kontakt zu den Kunden haben, da ein emotionaler Moment im Gespräch die Kreditentscheidung unbegründet positiv beeinflussen könnte. Heute entscheiden Gremien im Hintergrund nach Aktenlage über finanzielle Engagements.

Das Leben verändert sich in Bezug auf die eigene Verantwortung und Zuständigkeit grundlegend. „Ich bin nicht zuständig" und „Der andere hat den Fehler gemacht" sind häufige Aussagen.

Weder die Politik noch die Gesetze gestalten die Welt, es sind vielmehr die Menschen, die beispielsweise als Politiker Verantwortung tragen. So sind es denn auch keine Großmächte, die die Welt beherrschen wollen, Kriege führen und Globalisierung falsch interpretieren, es sind machthungrige Einzelpersonen.

Leitende Menschen in Unternehmen sehen ihre Verantwortung in der wirtschaftlichen Stärke und im Wachstum. Eigentlich ist dies auch richtig, nur leider oft ausschließlich. Denn somit liegt der Fokus allein auf Kapital und Macht. Jedes Unternehmen hat aber auch eine wichtige soziale Verantwortung. Denn wer vergisst, dass die Mitarbeiter das Kapital sind, der sieht nur noch das Geld. Mitarbeiter sind allerdings kein Mittel zum Zweck. Hier bedarf es eines Umdenkens. Unternehmen sollten so arbeiten, dass Gewerkschaften überflüssig werden.

Es bleibt abzuwarten, in welche Richtung diese Entwicklung sich bewegt. Gewerkschaften gehören an die Stelle, wo Ausbeutung und Ungerechtigkeit herrschen. Sie müssen gerechte und umsetzbare Mindestlöhne erstreiten, die ein würdiges Leben ermöglichen – das ist ihre Aufgabe. Sie gehören dorthin, wo die Arbeitsbedingungen hart sind. Sie gehören in die Fabriken und zu den Arbeitern. Sie müssen sich stark machen, dass Menschen mit hoher Arbeitsbelastung und langen harten Arbeitsjahren auch früher in Rente dürfen, da diese oft schon ab ihrem 16. Lebensjahr Beiträge zahlen.

Hier spreche ich nicht von Menschen mit anderen Rechten, wie Beamten oder Angestellten in Behörden und Büros des öffentlichen Dienstes. Wenn aber von Gewerkschaften nur die Bedürfnisspirale immer weiter nach oben gedreht wird, verfehlen sie ihre eigentliche Aufgabe. Dann wird die Arbeitszeit immer kürzer, die Freizeit länger, und das mit allen gesellschaftlichen Problemen, die gerade aus mehr Freizeit entstehen. Produkte werden teurer, die Wertschöpfung im Unternehmen wird schlechter und der Wettbewerb durch ausländische Firmen größer. Die Folgen sind Stellenabbau oder sogar die komplette Schließung von Betrieben. Wir können uns eine Vier-Tage-Woche nicht leisten, ohne weiter international abzurutschen. Weniger zu arbeiten, führt zwangsläufig zu einem Rückgang des Wohlstandes und dem Verlust von Märkten.

Ein Beispiel: Die gesamte Solarbranche ist nach China abgewandert, da die Produktion hier bei uns für Unternehmen nicht mehr rentabel genug war und es keine Abnehmer mehr gab, die die Preise zahlen konnten. Eine Wirtschaftlichkeit bei den Anwendern und Investoren mit den Systemen aus Deutschland war nicht mehr gegeben. Wir waren einfach zu teuer für einen Weltmarkt. Dies führte zur Vernichtung erheblicher Investitionssummen im Zusammenhang mit Unternehmensschließungen oder -verkäufen. Dadurch wurden Chancen vertan, die auf dem Weltmarkt massenhaft Arbeitsplätze in Zukunftstechnologien bringen.

Auch politisch scheint die Verantwortungslosigkeit unverändert fortzubestehen. Politiker, die gebunden sind an Legislaturperioden, haben ein sehr begrenztes Interesse an sinnvollen und notwendigen Veränderungen oder gar Maßnahmen, die einschneidend sein könnten. Oft zählen allein die kurzfristigen Wählerstimmen. Oder man fördert durch ungenügend vorbereitete, unzulänglich durchdachte und nicht klar begründete Gesetze und Verbote Unmut und Unverständnis beim Volk zutage. Es bedrückt mich, wenn erwachsene Menschen in politischen Debatten ununterbrochen nur übereinander reden, Schmutzkampagnen starten, sich persönlich zutiefst beleidigen, ohne aber konkrete Lösungsvorschläge zu unterbreiten und oberflächlich bleiben. Man spricht sich Kompetenzen ab, stellt alles infrage und redet so wortgewaltig über Politikerkollegen, dass an den Stammtischen der Republik gejubelt werden kann. Ich sehe keine Intelligenz in solch einem Verhalten und kann nicht verstehen, wer da zustimmend applaudiert. Leider handelt es sich oft nur um Machtspiele. Es ist jedoch heutzutage eine gesamtpolitische Aufgabe national wie international, zusammenzuarbeiten, um Lösungen zu finden, die ein gerechtes Weiterleben weltweit ermöglichen.

Dabei ist es unerheblich, wer gerade regiert oder in der Opposition sitzt. Das Verhalten ist oftmals ähnlich. Die Aufgabe, ein Land zu regieren, ist nicht leichtfertig zu sehen und scheint manchmal die Mandatsträger zu überfordern. Oder sie spielen ihre Macht aus und wollen unbesonnen Dinge umsetzen, die sich am Rande demokratischer Vorgehensweisen bewegen. Ich vermisse loyale, klar denkende Unternehmer in der Politik, die sinnvolle und aufrichtige Ziele im Blick behalten. Erneuerung ist eine Chance!

Infrage steht für mich daher auch die Besetzung von Parlamenten. Welche Verantwortung tragen die Menschen im Land- oder Bundestag für ihre Entscheidungen, falls sie solche treffen? Jeder Unternehmer haftet für Fehler, die er und seine Mitarbeiter machen. Er haftet sogar für politische Entscheidungen, die ihn betreffen, und für die Konsequenzen aus diesen Fehlentscheidungen. Auch Arbeitnehmer werden für grobe oder vorsätzliche Fehler zur Rechenschaft gezogen. Menschen in einer politischen Anstellung allerdings, egal ob im Minister- oder im Abgeordnetenamt, bleiben selbst bei nachvollziehbaren und offensichtlichen Fehlern unbehelligt. Sie treten höchstens zurück, wenn es gar nicht mehr anders geht. Meist bleiben sie aber einfach dickhäutig und unbeeindruckt im Amt sitzen.

Deutschland könnte Zeichen setzen

Wenn man schon kaum antastbar ist, warum schafft man dann nicht Grundlagen, die einfach umsetzbar, gut und richtig sind? Deutschland könnte da eine Vorreiterrolle übernehmen. Denn in Deutschland könnten wir Zeichen setzen, um sinnvolle technische Entwicklungen voranzutreiben, diese Beispiele umzusetzen und der Welt zu zeigen, wie Energieunabhängigkeit funktioniert und dass erneuerbare Energien mit Abstand am günstigsten sind. Wir könnten die Menschen dabei finanziell entlasten und sie dazu motivieren, wieder einen tieferen Sinn in ihrem Handeln zu erkennen.

Es steht zweifelsohne fest: Alleine können wir die Welt nicht retten. Aber wir können unseren Beitrag leisten und Emissionen deutlich einsparen. Dabei könnten wir gleichzeitig viel unabhängiger werden und uns weniger erpressbar machen. Wir sollten wieder, ja wir müssen sogar wieder ein Land der Innovation, des Handwerks und der Produktion werden. Verbote allein helfen in dieser Hinsicht nur wenig weiter. Statt sich beispielsweise über das Verbrenner-Aus zu streiten und allein auf die E-Mobilität zu setzen, sollten wir lieber alle zur Verfügung stehenden

Technologien nutzen, die Sinn machen, und dabei nicht Altes verbieten, sondern uns konsequent unter Umweltgesichtspunkten weiterentwickeln.

Es ist an der Zeit, wieder Anreize für Innovationsförderung zu schaffen, die auch Banken motivieren, in die Finanzierung einzusteigen. Risikobereitschaft auf allen Ebenen ist gefragt. Die meisten Bankenpleiten resultieren aus Spekulation und nicht aus Investitionen in Innovationen.

Die Parlamente müssen zudem mit mehr Praktikern und Fachleuten besetzt werden, die ihre Kompetenz unter Beweis stellen und nicht im abhängigen Lobbyismus verstrickt sind. Die Parlamente sollten vielleicht sogar halbiert werden, und nur noch die Hälfte der Sitze sollte mit Akademikern besetzt werden. Könnte dies nicht einen gangbaren Weg darstellen, der zu besseren, zukunftsweisenden Entscheidungen und Ergebnissen führt? Dann könnten endlich Unternehmer, Handwerker, Pfarrer, Pflegekräfte und viele andere Macher aus der Praxis ihre Ideen einbringen.

Um dies zu erreichen, benötigen wir engagierte Menschen als Kandidaten, die sich nicht von der aktuellen Politik abschrecken lassen und bereit sind, sich zur Verfügung zu stellen. Selbstverständlich wäre auch ich in die Politik gegangen, aber ich dachte, dass ich mit einem sinnvollen Produkt mehr Menschen direkt ansprechen, ausbilden und fair beschäftigen könnte. Zudem fehlte mir damals mit 30 Jahren noch die Erfahrung. Aber die Belange junger Menschen und notwendige Perspektiven, die waren mir bereits vertraut. Die Politik lässt mich bis heute nicht los.

Doch Politik muss Menschen Mut machen, muss Halt und Haltung geben, damit die Menschen in den Bereichen Sozial- und Zuwanderungspolitik, Klima-, Wirtschafts- und Energiepolitik mitgenommen werden können. So kann eine Basis dafür entstehen, dass wir uns gemeinsam auf den Weg in eine bessere Zukunft machen. Oder bleibt er immer nur ein Traum?

28. Erneuerbare Energien werden Afrika unabhängig machen

In den letzten 200 Jahren hat sich das Antlitz der Erde grundlegend verändert. Noch nie zuvor sind Menschen mit Geschwindigkeiten bis zu 300 km/h in einem Vehikel auf der Erde oder mit über 1.000 km/h in der Luft gereist. Nie zuvor war es selbstverständlich, elektrisches Licht anzuschalten, wenn es dunkel wird, die Zentralheizung aufzudrehen, wenn es kalt wird, oder Wasser in der Küche laufen zu lassen, wenn man Durst hat. Nie zuvor hat man Fließbandarbeit in Fabriken gekannt oder das Essen im Supermarkt gekauft, ohne sich die Hände schmutzig zu machen.

Das ist an vielen Orten in Afrika und anderswo auf der Welt noch völlig anders. Dort wird noch hart gearbeitet, um Nahrung zu bekommen, Wasser aus dem Brunnen geholt, um zu trinken, und Holz gesammelt, um zu kochen. Und elektrisches Licht gibt es nicht in jeder Hütte. Natürlich holen mittlerweile immer mehr Länder auf und bauen ihre eigene Infrastruktur. Sie streben nach schnellen Veränderungen und einem Wohlstand, den wir in der westlichen Welt ihnen vorleben. Doch dafür benötigen sie eben Energie.

Wir haben es als praktisch und profitabel angesehen, fossile Bodenschätze zu verbrennen, zentrale Energieerzeugung aufzubauen und Strom weit zu verteilen. Ein Slogan der Elektrizitätsversorgung einer späteren Tochtergesellschaft von RWE im Westerwald lautete: „Strom kommt sowieso ins Haus, nutz es aus, nutz es aus." – So waren die Wirtschaftswunderjahre eben. Uns ging es gut und niemand dachte daran, dass es einmal anders werden könnte.

Sollte jedoch der afrikanische Kontinent mit über 1,4 Milliarden Menschen genauso unbedarft handeln, wie wir es vorgelebt haben, dann wird nicht nur das Klima kollabieren. Auch die Verfügbarkeit fossiler Energieträger wird sich in extrem kurzer Zeit auf wenige Generationen verringern. Zumal heutzutage immer noch Staaten weltweit, wie beispielsweise China, auf den Ausbau der Kohleverstromung zur Wirtschaftsentwicklung setzen, obwohl sie die Energiegewinnung eigentlich besser und beispielhafter gestalten könnten.

Welche Energieform ist also geeignet, um einen ganzen energiehungrigen Kontinent weiterzuentwickeln? Im Zusammenhang mit der Reduzierung von CO2 wird immer wieder die Nuklearenergie, also Atomkraft, genannt. Dies ist zwar grundsätzlich korrekt, jedoch bleiben drei Probleme für längere Zeit bestehen:

Erstens ist Uran endlich und nur in sehr begrenzter Menge verfügbar. Zweitens ist der Betrieb gefährlich, wie zahlreiche Beispiele zeigen, da Atomkraft im Kriegsfall mitunter zur Waffe werden kann, die verheerende Zerstörung bringt. Auch der Müll ist Tausende von Jahren strahlend und stellt eine nicht abschätzbare Bedrohung dar, er wird quasi zu Atombomben im eigenen Keller. Und die Frage, ob es jemals ein Endlager geben wird, das diesen Namen auch wirklich verdient, ist kaum zu beantworten. Hierbei handelt es sich um Zeiträume, die um ein Vielfaches länger sind als unsere bisherige Zeitrechnung. Selbst mit einem Funken moralischer Verantwortung können wir es kommenden Generationen nicht zumuten, dass sie auf unseren strahlenden Dreck aufpassen müssen.

Dabei spielt die kurzfristige Laufzeitverlängerung bei uns in Deutschland kaum eine Rolle. Tausende verstrahlte Fässer und Behälter verschwinden nicht einfach. Aber das Zeichen ist entscheidend: Wir können mit dem Ausstieg zeigen, dass Energiegewinnung ohne Kernenergie funktioniert – selbst in einem Industrieland.

Die im Sommer 2022 getroffene Entscheidung der Europäischen Union, Kernenergie und Erdgas als nachhaltig zu bezeichnen, ist nicht nur dumm, sondern zeugt von Nichtwissen und ist ein schlechtes Beispiel für intelligente Lösungen. Um diese Art der Energiegewinnung zu reduzieren und zu verhindern, müssen wir gemeinsam handeln. Europa kann hier eine weltweite Vorreiterrolle übernehmen und technisch wieder an die Spitze aufsteigen. Nur dafür müssen die Politiker in Brüssel, aber auch die Menschen in den Mitgliedsländern ihre Augen für die Gefahren öffnen und unsinnige Beschlüsse ganz schnell wieder rückgängig machen, neue Nuklearkraftwerke verbieten und die Laufzeiten einheitlich begrenzen. Es kann nicht sein, dass wir bei uns alles abschalten und dennoch von Atomkraftwerken in anderen Staaten umgeben sind oder gar Strom von diesen aus dem Ausland beziehen.

Auf meiner ältesten Halle in Waigandshain findet sich immer noch der Aufkleber „Atomkraft? Nein danke“ aus den 1980er-Jahren, gleich neben der Friedenstaube. Das waren und sind meine beiden Erkenntnisse über die Jahrzehnte. So muss es unbedingt werden, und zwar international.

Ghana als Beispiel

Gerne möchte ich Ghana als ein kleines Beispiel anführen. Meine ersten Eindrücke erhielt ich auf dem Weg von Accra mit 6 Millionen Einwohnern nach Kumasi. Wir fuhren 280 Kilometer mit dem 15-Sitzer-Bus des YMCA, genau wie alle Tro-tros. Paul aus Togo war unser Fahrer.

Man muss nach Kumasi mit einer Fahrzeit von sechs bis sieben Stunden rechnen. Die Straßen sind in einem schlechten Zustand und voller Schlaglöcher, aber Paul kennt den Weg und weiß um die gefährlichen Stellen. Wenn man die Hauptstadt Accra verlässt, gibt es noch dreispurige Fahrbahnen, die aber vierspurig benutzt werden. Jeder fährt dort, wo Platz ist. Überall wird gebaut, ausgebessert und erweitert, was zu Staus führt. Man schlängelt sich durch und sucht sich seinen Weg. Es wird viel gehupt, nur um auf sich aufmerksam zu machen, nicht, um zu schimpfen. Niemand fährt aggressiv. Man lässt sich gegenseitig vor, und Fußgänger können nahezu gefahrlos die Straße überqueren. Rücksichtnahme wird hier großgeschrieben – fast überall.

Die Fahrt führte uns weiter auf die Landstraße. Dort gibt es nur noch eine Spur in jede Richtung. Und viele Lastwagen, meist Sattelauflieger mit bis zu zehn Achsen. Sie sind voll beladen, oft überbreit und höher als vier Meter. Diese Lkws transportieren Holzkohle zum Kochen, Maniok für Fufu, Fahrzeugteile, Möbel, Bananen, alte Autos, Baustoffe, Container. Eine Bahnverbindung gibt es nicht. Es wird viel überholt. Überlandbusse, die die Städte miteinander verbinden und im Stundentakt fahren, sind schneller. Auch stark überfüllte Tro-tros mit bis zu 20 Personen und offenen Hecktüren, weil noch Möbel, Kisten, ein Moped und Wannen hinten drangebunden sind. Viele Dächer der vorbeifahrenden Autos sind beladen mit überlangen Brettern, Koffern und Bananen. Man blinkt, macht auf sich aufmerksam und weicht aus. Man sieht keine Gesten des Ärgers oder Drohungen, so wie bei uns. Jeder möchte einfach nur vorankommen. Diese Beobachtungen haben mich nicht zum ersten Mal erstaunt.

Am Straßenrand trifft man in kurzen, regelmäßigen Abständen auf liegengebliebene Fahrzeuge. Überall wird repariert, Motoren werden ausgebaut und auf der Straße zerlegt, Hinterachsen liegen vor dem Fahrzeug und sind auseinandergenommen, Reifen sind geplatzt und Räder werden gewechselt. Anstatt auf regelmäßige Wartung wird hier mehr Wert gelegt auf die Reparatur, wenn sie nötig ist. Und kaputte, schadhafte Autos, bei denen nichts mehr funktioniert, säumen die Straße. Manche liegen dort schon einige Jahre und rosten vor sich hin. Ghana ist zu einer Art Schrottplatz europäischer Autos geworden.

Werkstätten, die Traktoren, Baumaschinen und Lkws reparieren, gibt es ebenfalls. All dies geschieht im Freien und auf dem Boden. Es wird geschweißt und gesägt, lackiert und montiert. Auf unserer Fahrt kommen wir an vielen Handwerkerläden vorbei. Es werden dort Möbel, Särge und Obststände gebaut.

Alle Sorten von Obst, Früchte, Salate, Brot, Erdnüsse, Palmöl, Kokosnüsse, Trinkwasser, Säfte, Grascutter und riesige Schnecken werden über die ganze Strecke an der Straße angeboten. Alles ist wunderbar hergerichtet, aufgebaut und sieht bunt und verführerisch frisch aus. Autos halten an oder die Marktfrauen laufen hinter den Autos her, wenn der Verkehr mal langsamer wird. Dabei tragen sie die schweren Lasten auf dem Kopf, gehen aufrecht und laufen weiter. Ziegen mit ihren Jungen laufen frei herum, fressen das Gras am Straßenrand und unter den Ständen, sie sind keineswegs scheu.

Leider gibt es auch viele alte Kühlschränke, Fernseher, Computer sowie anderen Elektroschrott, Batterien und Mobiltelefone, die überall herumliegen. Alles Müll aus Europa, der nach Afrika gelangt ist. Eine giftige und billige Entsorgung auf Kosten der Menschen vor Ort.

Immer wieder sehen wir Kinder in ihren bunten Schuluniformen neben der Straße auf dem Weg nach Hause. Oft laufen sie kilometerweit, um in eine Schule gehen zu können und lernen zu dürfen. Sie lachen, spielen unterwegs ein wenig mit einem Stock oder Kokosnussschalen.

Auf unserer Fahrt passieren wir kleine Siedlungen, die aus Holz- und Blechhütten bestehen und weder Strom noch Toiletten haben. Vor diesen Behausungen stillen Mütter ihre Kinder im Schatten unter einem kleinen Dach. Alte Menschen sitzen dabei und unterhalten sich. Sie strahlen Zufriedenheit aus und schauen den vielen vorbeifahrenden Autos hinterher.

Wir kommen durch Konongo, wo eine Gedenkstätte für Fritz Pawelzik errichtet wurde, da er hier als Chief der Ashanti zum Häuptling mit dem Namenszusatz „Nana“ wurde. Nana als Titel im Familiennamen weist immer auf eine Zugehörigkeit zu einer Häuptlingsfamilie hin. Es gibt auch einen kleinen Palast, der eher wie ein kleines Haus mit einer großen, überdachten Veranda für offizielle Empfänge aussieht. Im Hof stehen einfache Plastikstühle in Reihen. Und es wird immer ein Bier oder Limonade angeboten, wenn der Chief zum Empfang lädt. Die Gäste gehen dann nacheinander über die Veranda, auf der der Chief und der Ältestenrat sitzen, und schütteln zur Begrüßung schwungvoll die Hände. Nachdem alle durch sind, setzt man sich wieder hin. Denn jetzt kommen der Chief und alle von der Veranda herunter und schütteln ihrerseits zur

Begrüßung allen die Hände. Beim Loslassen hält man dann aber gegenseitig den Mittelfinger der rechten Hand und schnippt zu einem Klatschen, was „Wir sind freie Menschen" bedeutet. Eine Geste, die daran erinnert, dass man den Sklaven früher am Mittelfinger einfach das erste Fingerglied abgeschnitten hatte.

Weiter entlang der Straße werden Kleider, Schuhe, einfache Haushaltssachen und selbstgemachtes Spielzeug verkauft, ebenso frische Lebensmittel, die man geerntet hat. Die Straßen sind belebt mit Menschen, Ziegen und Autos, während wir langsam weiterfahren. Noch zwei Stunden trennen uns von den bis zu drei Millionen Menschen in Kumasi. Der Abend bricht ein und die Sonne geht schnell unter, lange Dämmerungen gibt es in Äquatornähe nicht.

Ghana, mit ca. 33 Millionen Einwohnern und englischsprachig, ist einer von 55 afrikanischen Staaten und liegt in Westafrika am Äquator. Der Volta-Stausee zählt zu den größten Stauseen der Erde und dient der Stromerzeugung aus Wasserkraft. Dennoch hat Ghana Öl- und Gaslieferverträge abgeschlossen und bezahlt diese Energie zum Teil mit Gold. Es gibt auch Ölvorkommen vor der Küste, aber Ghana hat keine Möglichkeiten zur Förderung und Weiterverarbeitung, weshalb Ghana immer noch Öl importiert.

Ghana verfügt über reichlich Wind und Sonneneinstrahlung entlang seiner Küste und in den Höhenlagen. Damit könnte eine vollständige Energieunabhängigkeit erreicht werden, wenn der konsequente Ausbau erneuerbarer Energiequellen ermöglicht würde. Die vorhandenen Wasserturbinen sind veraltet und müssten auf einen besseren Wirkungsgrad umgerüstet werden. Darüber hinaus gibt es im Land eine große Menge an Biomasse und Biodiesel.

Derzeit ist es in Ghana jedoch nicht erlaubt, erneuerbare Energien ins Netz einzuspeisen, und das, obwohl es mehrfach täglich Stromausfälle gibt. Das gilt für fast den gesamten Kontinent. Aber ein Einspeisegesetz ist auf den Weg gebracht. Auf die Frage, wann dies in Kraft treten wird, antworten die Menschen oft: „Any time from now" – jederzeit von nun an –, das gilt für jeden Termin und jedes Treffen, egal wo und wozu.

Am Äquator gibt es keine Jahreszeiten, alles wächst das ganze Jahr über. Nahrungsmittel sind ausreichend verfügbar. Man hat zwar Trocken- und Regenzeiten und starke Winde wie den Harmattan – der heiße Nordwind, der von Dezember bis März viel Staub und Sand aus der Wüste bringt –, aber es wird ja nicht Winter. Es gibt also keine Notwendigkeit, Vorräte anzusammeln und einzulagern, wie wir es beispielsweise als Familie früher im Westerwald tun mussten. Man kann also das ganze Jahr ernten. Somit entsteht über die Kultur ein anderes Verständnis von Vorsorge, die sich meist ausschließlich auf das Älterwerden bezieht. Kinder sollen also die Altersversorgung sein, da es kaum ein Versicherungssystem gibt.

Haben wir in Europa nicht eine ähnliche Situation? Wir haben alles im Überfluss, das ganze Jahr über, und müssen uns nicht sorgen. Zudem sind wir gegen alles versichert. Kinder haben auch wir, für unsere Rente. Jemand muss die ja zahlen, sonst ist der Topf schnell leer. Fast verhält es sich so wie in Afrika.

Nicht alle afrikanischen Länder haben ein vergleichbares Potenzial für Wasserkraft wie Ghana, aber sie verfügen über große Flächen mit hoher Sonneneinstrahlung und gute Windverhältnisse an den Küsten und in den Höhenlagen. Daher könnten Wasserkraft, Solar- und Windenergie und Biomasse miteinander kombiniert werden. Auch die Herstellung von Wasserstoff als Speichermedium überschüssiger Energie ist recht einfach und günstig zudem. In Ghana beträgt der Preis für Solarenergie 5 bis 15 Cent pro Kilowattstunde und das mit großen Batterien. Dieser Preis ist unabhängig von Energiekonzernen, da die Sonne kostenlos scheint.

In Afrika sind erneuerbare Energien in vielfältiger Form verfügbar, und es werden bereits Überlegungen zur E-Mobilität angestellt, mit ersten Pilotprojekten zur Solarladung von Batterien in Vehikeln. Aber leider ist Afrika, wie schon gesagt, immer noch die Deponie für Millionen alter Fahrzeuge aus Europa. Und mit der E-Mobilität wird das Problem der Abfallentsorgung und Emissionen erheblich verschärft. Über ein generelles Verbot von Verbrennungsmotoren wird in Ghana allerdings noch längst nicht gesprochen, obwohl viele Fahrzeuge immer noch Ruß ausstoßen. Neuere Fahrzeuge, die mit Bioethanol betrieben werden, könnten eine große Hilfe sein.

Afrika muss und wird sich ohne den weiteren Ausbau herkömmlicher Großkraftwerke weiterentwickeln. Dazu ist eine konzeptionell unterstützende Organisation, wie die Deutsche Gesellschaft für Internationale Zusammenarbeit (GIZ), in Ghana begleitend und hilfreich tätig. Mit einem unbürokratischen Aufbau, begleitet von vielen Fachleuten und motivierten Machern, hat diese Aufgabe eines geschlossenen Energiekonzeptes in Ghana einen Vorbildcharakter und könnte für ganz Afrika zukunftsweisend sein.

Derzeit bereiten wir uns mit AFREECA auf Länder wie Kenia, Uganda, Ruanda, Tansania, Äthiopien, Kamerun, Sierra Leone, die Elfenbeinküste und Südafrika vor. Denn wir können nur dort Aufbauarbeit leisten, wo unsere Unterstützung auch willkommen geheißen wird. Oft geht es nicht nur um Klimaschutz oder Emissionseinsparungen, sondern um die Kosten von Investition, Folgekosten und ihren Nutzen. Erneuerbare Energien sind in diesen Bereichen eindeutig im Vorteil, da sie nicht von externen Energiekonzernen abhängig machen, sondern Unabhängigkeit bieten.

Ein weiterer Schritt besteht darin, die lokale Wertschöpfung und Fertigungskapazitäten aufzubauen. Mit Regierungsvertretern sprechen wir darüber, dass man es ähnlich wie in China handhaben sollte. Wenn keine kurzfristige Ingenieurleistung und eigenes Entwicklungspotenzial zur Verfügung stehen, schlagen wir vor, die zuverlässige Technologie einzukaufen und sich darin schulen zu lassen. Dies kann zu technologischer Unabhängigkeit und wirtschaftlichem Aufschwung führen und ist für Afrika von großer Bedeutung. Statt Gold für billiges Öl zum Verbrennen zu zahlen, kann man etwas Nachhaltigeres erreichen. Für China war das ein wesentlicher Schritt in technologische Unabhängigkeit und führte zu einem schnellen Ausbau der erneuerbaren Energien und bereits spürbaren Emissionseinsparungen. Für Afrika kann der Erwerb zukunftsweisender Technologie ein wichtiger Schritt in Richtung Unabhängigkeit und wirtschaftlichem Aufschwung sein.

Zusammenfassung

Durch Veränderung kann Erneuerung beginnen

Ich schaue in den blauen Himmel und sehe vereinzelt weiße Wolken. Sie kommen und gehen, ziehen dahin, verformen sich und bilden neue Bilder und Konturen. Dabei kommen mir immer wieder die gleichen Gedanken. Unser Heute kann der Beginn von vielen Erneuerungen und vielseitigen Möglichkeiten werden, wenn wir die richtigen Entscheidungen treffen und die Weichen passend stellen. Dazu gehört die professionelle Vorbereitung der Voraussetzungen und Infrastrukturen. Und natürlich müssen die Menschen auf diese Veränderungen vorbereitet werden. Sie müssen sie unbedingt mittragen.

Vor dem Beginn der Nutzung von Windenergie in den 1980er-Jahren gab es diese Vorbereitungen nicht. Somit war immer Spielraum für Unwahrheiten und Spekulationen, die leider von der Presse oft unkritisch aufgenommen wurden. Dies führte dazu, dass viele Menschen aufgewühlt waren. Emotionen bestimmen bis heute die Diskussion, nicht die Fakten. Geräusche, Vogelschlag und Infraschall sind einige der gängigen Beispiele.

Alle Planungen werden durch viel zu lange Begutachtungen verzögert. Man baut keine Anlagen in Vogelschutzgebiete. Und Windparks werden heutzutage immer in ausreichendem Abstand zur Wohnbebauung errichtet. Aber das Festlegen eines Abstands nach der zehnfachen Gesamthöhe einer Anlage ist nicht sinnvoll. Dies kann und sollte sinnvoller gestaltet werden.

Es wäre ein gangbarer Weg, Anlagen vorzugsweise auf kommunalen Flächen zu errichten und die Pachtzahlungen gerecht unter der Bevölkerung aufzuteilen, damit jeder davon profitiert. Dies wurde in der Vergangenheit oft nicht angemessen umgesetzt.

Energiekonzerne nutzen die aufgeheizte Stimmung aus und verstärken sie noch weiter. Denn sie möchten weiter ihren schmutzigen Strom verkaufen, koste es, was es wolle. Und sie wollen die monopolisierte Abhängigkeit der Verbraucher aufrechterhalten, denn damit lässt sich „Kohle" machen.

Die E-Mobilität ist eine gute Lösung, wenn die Herstellung, der Betrieb und die Entsorgung der Fahrzeuge mit erneuerbarer Energie lückenlos gewährleistet sind. Wir haben allerdings durch Fehlinformationen und Bedenken viel Zeit vertan. Es wird dauern, bis alle Infrastrukturen wie z. B. ein dichtes Netzwerk an Ladestationen aufgebaut sind.

Wichtiger ist aber zuerst der vereinfachte und unkomplizierte Ausbau der erneuerbaren Energien. Die Solaranlage auf dem Hausdach oder dem Balkon, der Windpark vor der Stadt und die Biomasse-Anlage auf dem Land müssen schnellstmöglich realisiert werden. E-Autos mit Kohlestrom herzustellen und zu betreiben, kann nur eine vorübergehende Lösung sein. Aus meiner Sicht ist das sogar schlimmer, als mit Diesel zu fahren.

Die erneuerbaren Energien machen außerdem unabhängig von Energiekonzernen und steigenden Preisen – das müsste langsam jedem klar sein. Dafür müssen weitere Rahmenbedingungen geschaffen werden und konstante Budgets für Forschung und Entwicklung zur Verfügung gestellt werden. Aber auch in diesem Bereich sind wir im Verzug und laufen Gefahr, den Anschluss zu verlieren. Die verloren gegangene Zeit durch frühere Regierungen muss nun wenigstens in allen Bereichen der Energieversorgung und -nutzung aufgeholt werden.

Werfen wir einen Blick auf den Umbau der Heizsysteme in unseren Häusern, der gerade heiß diskutiert wird. Vor über zwanzig Jahren schon haben wir bei unserem Büroneubau Erdbohrungen durchgeführt und zwei Wärmepumpen installiert, die über Niedertemperaturwärme die Fußbodenheizung speisen. Dieses System funktioniert bis heute und ist sehr sparsam. Der benötigte Strom wurde jahrelang von unserer Windkraftanlage mit 250 kW Leistung erzeugt, die den gesamten Betrieb versorgte. Nach fast 25 Jahren wurde diese Windkraftanlage abgebaut und durch leistungsstärkere Anlagen an anderer Stelle ersetzt, die nun auch mit viel mehr Leistung die Region mit umweltfreundlichem Strom versorgen. Wie bereits erwähnt, beziehen wir auch weiterhin Naturstrom beim heimischen Energielieferanten Mann-Energie in Langenbach bei Kirburg. Markus Mann betreibt zudem drei ältere Fuhrländer-Windkraftanlagen.

Wärmepumpen sind äußerst sinnvoll, insbesondere wenn sie mit grünem Strom laufen. Allerdings ändern sich die Beschaffungsquellen und Angebote. Statt aus Deutschland werden die USA und Asien voraussichtlich große Lieferanten sein. Wie viele Arbeitsplätze in diesem Bereich erhalten bleiben oder neu entstehen, hängt auch von den Kosten ab. Wir sind zu einem sehr teuren Produktionsland geworden. Das ist nicht nur auf politische Vorgaben zurückzuführen, sondern auch auf unsere Kostenstrukturen und Ansprüche.

Neben Wärmepumpen müssen auch individuelle Heizsysteme mit Biomasse oder anderen Alternativen möglich sein, wozu unter anderem Holz und Holzabfälle sowie Biogas als nachwachsende Rohstoffe zählen. Auch hier gibt es noch viel Luft nach oben. Verbote allein bringen uns nicht weiter und behindern den ökologischen Wandel. Beim Holz haben wir in den letzten Jahren eine starke Abholzung erlebt, da ganze Wälder aufgrund von Trockenheit und Borkenkäferbefall in Monokulturen absterben. Eine Mischwaldaufforstung ist unumgänglich. Durch die weitere Klimaveränderung müssen die Baumarten auch in Mitteleuropa neu angepasst werden. Aber der Wald erholt sich auch alleine, wenn man ihm Zeit lässt. Nur Monokulturen, die vom Menschen geschaffen wurden, sind niemals nachhaltig. Exklusivität und die Schaffung einer neuen Abhängigkeit von unseren Energiekonzernen sind weder klug noch nachhaltig. Nur auf eine einzige technologische Lösung und bei der Energieversorgung mit Großkraftwerken auf endliche Ressourcen zu setzen, ist wie eine Monokultur bei Pflanzen und Wäldern. Es ist immer der Energiemix, der benötigt wird und die größte Unabhängigkeit mit sich bringt. Aber bitte nicht ein Mix, der heute aus erneuerbaren Energien, Kohle, Öl und Gas besteht. Nur ein Mix aus Sonnen- und Wasserkraft, Windenergie und Erdwärme, Gezeiten- und Strömungsenergie oder Biomasse in allen Formen ist wirklich unerschöpflich und erneuerbar. Im Thema Energieumwandlung und Speicherung liegen für einen Ingenieurstaat sehr große Chancen und Perspektiven, die uns wieder eine vernünftige Positionierung im Weltmarkt sichern und globale Entwicklungshilfe bedeuten können.

Bereits im Jahr 2006 hatten wir unsere große Fertigungshalle mit energiesparenden Deckenstrahlplatten ausgestattet, die ihre Wärmeenergie nur dort abgeben, wo sie in Bodennähe benötigt wird. Die gesamte Energieversorgung für unsere Hallen und Büros kommt bis heute von einem Biomasse-Heizkraftwerk. Solche Kraftwerke werden auch weiterhin in Gewerbegebieten eine sinnvolle Lösung und Alternative bieten.

Industrienationen wie Deutschland müssen ihre Denkweise erneuern und weltweit wieder ein Beispiel für technischen Fortschritt bilden. Bisher bauen sie auf endlichen Ressourcen auf und kalkulieren mit einem Wachstum, das auf Dauer nicht stattfinden kann. Der Wettbewerb ist zu groß und es mangelt an Fachkräften.

Gerade in Europa benötigen wir eine engere Vernetzung der Energiebereiche und einen konzentrierten und geordneten Ausstieg aus den begrenzt verfügbaren und folgekostenintensiven Energieformen wie Kohle, Öl, Gas und Kernenergie. Staaten, die hier weiter investieren, handeln unfair gegenüber der gesamten Menschheit. Die Auswirkungen auf die Umwelt kennen keine Staatsgrenzen, und die Kosten tragen wir alle.

Europa verfügt über eine vielfältige Länderstruktur. Im Süden gibt es mehr Sonne, im Norden mehr Wasserkraft, und entlang der Küsten steht Windenergie unbegrenzt zur Verfügung. Einige Länder haben weitläufige

Flächen, die teils dünn besiedelt und daher also ideal für große Wind- und Solarparks sind, was in Deutschland nur begrenzt möglich ist.

Wir haben noch lange nicht alles entdeckt, optimiert entwickelt und ausgebaut, weil es bisher wenig Interesse und politisches Einsehen gab und die Energieversorger dies gekonnt ausgebremst und blockiert haben, wie auch immer sie es getan haben.

Europas Energiezukunft

Die Energieerzeugung wird in Zukunft anders aussehen, und Monopole müssen aufgebrochen werden. Europa muss sich zu einem Energieverbund ohne fossile und nukleare Energie entwickeln. Das wird erhebliche Kosten einsparen. Wer aufmerksam ist, wird bemerken: Langsam, aber sicher kommt es zu ehrlichen Strompreisen bei den schmutzigen Energien – mit anderen Worten: Sie werden nicht mehr so stark subventioniert und damit teurer. Endlich!

Heute sind wir gezwungen, plötzlich zu handeln, und der Auslöser war ein unvorstellbarer Krieg mitten in Europa, der uns unsere gesamte armselige Abhängigkeit vor Augen geführt hat. Nachdem in den vergangenen Jahren euphorisch kilometerlange Pipelines gebaut wurden, kommt heute die schmerzliche Einsicht: Wir lagen falsch damit und haben uns getäuscht.

Wer weiterhin von Wohlstandswachstum spricht, der verschweigt die Wahrheit. Die heranwachsende Generation hat den Wohlstand zwar nicht geschaffen, wird jedoch Einschränkungen und Einsparungen hinnehmen und das Teilen neu erlernen müssen. Das wird definitiv weh tun und nicht einfach werden.

In der EU gehören wir zu den reichsten Staaten der Welt. Und das muss uns dazu verpflichten, die gesamtgesellschaftliche Verantwortung zu übernehmen und endlich zukunftsorientiert zu handeln. Alle Mitgliedsstaaten müssen gleiche Verantwortung übernehmen. Niemand darf alleine dastehen oder sich ausschließen.

Ein Wort zum Thema Bequemlichkeit: Hier sind zwei Punkte zu nennen. Einerseits gibt es bei uns genügend Beispiele, wo Bequemlichkeit den Lebensstil beherrscht. Der Fachkräftemangel in Handwerksberufen ist beispielsweise die Folge, weil sich kaum noch jemand die Hände schmutzig machen will. Körperliche Anstrengung wird als unangenehm empfunden. Da geht man lieber für viel Geld ins Fitnesscenter, um wieder zu Kräften zu kommen. Und wenn die Arbeit sich nicht lohnt, weil man ohne etwas zu tun auch zurechtkommt, dann werden die Unzufriedenheit und die Gedankenlosigkeit zunehmen. Extreme Parolen können dann leicht auf fruchtbaren Boden fallen.

Es ist dringend erforderlich, dass Einwanderer Eignungstests durchlaufen und zügig eine Arbeitserlaubnis erhalten, um ihren Beitrag zu unserer Volkswirtschaft zu leisten und sich in die Gesellschaft zu integrieren. Niemandem ist gedient, wenn Menschen einfach nur da sind, existieren und bezahlt werden, jedoch keinerlei Aufgaben oder Herausforderungen haben. Dies führt nur zu Unzufriedenheit, Alkohol- und Drogenkonsum oder Gewalt.

Sprachkurse für die Familien der Zugewanderten müssen sofort ermöglicht werden und Bedingung sein. Dazu brauchen wir gut bezahlte und praktisch begabte Pädagogen. Das Beherrschen der Sprache reduziert Ängste, erleichtert den Integrationsprozess, die Arbeitsplatzbeschaffung und fördert Sozialkontakte. Dies ist im Interesse aller Beteiligten.

Durch die Sprache können wir die Beweggründe und Hintergründe der Zuwanderer besser verstehen, warum sie zu uns gekommen sind. Sie können uns über ihre Familien, ihren Beruf und ihren bisherigen Lebensweg erzählen, und wir können ihnen unsere Kultur und Religion beschreiben. Das ist eine bereichernde Erfahrung.

Unternehmen und Handwerk

Das Handwerk und der Mittelstand müssen dringend aufgewertet und deutlich gestärkt werden. Die gesellschaftliche Wertschöpfung ist gerade hier angesiedelt. Akademiker sind wichtig, bauen jedoch auf den Leistungen des Handwerks und des Mittelstands auf. Dies muss politisch und gesellschaftlich eine Priorität haben, und die Medien spielen dabei eine besondere Rolle.

Unternehmen brauchen wieder Unternehmer. Manager sind zahlreich vertreten, und ihr Hauptziel sind oft die Gewinnmaximierung und Risikominimierung. Und wenn was nicht klappt, dann wickelt man die Firma ab und kassiert vorher schnell noch Bonuszahlungen. Sie haften nicht persönlich oder gar existenziell. Der Mittelstand hingegen besteht aus Unternehmen in vielfältigen Branchen. Er kann und muss sich ständig wie flexibel den sich wandelnden Zeiten schnell und effektiv anpassen.

Als tragende Säulen unserer Wirtschaft und Ernährung haben wir uns lange Zeit auf Familienunternehmen und die Landwirtschaft gestützt. Hier wird hart gearbeitet und viel Engagement gezeigt. Viele Menschen in diesem Bereich kennen keinen Feierabend oder langen Urlaub. Es geht ihnen um die Sache, die Idee, die Berufung.

Allerdings fehlen heute an vielen Orten in etlichen Bereichen die Perspektiven. Junge Menschen übernehmen immer seltener die Betriebe ihrer Eltern und engagierte Facharbeiter fehlen überall. Viele Mitarbeiter betonen zudem eher ihre Rechte und vernachlässigen ihre Pflichten.

Was erschwerend hinzu kommt: Behördliche Auflagen und Regelungen machen in vielen Fällen die Betriebe unrentabel, da die Kosten für Investitionen hoch sind und der Verwaltungsaufwand zunimmt. Dringende Vereinfachungen und praxisorientierte Regelwerke sind unabdingbar.

Auch in der Landwirtschaft müssen umfangreiche Veränderungen vorgenommen werden. Ein ökologischer Anbau und eine tierfreundliche wie schöpfungsgerechte Haltung sind unerlässlich. Wir müssen gerechte und wirtschaftlich faire Preise für unsere Lebensmittel zahlen. Dazu sind Reformen erforderlich, die viele neue Arbeitsplätze ermöglichen.

Politik und junge Menschen

In unseren Parlamenten – die kleiner und fachlich optimierter besetzt sein sollten – wünsche ich mir weniger Denunzierungen und Beschimpfungen, weniger Wortgefechte über unwichtige Dinge und weniger Aufzählungen von Versäumnissen der anderen Partei, sondern ein konstruktives, vorbildliches Ringen um gangbare und gute Lösungen. Das wäre ein klar positiver Prozess zu mehr Glaubwürdigkeit und nachvollziehbaren Handlungsmöglichkeiten. Alle, selbst die Entscheidungsträger, würden davon profitieren. Statt auf die alteingesessenen Experten zu hören, die stehen geblieben sind, brauchen wir Entscheider mit Fachwissen. Die Umsetzbarkeit muss wieder gewährleistet sein. Nur das wäre ein wirklicher Schritt nach vorne. Wenn wir das nicht schaffen, werden wir sehr schnell unsere Grenzen erreichen und in weitere ungeahnte Abhängigkeiten geraten.

Im Verkehrssektor ist ein Wandel nötig. Der Güterverkehr muss dringend auf die Schiene verlagert werden, insbesondere alle containerfähigen Waren, die in Logistikzentren verteilt werden. Der Transport von Containern und Sattelaufliegern auf der Schiene würde erhebliche Kraftstoffeinsparungen ermöglichen, um nur ein Beispiel zu nennen.

Auch eine Anpassung der Höchstgeschwindigkeit ist dringend erforderlich, was ich – zugegeben – selbst lange Zeit nicht eingesehen habe. Die Gründe dafür liegen klar auf der Hand: weniger Staus, weniger Stress, weniger Aggression, weniger Risiko, weniger Unfälle – und weniger CO2-Ausstoß sowie mehr Geld in der Tasche für jedermann. Es handelt sich dabei nur um eine politische Entscheidung.

Ich bin der Meinung, dass junge Menschen ruhig verpflichtet sein sollten, ein soziales Jahr zu absolvieren – gerne auch im Ausland. Wer dies als Eingriff in die Persönlichkeit sieht, der enthält den jungen Menschen wertvolle Chancen und verhindert damit logischerweise ein großes und individuelles Entwicklungspotenzial. Junge Menschen benötigen eine klare Orientierung. Die bekommen sie, wenn sie vor Herausforderungen gestellt werden. Wenn man sie aber davor schützen will, betrügt man sie. Wir brauchen junge Menschen mit klaren Zielen und Idealen, die sich wieder berufen fühlen, aktiv zu handeln.

Wir müssen junge Menschen ermutigen, zu arbeiten und anderen zu helfen. Sie sollten den Mut haben, Widerspruch zu leisten, aber auch den Mut, Beziehungen einzugehen. Junge Menschen sind in der Regel offen für andere Kulturen und Lebensformen, und das ist wichtig für den Wandel, den wir erleben werden.

Eines ist klar: Wir müssen uns wieder auf den Weg machen. Wir müssen wieder offen und bereit sein, etwas anzupacken und zu tun. Wir müssen Bequemlichkeiten ablegen und nicht allein auf einen wachsenden Wohlstand hoffen, den man in Wahlversprechen immer wieder hört. Es wird Zeiten geben, in denen wir mehr arbeiten und weniger Freizeit haben werden, aber das wird uns nicht schaden. Im Gegenteil, es wird zu größerer Zufriedenheit führen.

In China wird nach dem Prinzip „nine-nine-six“ gearbeitet: Von neun Uhr morgens bis abends um neun Uhr, sechs Tage die Woche. Dies geschieht mit Stolz. Es überrascht da wohl nicht, dass China aus einst purer Armut immer mehr zu einer stark wachsenden und führenden Wirtschaftsnation aufgestiegen ist. Wir können nicht mehr mithalten, und das liegt an uns. Wir werden von anderen überholt, sind selbst schuld daran und ändern nichts an uns.

Junge Menschen sind die Zukunft und ihnen gehört die Zukunft. Das ist gut und auch zwangsläufig so. Sie werden mit Menschen aus vielen verschiedenen Kulturen zusammentreffen und mit ihnen den Lebensraum Erde und ihre Heimat teilen.

Wirtschaftsräume werden sich erneuern und mehr zusammenrücken. Wir können und dürfen heute keine neuen Grenzen ziehen, errichten und uns abschotten. Wir sind bereits in Abhängigkeiten verstrickt, die wir nicht mehr rückgängig machen können. China ist uns in vielen Bereichen weit voraus. Gerade in der E-Mobilität hat man sich viel früher auf den Weg gemacht, während wir noch diskutiert haben.

In China werden Chips und Batterien gefertigt, weltweit werden aus China Ladestationen geliefert und Hightech-Produkte angeboten – oft zu fast unschlagbaren Preisen. Wir können den Führungsstil des Landes vielleicht nicht nachvollziehen, lehnen diesen mitunter auch ab, aber die Motivation der Menschen dort ist beispiellos.

Ich halte es daher für wichtig, eine absolut neue und eigene Identität von „Made in Germany" zu entdecken und zu entwickeln. Das Alte ist vergangen. Erneuerbares und Neues müssen nun auf den Weg gebracht werden. Gerade in diesen Herausforderungen liegen ganz neue Chancen. Ein starker Zusammenhalt in Europa ist dafür genauso wichtig wie die Offenheit gegenüber anderen Gruppierungen. Die BRICS-Staaten als Wirtschaftsverbund (Brasilien, Russland, Indien, China und Südafrika) werden stärker und organisieren sich zunehmend. Sie sind reich an Fachkräften, Rohstoffen, Flächen, an erneuerbaren Ressourcen und besitzen moderne Techniken. Wir können sie nicht einfach gegeneinander ausspielen oder übergehen, wenngleich sie auch ihre eigenen Probleme haben.

Es sollte wieder als erstrebenswert gelten, einen Beruf zu erlernen, eine Lehre zu machen und sich berufen zu fühlen. Schließlich müssen die ganzen geplanten Windkraftanlagen und Solarparks hergestellt, errichtet und gewartet werden. Wir müssen jungen Menschen die Möglichkeit geben, leichter Unternehmen gründen zu können und Arbeitsplätze zu schaffen – und das unkompliziert und bürokratiefrei. Existenzgründungsdarlehen sollten ohne Amtsdeutsch und Berge von komplizierten Antragsunterlagen gewährt werden. Interviews könnten an dieser Stelle unkomplizierter sein und schneller zum Ziel führen. Sie könnten von Bankenmitarbeitern übernommen werden, die zuvor in Unternehmen oder bei den Handwerkskammern geschult wurden.

Junge Menschen müssen wieder an etwas glauben und dazu stehen dürfen. Nichts ist aktueller, weltoffener und fortschrittlicher, als dem Mann aus Nazareth als Beispiel zuzusehen und bei ihm klare Antworten zu aktuellen Themen zu finden. Wir sollten offen sein für andere Glaubensrichtungen und Ideologien, aber leider betrachten wir in fataler Weise unseren eigenen christlichen Glauben und unsere Kultur oft als altmodisch, unintelligent und nicht hilfreich. Wir verlieren so zunehmend unsere Grundlage und unser Fundament und sollten eher überlegen, welcher Schatz eigentlich darin für unser Leben verborgen liegt.

Ich frage mich heute besonders, was uns das Recht gibt, andere Menschen und Nationen zu korrigieren, wenn wir selbst keine klare Grundlage mehr haben? Es gibt in allen Religionen und Staaten fundamentale Extremisten und konservative Gruppen, die anderen gerne ihre Meinung aufzwingen möchten, manchmal sogar mit Gewalt. Dies hat jedoch nichts mit dem eigentlichen Glauben zu tun.

Die meisten Zuwanderer integrieren sich in die Kultur des Gastlandes und nehmen am gesellschaftlichen Leben teil. Wir müssen jedoch auch „aufstehen, aufeinander zugehen und voneinander lernen, miteinander umzugehen", wie es der Pfarrer und Liedermacher Clemens Bittlinger sagt und in seinem Lied singt.

Halt und Haltung

Ja, ich hatte meinen Halt verloren, aber ich habe meine Haltung bewahrt. Persönlich habe ich erfahren, dass Krisen zuerst wehtun und einen verzweifelt zurücklassen, aber man darf sich fallen lassen und loslassen. Krisen erneuern und lassen einen die Dinge aus einem anderen Blickwinkel betrachten. Man darf wieder aufstehen und gestärkt und selbstbewusst weitergehen. Fehler machen alle Menschen. Immer wieder. Zu meinem Freund Ziad sagte ich einmal, dass ich meine Fehler nicht wiederholen möchte. „Klar", sagte er darauf, „denn du machst halt andere."

Manchmal denke ich auch: Hätte ich doch die Firma rechtzeitig verkauft und mich finanziell unabhängig gemacht, wie es mir hier und da geraten wurde, wie viele Projekte hätte ich damit in Afrika und Brasilien umsetzen können, anstatt mir damals von ein paar ehemaligen Mitarbeitern besserwisserische Ratschläge anzuhören? Aber ich habe es nicht gemacht, und das war gut so. Ja, ich habe sicher Fehler gemacht, aber meine Menschen im Unternehmen habe ich nicht verkauft.

Was würde ich heute anders machen? – Auf jeden Fall unbedingt bankenunabhängig bleiben und viel stärker international werden, um nicht der deutschen und europäischen politischen Wankelmütigkeit ausgeliefert zu sein. Ich würde auch um namhafte oder unbekannte Unternehmensberater einen sehr großen Bogen machen.

Aber ich würde immer wieder jungen Menschen eine Möglichkeit zur Ausbildung geben und wieder auch nie ein Zeugnis dafür verlangen, um sie zu bewerten. Ich würde Menschen immer wieder Chancen geben, wenn sie Entscheidungsschwierigkeiten haben oder versagt haben. Ich würde wieder ein nahbarer Chef sein und mich duzen lassen, selbst wenn ich wieder ausgenutzt würde. Hauptsache ist, dass ich niemanden ausnutze.

Ich kenne meinen Weg, meine Begabungen und meine Schwächen sehr gut, und ich habe gelernt, wer in schwierigen Zeiten zu mir steht und wer wegläuft und mich nicht mehr kennen möchte. Viele ehemalige Mitarbeiter sagen immer noch: „Wenn du etwas Neues machst, bitte vergiss mich nicht. Ich mache gerne wieder mit.“

Nachwort

Ein herzliches Dankeschön

Niemand geht seinen Lebensweg allein. Im Leben begegnet man Menschen, die es gut oder weniger gut mit einem meinen. Menschen, die gute Ziele oder eben auch schlechte und rein egoistische Ziele verfolgen. Menschen, die in sich stabil und zufrieden ruhen oder die aggressiv und fordernd sind – jeweils beide Typen habe ich kennengelernt.

Ich konnte in etlichen Ländern der Erde* viele Menschen gewinnen, die mich ein Stück des Weges begleitet haben – es oft sogar heute noch tun – und von denen ich selbst vieles lernen durfte. Ihnen danke ich von ganzem Herzen für all ihre Geduld mit mir sowie all ihr Verständnis für mich. Ihr habt mir gutgetan. Und ihr habt sinnvolles Tun, andere Menschen sowie Länder erlebt und vieles mitgetragen.

Viele von euch gehören zu den Menschen, die mir mein Versagen verziehen haben, immer wieder und einfach so. Sehr oft sogar, ohne dass ich darum bitten musste. Euch danke ich in aller Demut ganz besonders.

Zu ihnen zählen besonders meine Familien, unsere Kinder und meine erste Ehefrau sowie alle, die mich persönlich und privat lange begleitet haben und dies bis heute noch tun.

Außerdem gehören viele Menschen dazu – eine ganz lange Liste mit Namen –, die ich vor Augen habe. Mit vielen stehe ich in gutem Kontakt. Natürlich möchte ich keinen meiner vielen Wegbegleiter vergessen zu nennen, kann hier aber nicht alle aufführen. Daher beschränke ich mich lieber auf die Zugehörigkeiten und Tätigkeitsbeschreibungen:

Ich denke an die Kirchengemeinde und den CVJM Emmerichenhain, die Vorstandskollegen in beiden Institutionen und all die Mitarbeiter der früheren Zeltlager, des Posaunenchores und des Singkreises, wo ich dabei sein durfte. Ich war dort überall gerne, und es waren für mich sehr prägende Erfahrungen.

Dann denke ich an die Waigandshainer Bürger und die Gemeinderatskollegen, die nicht selten nächtliche Schwertransporte mit allen Begleitfahrzeugen durch das Dorf ertragen mussten. Einem Windpark auf gemeindeeigenen Flächen haben sie gerne zugestimmt, aber auch den Nachbardörfern Homberg, Rehe, Nister-Möhrendorf und Emmerichenhain und Waldaubach gebührt Dank.

Gerne habe ich mit den Mitarbeitern der Verbandsgemeinde Rennerod und des Westerwaldkreises zusammengearbeitet. Ich bin ein Westerwälder und danke allen gerne mit „Hui Wäller? Allemol".

Und im Westerwald spielte die „Fuchskaute" gesellschaftlich und kulturell eine große Rolle, wo fleißige Köche, Hotel- und Restaurantfachleute, Reinigungskräfte und Verwaltungsangestellte sowie viele Auszubildende die Veranstaltungen vorbereiteten und durchführten, unsere Gäste geduldig verwöhnten und internationale Geschäftskunden professionell und fantasievoll bewirteten.

Meinen Hausärztinnen in Emmerichenhain, in Kirchham und in Bad Füssing danke ich besonders, wie auch dem DRK Rennerod, dem BRK in Pocking und den Krankenhäusern in Rotthalmünster und dem Jung Stilling in Siegen.

Unternehmerisch gesehen sind gute und zuverlässige Partner immer notwendig, sie helfen beim Aufbau und Wachstum. Insbesondere sind hier die Kunden zu nennen, die einer anfangs jungen und unbekannten Technologie all ihr Vertrauen schenkten. Gerade die ersten Bürgerwindparks, wie in Niedernhall, und jeder Einzelinvestor, ob Landwirt oder Handwerker, haben die Windbranche salonfähig gemacht.

Ebenfalls immer zur Seite standen uns die Lieferanten, die mit zum Teil langen Zahlungszielen Vorfinanzierungen übernommen haben, wenn die Banken noch unentschieden blieben. Aber auch einzelne Bankmitarbeiter machten nahezu Unmögliches möglich und brachten Prozesse voran. Auch an unserer Seite wussten wir all die motivierten Büroteams von Anwälten, Notaren und Steuerfachleuten, die gerne an diesen dem Menschen dienlichen Lösungen mitgewirkt haben.

Aber was wäre ein Unternehmen ohne die Mitarbeiter? – Daher gilt mein Dank ganz besonders ihnen. Denn schon bevor man am Empfang lächelnden und hilfsbereiten Gesichtern begegnete, sah man auf dem Gelände unserer Firma saubere Grün- und Hofflächen. Die geputzten Tische, Fenster und Böden fielen später nicht jedem auf.

Stets sah man motivierte Mitarbeiter auf Gabelstaplern oder bei ihren Lkws, Monteure, Schweißer und andere fleißige Mitarbeiter in ihren blauen Arbeitsanzügen in den Werkshallen sowie die Fuhrparkmitarbeiter und Hausmeister.

Was man aber vor Ort leider nicht sehen konnte, waren die Service- und Montagemitarbeiter auf den Baustellen in aller Welt. Sie waren dort längere Zeit im Einsatz, oft getrennt von ihren Familien und Freunden.

Im Unternehmen traf man auf die Ausbilder und die ihnen anvertrauten jungen Menschen, ein internationales Marketing- und Vertriebsteam, den Einkauf, die Research & Development Abteilung und ihre spezialisierten Partnerbüros, die Technik und Arbeitsvorbereitung, alle Logistikfachleute, eine kompetente Rechts- und Finanzabteilung sowie die verantwortlichen Leiter mit ihren Assistentinnen. Auch mein Vorzimmer war mit 4 äußerst vertrauenswürdigen Mitarbeiterinnen besetzt, die einfach alles wussten und konnten, wie alle meine Assistentinnen, die ich mich mit allen Kräften und Begabungen im Büro und auf Reisen unterstützt haben. Sie begleiteten ebenfalls auch all die internationalen Mitarbeiter rund um die Welt, in den Büros sowie in den Vertriebs-, Montage- und Serviceteams.

Es fällt mir richtig schwer, gerade für euch die richtigen Worte des Dankes zu finden, um das auch wirklich voll und ganz auszudrücken, was ich an dieser Stelle empfinde.

Euer Joachim

*Joachim Fuhrländer und sein Team waren als Windkraftunternehmer in diesen Ländern tätig:

Canada, USA (Montana, Texas, Michigan, Idaho, Iowa), Brasilien, Argentinien, Uruguay, Kuba, Südafrika, Ghana, Togo, Marokko, Algerien, Ägypten, Iran, Türkei, Vereinigte Arabische Emirate, Oman, Jemen, Äthiopien, Indien, Aserbaidschan, Kasachstan, China, Vietnam, Japan, Südkorea, Russland, Ukraine, Irland, England, Schottland, Norwegen, Schweden, Finnland, Dänemark, Lettland, Israel, Palästina, Polen, Tschechien, Österreich, Ungarn, Rumänien, Bulgarien, Kroatien, Griechenland, Niederlande, Belgien, Frankreich, Spanien, Portugal, Deutschland.

Heute kommen mit AFREECA Kamerun, Kenia, Uganda, Rwanda, Tansania, Sierra Leone, Gambia, Burkina Faso, Nigeria, Angola, Mosambik, Botswana und Elfenbeinküste hinzu.